人間動物関係論

多様な生命が共生する社会へ

日本獣医生命科学大学 名誉教授
松木洋一　監修

養賢堂

目　次

序　章　人間と動物の関係論について　（松木洋一）　1

第1章　野生動物と人の関わり
　　　　キーワード　「保護」「被害管理」「共生」

第1節　地球環境汚染と動物－野生動物からのSOS－（植田富貴子・望月眞理子）　11
第2節　多様化する野生動物問題（羽山伸一）　21
第3節　生物多様性を保全するシステムの開発－自然共生農業論－（松木洋一）　35
＜コラム＞　外来動物問題　アライグマによる生態系影響とその対策（加藤卓也）　45

第2章　畜産動物と人の関わり
　　　　キーワード　「食の安全」「イノベーション」「家畜福祉」

第1節　動物はいかにして家畜になったか（木村信熙）　47
第2節　クローン技術がもたらすもの（河上栄一）　59
第3節　アニマルウェルフェア畜産の発展（松木洋一・永松美希）　67
＜コラム＞　有機畜産（松木洋一・永松美希）　81

第3章　伴侶動物と人の関わり
　　　　キーワード　「絆」「癒し」「育て方」

第1節　犬と人間（筒井敏彦）　83
第2節　子どもの発達と動物飼育－動物との特別な関係－（柿沼美紀）　91
第3節　伴侶動物の問題行動（加隈良枝）　101
第4節　ペットロスって何？（鷲巣月美）　111
第5節　犬と猫の食事と健康（時田昇臣）　121
第6節　動物の母性行動とホルモン（田中　実）　136
＜コラム＞　マンションでのペット飼育問題の解決法（井本史夫）　143

第4章　人の医療・福祉補助としての動物

　　　　キーワード　　「セラピー」「介助」「共通感染症」

第1節　アニマル・セラピーとその周辺（横山章光）　　　　　　　145
第2節　障がい者乗馬（太田恵美子）　　　　　　　　　　　　　155
第3節　障害者福祉と介助動物（水越美奈）　　　　　　　　　　170
第4節　人獣共通寄生虫病（今井壯一）　　　　　　　　　　　　182
第5節　さかなと人間（和田新平）　　　　　　　　　　　　　　191
＜コラム＞　人の生活と実験動物（東さちこ）　　　　　　　　　205

第5章　日本人と動物文化

　　　　キーワード　　「動物観」「文化伝承」「社会的規範」

第1節　日本人の動物観（石田戢）　　　　　　　　　　　　　　207
第2節　鯨と日本人（秋道智彌）　　　　　　　　　　　　　　　217
第3節　日本人と動物園（成島悦雄）　　　　　　　　　　　　　227
第4節　競走馬と日本人（青木玲）　　　　　　　　　　　　　　238
第5節　日本人の動物観と保護法制
　　　　－日本における動物愛護・福祉論－（野上ふさ子）　　　251

執筆者一覧　　　265

序章

人間と動物の関係論について

松木洋一

1. 自然生態系の中のヒトと動物

　動物とヒトは，空気，水，太陽光などの非生物系の物理的な環境を持つ地球空間に生存している。そして個々の生物種として生命を維持していくために，常に生息地と栄養源を獲得する必要があり，森林，草原，湿原，湖沼，河川，海洋，農地，住宅地などの土地とそこに生きている生物資源を利用している。その生存活動は，個別になされているかのように見えても，すべての生命の循環である自然生態系の中で相互に依存し合っている。ひとたび生命循環の調和が崩れると，特定の生物種が絶滅することや生物の多様性が少なくなる。

　20世紀後半からヒトという特別な生物種の活動によって，オゾン層への影響や温暖化など地球の物理的キャパシティが冒され，同時に自然生態系が破壊されつつあり，地球環境問題が発生している。

人間と動物の関係論は，ヒトという生物種と他の多様な生物種および自然生態系全体との関係を直接的に見ることであるが，このような非生物系を含めた自然を破壊している地球環境問題の中で考えていくことでもある。

また，ヒトは，一生物種ではあるが，生存のために集団を形成し人類社会における人間関係の中でのみ自然資源を利用する生活と生産活動を実現してきたのである。それゆえ，人間と動物の関係論は，この社会の経済システムの進展による関係性の変化と，それとともに形成されてきた自然観や動物観の変化を歴史的に考えていくことでもある。

経済システムがグローバル化するにつれて，この人間動物関係についての国際的ルールが求められているが，日本アジア・アフリカと欧米諸国にはそれぞれ固有の自然観・動物観があり，そのルールづくりのためにもその独自性を尊重する視点が重要となっている。

西欧のキリスト教的自然観では，神は人間に自然の支配者としての地位を与え，あらゆる生物，動物の管理を人間に託するという人間中心主義の思想が根底にある。それに対し日本アジア的自然観は，人間も草や木や虫などあらゆる自然・生物・動物と一体的に存在しているという感が強く，むしろ無自覚的な共生感とも言えよう。

この西欧の人間中心主義的自然・動物観が20世紀後半から反省されてきており，自然を管理（management）するのではなく，人間とあらゆる生命とが共生（Symbiotic）する世界を目指すべきという，いわば「生命共生主義」の思想が生まれつつあると言えよう。

また，動物虐待に反対する市民運動の成果が新たな動物観と社会ルールを確立しつつあり，ヨーロッパ連合EU（European Union）は1997年に連合統合条約で「家畜（動物）は単なる農産物ではなく，感受性のある生命存在（Sentient Beings）」として規定した。

この政策化された動物観が国際的な影響を与えており，動物の5つの自由Five Freedomsの実現という科学的な動物福祉思想が世界共通のものになりつつある。日本アジアの自然観・動物観にも共通した思想として，無自覚的共生感から自覚的共生観へ進化していくことが課題となっている。

2. 本書の構成と内容

　動物（Animal）とは，学術的な概念としては，「感覚」と「運動能力」の有無によって生物を植物と動物に二区分する分類法から定義されている。すなわち，動物とは運動能力と感覚を持つ多細胞生物である。

　本書で取り上げる「動物」とは，ヒトも自然生態系の中の生物であり動物の一種であるが，図「人間と動物の関係」のように，人間が生活と生産を維持するために関係し利用する対象として捉え，「野生動物」，「家畜（畜産動物）」，「実験動物」，「伴侶動物」，「サービス動物」に区分され，それは機能的能力によって分類した「動物」である。この分類では，同種の動物が複数の類型にあてはまることがあり，例えば野生動物としての野牛，家畜としての乳牛，肉牛，役牛，実験動物としての牛などである。

　また，本書ではこの類型別動物ごとにすべてを取り上げているのではなく，むしろ人間との関係性についてのテーマの中で多くの動物種が重複されて論じられている。

　類型別の動物を扱う章節として，第1章『野生動物と人の関わり』，第2章『畜産動物と人の関わり』，第3章『伴侶動物と人の関わり』を，テーマ別章節として，第4章『人の医療・福祉補助としての動物』，第5章『日本人と動物文化』を柱に構成している。

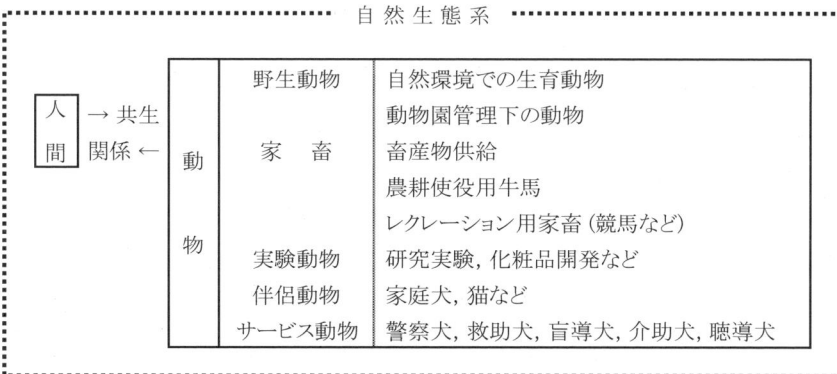

図　人間と動物の関係

第1章『野生動物と人の関わり』は，キーワードを「保護」「被害管理」「共生」に置いて，それを重視する視点から3つの分節と1つのコラムで構成している。

　第1節「地球環境汚染と動物－野生動物からのSOS－」では，野生動物が人よりも環境悪化に対してはるかに敏感で時には絶滅に追い込まれていることから，その実態をモニタリングすることで地球環境の悪化状況を把握する意義が論じられている。特にモニタリングの先端的な研究方法による成果を通して，これまで明確でなかった地球環境汚染の実態が分析されている。

　第2節「多様化する野生動物問題」では，野生動物による被害が，農林水産業への被害や人身被害から人間活動の及ばない自然地域での植生被害など多様な問題に広がっているが，この解決の取り組みには地域や人間自身がいかに自然との関係性を再生するかがカギであることを指摘している。この野生動物問題に関連するコラム「外来動物問題　アライグマによる生態系影響やその対策」で，ペットとして輸入されたアライグマが野生化し被害が拡大している実態が報告されている。

　第3節「生物多様性を保全するシステムの開発－自然共生農業論－」では，現在われわれに残されている自然を原生自然と農業自然に二大区分した上で，身近な「農業自然」における生物多様性の保全の主体は自然保護団体ではなく，「生物を育てる産業である農業」の担い手・農業者であると主張し，生物多様性保全技術を実践する自然共生農業者による野生動物との共生システムの開発の必要性を論じている。

　第2章『畜産動物と人の関わり』は，キーワードを「食の安全」「イノベーション」「家畜福祉」に置いて，3つの分節と1つのコラムで構成している。

　第1節「動物はいかにして家畜になったか」では，家畜化とは「ヒトに飼われその保護の下に繁殖し，ヒトによって改良され，ヒトにとって有用な動物」と定義されるので，ウシやブタなどの畜産動物だけでなく広い意味ではイヌ，ネコなど伴侶動物も含めた各種動物の家畜化の歴史的変遷が紹介されている。

　第2節「クローン技術がもたらすもの」では，動物の繁殖技術の進展の中に1990年以降クローン技術「ある動物の1つの細胞から核のみを取り出して，その核の持ち主と遺伝学的に完全に同じ動物個体をつくり出す技術」の問題点を

取り上げ,「予期せぬ新生物をつくり出してしまう恐れ」を警告している。

　第3節「アニマルウェルフェア畜産の発展」では,ニワトリのケージやブタのクレートなど家畜の行動の自由を制限する工場的畜産方式が欧米を中心に禁止ないし改善され,アニマルウェルフェア畜産システムへ転換している。家畜福祉の概念とは「家畜が最終的な死を迎えるまでの飼育過程においてストレスから自由で健康な生活ができる状態」と定義している。この家畜福祉飼育方式に関連するコラム「有機畜産」では,消費者が求める安全な食品と環境に優しい農業に対応する有機食品の国際的基準と日本の農林規格JAS法が定められているが,認定有機畜産農場はまだ少ないことが報告されている。

　第3章『伴侶動物と人の関わり』は,キーワードを「絆」「癒し」「育て方」に置いて,6つの分節と1つのコラムからなっている。

　第1節「犬と人間」では,現在飼われている犬の大半は伴侶動物となっているが,最古の家畜である犬と人間の関係で中心的な役割は狩猟の助手から始まっており,世界どの国でも犬の優れた嗅覚を野生動物の狩に利用してきた。そのような目的のためハイイロオオカミが家畜化され,その後長年なされてきた猟犬の品種改良の変遷がまとめられている。

　第2節「子どもの発達と動物飼育－動物との特別な関係－」では,発達心理学から見ると人間には無意識のうちに自分の周りの生命体に注意を持つプログラムを持っていることが指摘されており,特に乳幼児期の経験がその関心度の高さの傾向に反映される。それを増長するために学校飼育動物や家庭動物が子どもたちに学びの機会を与える重要性を論じている。

　第3節「伴侶動物の問題行動」では,ペットとして飼われている犬や猫の問題行動とは,飼い主が「問題である」と認識し「治したい」と思っている行動で,3つに大別される。①脳神経系の病的あるいは先天的異常が原因の異常行動 ②性行動や摂食行動など個体が行うべき行動でありながらその頻度が問題になる場合 ③警戒して犬が吠えることなど近隣の住民から苦情となる場合で,この3番目のタイプが一番多い。そしてそれぞれの対処法が論じられている。この問題行動に関わるコラムとして「マンションでのペット飼育問題の解決法」では,集合住宅のペット飼育における苦情を,「犬の吠え声」「臭い」「飛んでくる毛」

「屋外での不適切な排泄」の4つに区分し，「飼い主の会」がそれらの多くのトラブルを解決し未然に防いでいることを報告している。

　第4節「ペットロスって何？」では，最近使われているペットロス症候群は愛する動物を失った家族の悲しみを表現する「絆を失って」が適切な言い方という。ペットロス時の飼い主の心と身体の変化を「行動（泣く，睡眠障害，食欲不振など）」「身体感覚（胃の痛みなど）」「感情（孤独感など）」「認識・知的活動（動物の死の否定，混乱など）」で診ること，また立ち直りのプロセスについて4段階を説明している。

　第5節「犬と猫の食事と健康」では，動物の健全な生活を維持し，繁殖によって子孫を生み出していく生命活動全体を意味する栄養について，栄養素別にその働く過程を述べ，最近のペットフードの特徴を説明している。そして，犬と猫の健康と栄養管理について出生から数週間，離乳から数ヶ月間，成犬成猫後の成長期間ごとの飼育方法について詳細に述べている。

　第6節「動物の母性行動とホルモン」では，動物の子育て本能による母性行動には強いストレスがかかるが，母親が乳児を可愛がることによって母乳中のプロラクチンホルモンが乳児の脳に作用し，将来の母性行動に必要な脳機能の形成に有効に働く可能性を論じている。また，エストロゲン，プロゲストロン，オキシトシンなどのホルモンの互いの協調作用を明らかにすることで動物のストレス軽減方法が見出されるとしている。

　第4章『人の医療・福祉補助としての動物』は，キーワードを「セラピー」「介助」「共通感染症」において，5つの分節と1つのコラムからなっている。

　第1節「アニマル・セラピーとその周辺」では，普通に飼われているペットさえわれわれに健康を与えてくれているが，「意図的に」人間の患者さんたちの治療の補助としてペットを用いることを総称して「アニマル・セラピー」と呼んでいる。心筋梗塞の回復効果の分析や老人ホームでの実践的活動から，動物による「癒し」効果の科学的実証をもとに論じている。そして，アニマル・セラピーを医療現場に導入することができるか否かは，社会全体が動物との関係をどう考え位置付けていくかの成熟度が重要であると主張している。

第2節「障がい者乗馬」では，乗馬は，10分間に1,000回以上にも及ぶ馬の三次元運動の動きが騎乗者に伝わりその振動を全身で吸収するために脳幹の対する知覚刺激があり，身体的，精神的治療の方法として世界的に認められてきている。長年障がい者乗馬の活動を進められてきた実績のもとに，適した馬の選び方，馬具の選び方，実際の乗馬方法など具体的な障がい者乗馬のガイドブックとしてまとめられている。

　第3節「障害者福祉と介助動物」では，2002年に施行された身体障害者補助犬法で定められた盲導犬，介助犬，聴導犬は障害者福祉に寄与する犬であり，ペット以上に社会的な関わり，つまり公的な役割を持つ動物である。法律によって公的施設，交通機関，不特定多数が利用する施設，従業員50人以上の民間事業所などにおいて受け入れが義務付けられた。この補助犬のそれぞれについての役割と歴史が述べられ，また補助犬の動物福祉についても注意を喚起している。

　第4節「人獣共通寄生虫病」では，脊椎動物とヒトとの間で相互に自然感染が起こりうる疾病を人獣共通感染症といい，この原因となる病原体には，ウイルス，細菌，真菌，寄生虫などがある。日本においても多くの寄生虫がおり，中間宿主を食物とする経口感染が主な感染ルートであるが，イヌやネコから直接感染する危険性もある。トキソプラズマや回虫，エキノコッカスなどの人獣共通寄生虫による飼い主への感染防止の重要性を論じている。

　第5節「さかなと人間」では，魚介類と人間との多様な関係を見ると，食糧資源であることは基本であるが魚油や魚粉として他の生物の飼料や添加物に利用され，釣りなど遊漁対象でもあり，ニシキゴイなど観賞魚はアジア圏の文化財でもある。近年に発生している遊漁対象として密放流されたブラックバスなどの外来魚の生態系攪乱問題や，また，マグロ漁への国際的規制問題などを取り上げて論じている。

　コラム「人の生活と実験動物」では，人と動物の関係の中でも，医学や科学の名前のもとで犠牲となっている実験動物について大きな意見の対立が続いている現状とそれを乗り越える新たな科学的解決の道について紹介している。

　第5章『日本人と動物文化』は，キーワードを「動物観」「文化伝承」「社会的規範」に置いて，5つの分節からなっている。

第1節「日本人の動物観」では，"人にとって動物とはどんな存在か？"ということを民族や世代がつくり出す共通の観念を動物観と定義している。日本人の動物観には欧米人と異なるところがあり，「自然物に神性が宿っているのではないか」という宿神的態度，「動物に対する行為に何らかの後ろめたさを感じている」倫理性など伝統的なものが若い人たちにも継承されている。特に現代日本人には動物に対する「かわいそう」という同情的な心情を強く投影する動物「感」が認められると論じている。

第2節「鯨と日本人」では，クジラと日本人とのさまざまな関わりから生み出される道具，技術，経済，食文化，踊りや歌，神話や説話などの総体を「クジラ文化」と定義している。先住民の生存目的の捕鯨は許されるが，先進国の商業的捕鯨は許されないという議論はこのクジラ文化を深く考察したことにはならない。クジラと人間との多様な関わり合いを歴史的にみて評価していく視点から，日本人のクジラ観を論じている。

第3節「日本人と動物園」では，江戸時代初期の動物見世物から明治15年に開設された上野動物園の歴史に始まり，その後の動物園の社会における意義の変化が取り上げられている。動物園が健全な娯楽施設として歓迎されてきた時代から，欧米では動物園反対論者の活動が強まり，飼育環境を外部から評価するズーチェック運動の時代となっている。また，動物園の野生動物に彼らの本来行動要求を満たすべく環境エンリッチメントを整備する取り組みや新たな教育と研究の場としての役割について論じている。

第4節「競走馬と日本人」では，戦後昭和23年に制定された競馬法では競馬の目的は規定されず収益の使途が定められているのみである。競馬の実質は国と地方公共団体の財源確保のための「官製賭博」であり，売り上げ賞金とも世界一の競馬大国になっている。競馬とは訓練した馬を観客の前で走らせ着順を賭の対象とする興行である。そこでは馬をバーチャル的なゲームの主人公としてのみ捉えられており，生き物としての快苦などの動物福祉問題や競馬から脱落した多くの馬の肉用化などの現実が無視されていることが論じられている。

第5節「日本人の動物観と保護法制－日本における動物保護・福祉論－」では，欧米諸国の動物観の歴史とは異なり，日本人は動物に対して虐待的ではなくむしろ

親和的，同情的な態度で接してきた。しかし，それは動物の習性，生態を客観的に認識するという科学的な接し方ではなかった。そのような動物観が反映して，早くから欧米では整備されてきた動物保護や福祉に関する法制度が日本では立ち遅れている。1999年以降，動物愛護管理法の改正が繰り返えされてはいるが，なおも多くの点で現在の世界の動物保護基準に届いていないことが論じられている。

3. 結びにかえて

　本書の刊行企画のきっかけは，日本獣医生命科学大学・応用生命科学部・動物科学科（旧日本獣医畜産大学・畜産学科）が1997年から開始した我が国最初の講義科目「人間動物関係論」とその後増設された「人間動物関係論実習」がベースとなったが，講義が学科内外の多くの講師によって分担され，しかも2003年からは地元武蔵野市の寄附講座にもなったことで，新入学生向けだけでなく広く市民を対象とする講義録となったことに由来する。

　そして単行本として出版することになり，この分野では数少ない実践的専門家の研究成果の執筆参加によって，従来の畜産学，獣医学，医学などの自然科学の領域や農業経済学，社会学，心理学，文化人類学などの人文社会科学の領域にまたがる学際的な内容となった。

　それゆえ，本書は動物について広く学ぼうとする学生向け一般教養科目書であるばかりでなく，一般読者の身近な専門書として活用され，また，学際的な専門研究者の新たな研究に役立つことを期待したい。

　最後に，本書では直接テーマとして取り上げなかったが，2011年3月11日に起きた東日本大震災による人間と動物がともに歴史的にも未曾有の被害を受けた事態についての検討課題である。巨大地震，津波，東京電力福島第一原子力発電所の爆発による放射能被曝によって，多数の人々，家畜，ペット，野生動物が死亡した。特に人の避難区域内では国・自治体などの行政によってなされるべきであった動物の避難移動対策が放棄され安楽死が強行される中で，むしろ一部の飼育者とボランティア市民の懸命な保護活動によって生きながらえている状態にある（参考「東日本大震災下の動物たちと人間の記録」『畜産の研究』特集号2012年1月　養賢堂）。

日本のように地震や台風，洪水など自然災害が顕著な国では，しかも原子力発電所事故などによる人為的な大災害が起こる可能性の高い地域では，行政の災害対策と連動した飼育者と地域市民による災害時動物避難計画システムの整備が早急に実施されなければならないであろう。この課題は人間動物関係論として今後取り組むべき重要なテーマである。

第 1 章

野生動物と人の関わり

キーワード：
「保護」「被害管理」「共生」

第 1 節　地球環境汚染と動物
－野生動物からの SOS －

植田富貴子・望月眞理子

1. 環境汚染の発生要因と動物への影響

　人の集団がこの地球上で社会生活を営む限り，環境破壊と環境汚染をゼロにすることは非常に難しい。その破壊と汚染の歴史について個々に言及することはここではできないが，図 1.1a に，「1600 年～ 1949 年までに絶滅した鳥類と哺乳類」を示した。絶滅のスピードは図 1.1b の英国における産業革命時の石炭生産高および鉄生産高の増加とよく一致している。さらに，第一次・第二次世界大戦（～ 1945 年）以後，高度経済成長期（1960 年～ 1980 年）を経験した日本を含む先進国では，消費経済中心の経済システムを構築したが，この「環境」を後回しにした「ツケ」にわれわれは最近ようやく気付いたところである。しかし，この 70 年の間にわれわれ人間は作物生産量を増加させるために多種多様な大量の化学肥料と

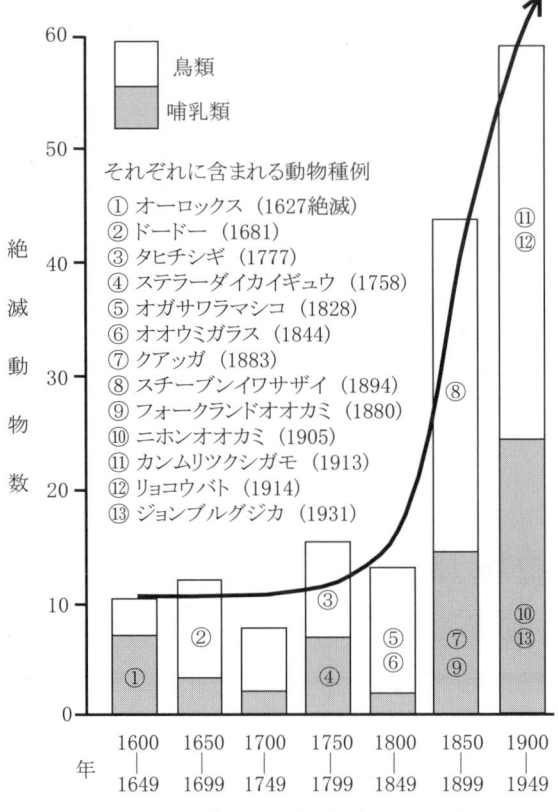

(資料)「生物の保護はなぜ必要か」ダイヤモンド社
ウオーターV・リード, ケントンR・ミラー

図1.1a 1600年〜1949年までに
絶滅した鳥類と哺乳類

年代	鉄生産高 t	年代	石炭生産高 t
1750	20,000	1750	4,773,000
1788	68,000	1770	6,205,000
1796	125,000	1800	11,600,000
1806	258,000	1816	16,000,000
1825	703,000	1826	21,000,000
1839	1,348,000	1836	30,000,000

図1.1b 英国の鉄・石炭生産高の推移

農薬を土壌に投入し, 医薬品や食品添加物などとして膨大な数の新規化学物質を開発した。これにより起こった環境破壊と汚染, 動物の絶滅速度のスピードアップは以前にも増して急速で, 現在の環境状態が続くならば, 今後25年の間にさらに15％の種が絶滅するという試算(平成23年度環境白書)を看過することはできない。

有機水銀による水俣病(1956年〜)やカドミウムによるイタイイタイ病(1946年〜), ポリ塩化ビフェニールによる米ヌカ油事件(1968年)などは, 環境汚染物質による人の健康被害事例として世界的によく知られたもので, 他の国に先駆けて日本で社会問題化した。宇井純氏は「公害原論(1971)」の中で, それぞれの国が置かれた地理的要因や気候条件が公害の深刻化と密接に関連していることを述べており, 環境汚染が起こっていたとしてもいくつかの要因により,

一般の認識が妨げられてしまうことを指摘している．実際に我が国に当てはめてみるならば，

1) 周囲を海で囲まれており汚染物質を捨てても潮の干満により流されてしまう，あるいは希釈されてしまうことにより汚染物が人の目に付きにくい．
2) 山から海までの距離が短く河川の勾配が急で汚染物質が長時間同じ場所に止まっている確率が低い（滞留時間が短い）．
3) 降雨量が比較的多く，汚染物は速やかに洗い流されてしまう．
4) 風の流れがスムーズで大気中に放出された汚染物質が吹き飛ばされてしまう．
5) 他の国との間に陸続きの国境がないため，他の国から批判を受けることが少ない．

これらの結果，我が国の「公害」は急激には深刻化せずに，環境に排出・廃棄された膨大な量の化学物質が自然の浄化能力をはるかに上回ったところで，誰の目にも明らかな事象，すなわち人の健康被害として現れたと宇井氏はまとめている．しかし，前述したように動植物は人よりも環境の悪化に対してはるかに敏感で，酷い場合には絶滅にさえ追い込まれる．水俣病では猫踊り病（猫：1953年，人：1956年に認識），イタイイタイ病では稲の水田の荒廃（稲作：第二次世界大戦中，人：1946年に認識），米ヌカ油事件では鶏のダークオイル中毒（鶏：1968年2月，人：1968年6月に認識）などで人に先立って動植物における異常が表れていたことが知られている．これらは，注目しておくべきことである．「公害」は，ある限られた地域の人間の健康被害や特定地域の環境悪化に限定して対策が行われてきた．しかし現在起こっている，あるいは広がりつつある環境問題の多くは，地球規模で捉え解決しなければならない状況となっている．生態系は食物連鎖により維持されており人はその頂点にあるが，他の生態系が崩れた場合には，人間の生存の可能性はないことをこの辺でもう一度肝に銘じて，環境汚染の抑制と生態系の保護に努めるべきであろう．

2. 世界における環境問題（地球環境問題）と国際的対応

　1972年6月，ストックホルムにおいて国連は国連人間環境会議を開催し，これが国際政治に「環境」が登場した最初となった。この会議では，"全人類が「宇宙船地球号」に乗船しているという認識のもとで，環境保全と向上を目指す"という共通理解と原則をうたった人間環境宣言が行われ，かけがえのない地球を守るため国際的に協力して実施する行動計画が採択された。そして，行動計画の実施を推進するための国連機関「国連環境計画 (United Nations Environmental Program, UNEP)」が設立された。1980年に UNEP は国際自然保護連合に委託して地球環境保全と自然保護の指針となる「世界保全戦略」をまとめた。これが「持続可能な開発のための生物資源の保全（「世界保全戦略」の副題）」すなわち，「持続可能な開発」(Sustainable Development) という新しい概念を公表したものとなった。この概念は，1992年の国連地球サミットで，「環境と開発に関するリオ宣言」や「アジェンダ21」として具体化され，その後も環境問題との取り組みでは中心的な考え方となっている。現在，地球環境問題として取り上げられているのは，① 地球温暖化，② オゾン層の破壊，③ 酸性雨，④ 海洋汚染，⑤ 砂漠化，⑥ 熱帯雨林の減少，⑦ 生物多様性の減少，⑧ 開発途上国問題，⑨ 有害廃棄物の越境問題，⑪ 黄砂問題，⑫ 南極地域の環境保護，⑬ 漂流・漂着ゴミ対策，などである。これらの環境問題と動植物との関係では，例えば，地球温暖化では20世紀中に地球の平均気温が約 0.6℃ 上昇して海面が 10～20cm 上昇したが，1990～2100年には 1.4～1.5℃ 上昇して海面は 9～88cm 上昇すると予測されている。この地球温暖化には二酸化炭素の増加が関連している。各国でその削減に向けての努力がなされており，IPCC 活動開始（1988年），枠組み条約採択（1992年），コペンハーゲン合意（2009年）などが行われている。この気候・気温変動，降水量の変化，極の氷解による海面上昇などにより，植生帯の変化，病害虫の増加，微生物生活環境の変化，農耕地の生産力低下，作物の高温障害など農業生産への影響，炭水化物固定能力の変化（植物の種によって増進または減退する），動植物の居住・棲息空間の減少，海棲生物の給餌・繁殖環境の破壊，地下水位の上昇，地下水への海水の混入，暑熱ストレスの影響，

病原体や媒介昆虫の生息域の拡大などの影響が生ずる。またオゾン層破壊では，南極上空のオゾンホールの面積が，1980年代までは500万km^2以下であったが，1990年代以降は約2,500万km^2前後で推移しており，縮小の兆しはまだない。この原因はフロンガスとされており，フロンガスの削減のために国際的にはウィーン条約(1985)，モントリオール議定書(1987)などが締結されている。日本ではモントリオール議定書に基づいて，「国家ハロンマネジメント戦略」や「国家CFC管理戦略」などを策定して取り組みを行っている。また，平成18年1月には，臭化メチルについても不可欠用途を全廃するための国家管理戦略を策定した。オゾン層は，波長260nm付近の紫外線を吸収しており，動植物のDNAもほぼ同じ波長の紫外線を最も吸収しやすくなっている。このため，オゾン層の破壊により，日焼け・光老化(菱形皮膚，角膜症，白内障，皮膚癌)が起こりやすくなるとされている。また，免疫力の低下による感染症の増加，光化学オキシダントなどによる健康障害の増加，植物生態系，海洋生態系および農作物の収量・品質への悪影響なども推定されている。

　このように化学物質の放出は，森林や密林開発と同様に，いや，場合によってはそれ以上に動植物に影響を与えていると言えよう。1992年の地球サミット，「アジェンダ21：持続可能な発展のための人類の行動計画」では，「環境汚染物質排出・移動登録(PRTR)」について言及され，1996年(平成8年)2月，「OECD域内の環境汚染物質排出・移動登録(PRTR)の実施にかかる理事会勧告」および「環境汚染物質排出・移動登録(PRTR)のための政府手引きマニュアル」がまとめられた。また，2000年には「残留性有機汚染物質(Persistent Organic Pollutants; POPs)の製造・使用の廃絶，削減等に関する条約(通称：ストックホルム条約)」が締結され，アルドリンなどの農薬およびPCBが廃絶対象，DDTが使用制限対象，ダイオキシン，ジベンゾフランなどが非意図的な生成物として削減対象となった(現在，さらに数が増えている)。我が国でも，環境中への化学物質の排出を規制する法規として，「化学物質の審査及び製造等の規制に関する法律(化学物質審査規制法・化審法)」，「特定の化学物質の環境への排出量の把握等及び管理の改善の促進に関する法律(化学物質排出把握管理促進法・化管法)」が，現在定められている。また，このような化学物質の汚染をさらに的確に把握する

ために近年，我が国の環境省では化学物質の環境実態調査を行っており，環境モニタリングで得られた成績がその環境汚染評価の根拠の1つとなっている。

3. 環境モニタリング

環境モニタリングとは，大気，水質，土壌の状態および植物，水棲生物，魚介類，昆虫，鳥類，哺乳類などの野生生物の生態を継続的に観察して，環境破壊と環境汚染の程度を監視する方法である。しかし，大気，水質および土壌の状態とそこに生存する生態系の関係は極めて複雑であり，汚染評価は非常に難しい。例えば，農薬であるDDTは海水中に0.1ng/kg程度含まれているだけでも，生物濃縮（プランクトン→イワシ→スルメイカ→イルカ）により，徐々にその濃度が高くなりスルメイカでは20μg/kg，イルカでは5,000μg/kgを超えてしまうことが知られている。したがって，環境モニタリングは，大気，水質，土壌などの理化学的な監視（それぞれの環境中における汚染物質の濃度監視）と生物学的な監視（生物濃縮を考慮した監視）の両面から行うべきであり，それらを総合評価した時に初めて有効なものとなるはずである。しかし，理化学的監視の面では，気流，水流，乾燥などによる濃縮により，汚染物質が濃縮されて集まる場所，ホット・スポットが生じるため問題は複雑化し，生物学的監視では，動物種の多様性により監視の方法が複雑化する。ここでは，以下に生物学的監視の問題点と解決策について概説する。

1）生物モニタリングの問題点

環境モニタリングの1つの方法である生物モニタリングは，諸外国では以前から行われており，さまざまな野生動物がその対象となっている。しかし，試料とする動物の食性，年齢，性別，行動範囲などのすべてのデータが揃っている場合は極めて少なく，また，それらのデータを収集することは困難である場合が多い。さらにほとんどの場合，試料として得られた動物個体が目的としている物質によって絶対に汚染されていないという確証もない（非汚染個体が不明）。このため現在は，類似した生物の年齢・場合によっては雌雄の別もわからない複数個体から得られた目的物質の含有量の平均値を比較して汚染の程度を類推している状況である。したがって，地域間の汚染の比較は大まかにしかできない。我が国に

おいても野生動物を使用した環境モニタリングが 1990 年代に入ってから行われており，データは環境白書などで公表されているが，使用される野生動物は，害獣駆除で運良く得られた（動物にとっては運悪く犠牲となった）個体や調査捕獲された個体などから得られたものであり，環境汚染の詳細な評価はやはり難しい。図 1.2 は 1993〜1994 年に環境庁（現 環境省）の調査捕獲で得られたカモ類およびその他の機関から提供された野鳥の腎臓と肝臓中のカドミウム（Cd）量を示している（Mochizuki らの文献参照）。これを見ると，秋田などの特定地域で Cd 量が非常に高いように見える。しかし，本当に《野生動物の汚染＝人的被害＝なんとかしなければ寿命が縮まる》と直結できるのであろうか？ 望月らは同じ文献で，この Cd 量の高さは，産業技術総合研究所地質調査総合センター（AIST；2004 年）が報告している日本の土壌中の Cd 量と非常によく一致していると指摘している。実際，日本人の毛髪中の Cd や鉛（Pb）などの有害金属量も，諸外国人と比較すると高いと言われている。ところが，日本人の平均寿命は世界一である。これをどう評価するべきであろうか？

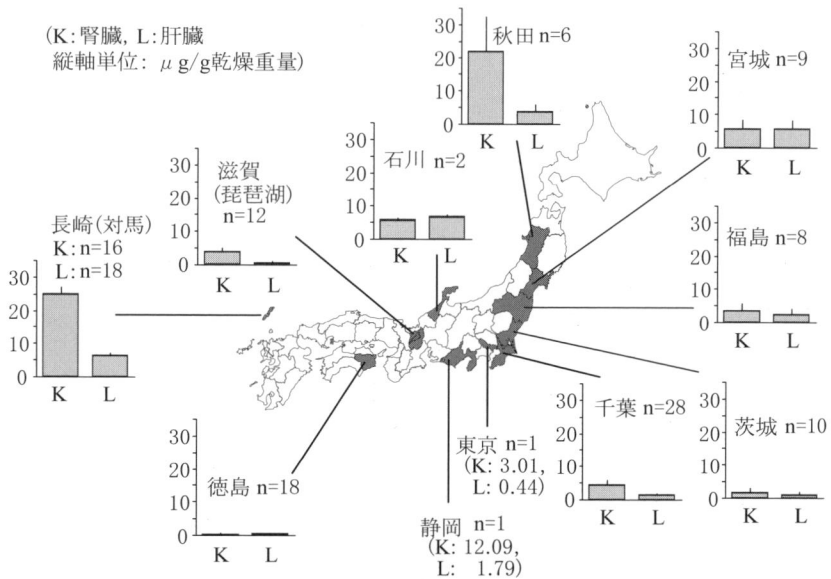

図 1.2　日本の野鳥の腎臓と肝臓におけるカドミウム含量の比較
原図（Mochizuki *et al.*, 2011）を改変

2) 解決の糸口

　図1.3は，これまでに報告された世界中の27文献で，陸・淡水鳥類，海棲鳥類，海棲哺乳類および陸棲哺乳類62種の腎臓と肝臓中のCd含量(101データ；平均値：個体数総計では2,800頭羽を超える)が，どのような位置関係にあるかを示したものである(Mochizukiらの文献より)。これらの文献には，Cdによる汚染の可能性も分析された動物の異常も，なんら記載されていなかった。それにもかかわらず従来の考え方で，これらの平均値を比較するならば，海棲哺乳類＞海棲鳥類＞陸棲哺乳類＞陸鳥・淡水鳥の順番で汚染されていることになる。しかし，人でも子供より大人の方が，Cdの体内蓄積量は一般に高いとされている。哺乳類＞鳥類という成績は哺乳類の方が鳥類より長生きで，使用した文献のデータが，それを反映していたとしたらどうなるのか？少なくともどの文献でも異常は記載されていなかったのである。そこで望月らは，この腎臓と肝臓中のCd含量の比率を計算して，それを直線で結べば，その直線が少なくともCd中毒

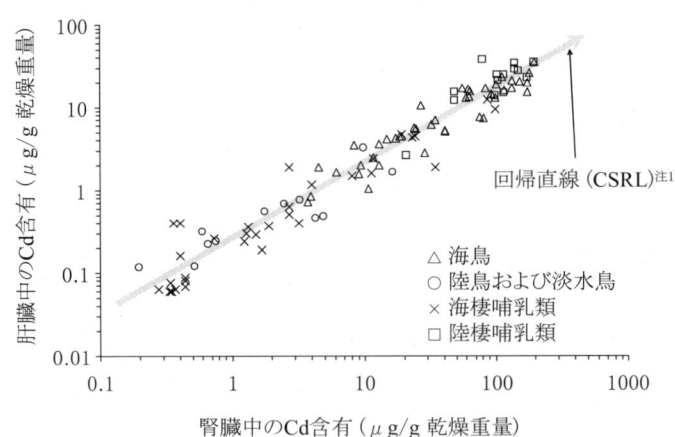

図1.3　野生動物の肝臓と腎臓中のCd含量の関係
原図(Mochizuki *et al.*, 2008)を改変

[注1] **回帰直線**　2つの現象間の関係の法則性を捉えるための手法。2つの現象の関係を観察する点で相関分析と類似しているが，相関分析が現象を捉えることを目的とするのに対し，回帰分析では，因果関係の検証が主な目的となる。2つの現象のそれぞれのデータより最も近い値を数学的手法(最小二乗法)で求め，それを結んだ直線を回帰直線と呼び $Y=aX+b$ (a＝傾き，$b=Y$切片)の式で表す。

には陥っていない動物群がつくった直線（Cd 標準回帰直線[注1]（CSRL））を表しているのではないかと考えて，この CSRL が生物モニタリングの問題点を解消する糸口となる可能性があると同文献で提唱したのである．実際，図 1.4 に示したように Cd を投与したアカゲザルやラットは CSRL から明らかにはずれる．また，Cd に汚染されていない地域の正常な人は CSRL の許容範囲内（楕円で示した内部）にあるが，Cd 汚染地区居住者とイタイイタイ病患者は CSRL とは明らかに異なった位置となる．Pb でも同様の直線（Pb 標準回帰直線；Mochizuki-Ueda line；Mochizuki らの文献参照）が得られており，Pb 汚染が判明していたコンドルやヒメコンドルは明らかに，正常と考えられる群から大きくはずれた．この CSRL と Pb 標準回帰直線の傾きはほぼ同じで，正常で病気になっていない動物を調査した文献から引用したデータでは，クロム（Cr），銅（Cu），マンガン（Mn），亜鉛（Zn），砒素（As），コバルト（Co），セレン（Se），ニッケル（Ni），タリウム（Tl）など非常に多くの有害元素のデータは，この 2 つの線上にあることが判明している（Mochizuki らの文献より）．望月らは，これらの直線が動物に共通な生体内バランス（有害金属と金属結合タンパクとの関係：解毒作用）を表しており，ある程度のところまでは「肝臓中濃度／腎臓中濃度」が一定に保たれているが，代謝が破綻してしまうと，このバランスがどの動物でも崩れる（中毒を起こす）ために

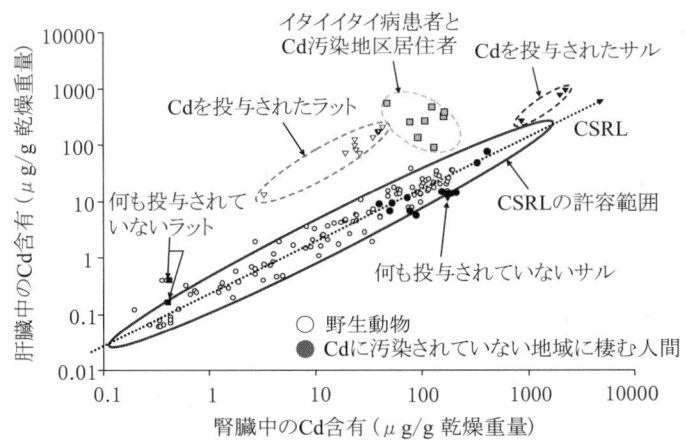

図 1.4　CSRL と Cd 汚染動物およびイタイイタイ病患者の関係
原図（Mochizuki *et al.*, 2008, 2009）を統合して新たに作成

このような現象が現れると文献中で結論している。望月らが作成したこれらの指標は、野生動物の種類、年齢、性別、食性、捕獲地域などに制限されずに、得られたデータの汚染を解析可能とする。同様の指標が他の化学物質についても作成されたならば、生物モニタリングのために多くの野生動物を「調査」として捕獲することなく、より少ない動物の犠牲で汚染の有無が推定可能となる。地球上の有害物質を「ゼロ」にすることができないならば、少なくとも生体が持っているバランス保持の力と汚染の関係を検討する、このようなモニタリングの手法をさらに開発するべきであろう。いずれにしても野生生物を使用して、環境をモニタリングする試みは始まったばかりである。普遍的な手法を確立することは、環境汚染が野生動物や人間にどのような影響を与える可能性があるかを評価するためにも必要なことである。

<参考文献>
1) 宇井純：公害原論Ⅰ，（Ⅰ）一般的状況 pp17-71，1971 年，亜紀書房
2) Mochizuki M, Mori M, Hondo R, Ueda F : Biological Monitoring using a New Technique. In "Wildlife: Destruction, Conservation and Biodiversity, pp293-300" Nova Science Publishers, Inc. NY USA. 2009 年
3) Mochizuki M, Mori M, Hondo R, Ueda F : A new index for heavy metals in biological monitoring. In "Energy and Environmental Engineering Series – A series of Reference Books and Textbooks; Energy, Environment, Ecosystems, Development and Land scope Architecture" pp185-191, World Scientific and Engineering Academy and Society（WSEAS）Press. Greece. 2009 年
4) Mochizuki M, Mori M, Hondo R, Ueda F : A Cadmium Standard Regression Line: A Possible New Index for Biological Monitoring, In "Impact, Monitoring and Management of Environmental Pollution". pp. 331-338. Nova Science Publishers, Inc. NY USA. 2011 年
5) Mochizuki M, Kitamura T, Okutomi Y, Yamamoto H, Suzuki T, Mori M, Hondo R, Yumoto N, Kajigaya H, Ueda F : Biological monitoring using new cadmium indexes: cadmium contamination in seabirds. In "Advances in medicine and biology, volume 33" pp. 173-186. Nova Science Publishers, Inc. NY, USA. 2011 年

第2節　多様化する野生動物問題

羽山伸一

1. 被害問題

1) 再び野生動物と向き合う世紀へ

　我が国の先人たちは，数千年にわたって野生動物たちと向き合いながら田畑を耕し，森を利用してきた。人々の暮らしの視点から考えると，我が国の歴史はケモノとの闘いの歴史と言っても過言ではなかったはずだ。しかし，19世紀に至るまでオオカミを始めとした大型野生動物をただの1種も滅ぼすことはなかった。この事実は工業先進国にあって稀有なことである。

　それが明治の開国から20世紀にかけて，乱獲などによって多くの野生動物を滅ぼしてしまった。さらに20世紀後半には未曾有の国土開発が行われ，野生動物たちの生息域が大きく改変された。これらは結果的に，20世紀を野生動物たちと向き合うことのない，いわば「幸福な世紀」に変えた。しかし，これまで述べてきたように，すでにそれは終わりを告げているようだ。

　そして今世紀は再び闘いの世紀になろうとしている。ところが，今を生きる私たちの世代は，先人たちが培ってきた野生動物と向き合うための知恵を失ってしまった。しかも，国土の利用形態や人口構造あるいは社会様式も，かつてとは比べようがないほど変貌している。結局，私たち自身が野生動物との新たな向き合い方を見出さなければならないということである。

2) クマまでが住宅地に

　2005年の夏，神奈川県厚木市の公園に突然現れたニホンザルが，遊んでいた子供2人の手に噛み付いた。また，近くにいた母親とサルを追いかけた公園職員など大人3人も手をひっかかれたが，幸い5人はいずれも軽傷ですんだ。

この公園は丹沢山地の里山地域に位置するとはいえ，周囲は住宅地だ。この事件の前にも同じ個体と思われるサルがこのあたりの住宅地域に出没し，人を威嚇するなどして警察に通報されており，県では捕獲を試みていたところだった。

　タヌキなどの比較的小型の野生動物が都市部に出没することは以前からも知られていた。ところが近年になって，この事件のように大型の野生動物が住宅地など都市部に現れる例が多発している。例えば，マスコミなどで話題になった「クマ異常出没騒動」では，報道されただけでも東北や北陸など6県でクマが住宅地に現れている。さらに，シカ（北海道，広島県など），カモシカ（長野県，石川県など），イノシシ（福岡県，静岡県など）と，我が国の大型野生動物はすべて都市部に現れるようになった。

　我が国を代表する大都市である兵庫県神戸市では，すでに90年代からイノシシが出没して年間200件以上の苦情が市に寄せられている。こうした出没の原因は，70年代からの餌付けの影響で人馴れが進み，住宅地域のゴミをあさりに来るようになったためらしい。

　神戸市ではこのような餌付けや生ゴミの放置を規制するために，全国に先駆けて2002年5月，「いのししの出没及びいのししからの危害の防止に関する条例」を施行した。しかし，それでもイノシシは山に帰るどころか，最近では市中心部にまで出没するようになっている。また，2004年7月には，買い物帰りの女性がイノシシに襲われ，右手親指を噛みちぎられるという事件まで発生した。

　これまで，野生動物の被害問題と言えば，山村の農林水産業被害のことであった。もちろん，カラスやドバトの問題など，都市に特有の生活環境被害はかねてよりあった。しかし，大型野生動物が都市部へ現れるという問題は，これまで私たちの世代ではほとんど経験したことがない。しかも，深刻な人身被害に発展することもあるため，早急な対策が求められている。

　ただ，これまで大型野生動物と人間との関わりを調査してきた経験から言えば，このような問題は起こるべくして起こったものであり，「異常」事態とは言えない。むしろ歴史的に見て異常になったのは，近年の野生動物と日本人との関係性であり，これらは社会問題として捉えなおさなければ解決できない問題と考えられる。

3）拡大する野生動物の分布域

　最近，環境省が公表した大型野生動物の分布図を見ると，過去30年間で大きく分布域が拡大していることが見て取れる。かつては奥山の動物と考えられていたサルやカモシカやクマなども今では里に棲むようになってきている。また，イノシシやシカが暮らせないと考えられていた積雪地帯へも，分布は大きく拡大している。つまり，30年前にはほとんど目にすることのなかった大型野生動物たちは，今では身近な存在になっているのだ。

　ただし，このこと自体は我が国の長い歴史の中では異常なことではない。例えばシカは，もともと平野の生き物である。有名な江戸図屛風（国立歴史民俗博物館収蔵）には，農家の横にシカの群れが草を食んだりして，くつろいでいる様子が描かれている。これは現在の東京都板橋区付近の農村風景と言われ，江戸期には23区内にもシカが普通に暮らしていた。サルも平地林が広がっていた時代にはどこにでもいた動物だった。事実，東京湾に面した縄文時代の貝塚の多くから，サルの骨が出土している。

　しかし，明治期に人間と軋轢を生じた多くの鳥やケモノたちは，乱獲などによって平野部で絶滅し，かろうじて人の手の届かぬ奥山で生き延びてきた。つまり，現在起こっている現象は，じつは野生動物がもとの分布域へ回復する途中経過なのである。

　一方，この30年間では人間と野生動物との関係性が大きく変貌した。かつて多くの人口を支えた農山村では高齢化，過疎化で野生動物との関わりは激減し，野生動物たちにとって人間は「優しい」生き物になってしまった。さらに，かつては野生動物との棲み分けに機能した里山は利用されず，また隣接する農地は放棄されていずれも藪と化した。すでに埼玉県の面積に匹敵する39.6万haが耕作放棄され（2010年農林業センサス），野生動物たちの隠れ家や餌場となってしまった。

　こうして野生動物たちは集落内にやすやすと接近し，農作物を食らい，人家に侵入するようになった。すでに多くの地域では，いつでも野生動物たちが人間の生活圏へ出没してもおかしくない状況が出来上がっているのだ。

4) 荒れた里山が被害を増やす

　現在，野生動物による農作物被害額は全国で総額 200 億円を超えている。もっとも，被害総額自体は台風や冷害などに比べれば小さいために，野生動物の被害問題は政策的には重視されてこなかった。しかし，中山間地域を始めとして壊滅的な被害を受けている地域も多く，そこでは大きな社会問題に発展しているため，農林水産省でも本格的な対策に乗り出したところだ。

　野生動物による被害が全国的な問題になり始めたのは 1980 年頃からであるが，かつては被害対策と言えば有害捕獲（駆除のこと）が中心であった。近年では，捕獲に加えて農地を柵で囲うといった施設整備による対策が普及し，行政による助成制度もでき始めている。

　ところが，1970 年代に 50 万人を超えていたハンターも現在では 10 万人に迫り，高齢化が著しい。捕獲が必要となっているのに，ハンターは減る一方なのである。捕獲の担い手が不足している地域では，仕方なく農家自身が罠猟の免許を取って対応しているが，実際にはなかなか捕れるものではない。

　また，高額な電気柵で農地を囲えば効果は絶大だが，結局，無防備な農地に被害がしわ寄せされるだけとなる。さらに追い討ちをかけるように，アライグマなどの外来生物も爆発的な勢いで広がり，農作物だけではなく家屋侵入などの被害も多発している状況だ。これでは，耕作を諦めてしまおうという気持ちになっても仕方ないだろう。

　こうして放棄された里山や農地が野生動物に棲みかと餌場を与え，さらに野生動物を増やすことで被害も拡大する。このような悪循環が始まると，農家が個々に対策をするだけで被害を防ぐことは困難だ。これからの時代は，集落や地域が一体となって野生動物と棲み分けるという発想が必要となる。特にイノシシやサルなどの大型野生動物と同じ場所で共存は不可能である。人里は人間優先の場所に，野生動物たちには山に，これが棲み分けである。

　かつての里山は，頻繁に利用されていたことで見通しもよく，人間と野生動物の世界の間にある緩衝地帯として機能していたようだ。つまり，棲み分けるには，里山や耕作放棄地を手入れして再生させればよいのである。しかし，これは口で言うほど簡単ではなく，また地域ぐるみで住民がやる気にならないとうまくゆかない。

著者は，専門家が住民に加害獣の生態や対策についての正確な知識を伝えた上で，住民の話し合いによって，できるところから始めることを勧めている。

5) 新たな被害問題への取り組み

こうした取り組みは，すでに各地で始まっており，例えば滋賀県東近江地域振興局の対策チームでリーダーを務める寺本憲之さんは，野生動物と棲み分けるためには「里の餌場価値を下げ，森の餌場価値を上げる」ことが必要だと地域の方々に説いている。個々の農家がばらばらに対策をやるだけでは里の餌場価値は下がらない。野生動物たちを人里から遠ざけ，棲み分けるには，地域ぐるみで餌場としての価値を変えなければ効果が得られないということだ。だから，寺本さんは地域住民に直接語りかける集落懇談会を何度でも繰り返す。対策の第一歩は地域をまとめることだからである。

結局，野生動物被害の問題は，野生動物の問題ではなく，地域や人間自身の問題である。だから問題解決には，地域の人たちが話し合うことで解決策を見出すしか方法はなく，まさに地域力が試されているということなのだろう。

2. 新たな野生動物問題

これまで野生動物による被害問題と言えば，農林水産業への被害や人身あるいは生活環境への被害であった。しかし，最近になって世界自然遺産に登録された知床や屋久島を始め，尾瀬（日光国立公園），大台ケ原（吉野熊野国立公園）など，およそ人間活動の及ばない自然地域でシカによる被害問題が発生し，しかも全国的な問題となりつつある。

ここでいう「被害問題」とは，シカが下層植生（いわゆる下草）を衰退させたり，樹皮剥ぎなどによって樹木を枯死させたりすることを指す。しかし，シカが農作物を食べるのなら被害というのはわかるとしても，自然の植物を食べて「被害」とは納得できない。そもそも，シカは平野の動物であり，彼らがこのような山岳地帯に暮らしているのは，本来の生息地を人間が奪ってしまったからに他ならない。

このような棲みかを強制されたシカたちこそが被害者なのであり，彼らを犯人にしたてたところで解決にはつながらない。つまり，これらは「シカ問題」

という社会問題として解決すべきで，最終的に人間とシカを始めとする自然との関係性を再生することが必要となる。

1) 丹沢山地でのシカ問題

神奈川県丹沢山地は，我が国で最も早くからシカ問題が発生したところだ。1960年代以降に，拡大造林政策によって森林の大規模な開発が行われ，シカが爆発的に増加した。これは一時的に森林が草原化して餌が豊富になったためで，その結果，苗木などの植林被害が社会問題化した。そこで，神奈川県は全国に先駆けてシカと林業との共存を図るために，人工林域では完全公費負担による防鹿柵で植林地を囲み，また国定公園のブナ林域を中心に約1万5千haの大規模鳥獣保護区を設置した。

これで一時はシカとの共存が可能になったかに見えた。しかし，1980年代後半から徐々にササの衰退やブナの立ち枯れなど，自然生態系の異変が報告され始め，その犯人としてシカが名指しされるようになった。

また一方で，丹沢山地は首都圏に最も近い山岳地帯であることから，1970年代から酸性霧などによるモミ林の被害や100万人とも言われる登山者の過剰利用の問題など，さまざまな自然環境問題が指摘されていた。しかも，丹沢山地は神奈川県民900万人の上水道を支える水源地域でもあり，ここでの生態系の異変は，県民のライフラインを脅かす問題にもなりかねない。

こうした状況を危惧した市民団体や研究者らが中心となって，丹沢山地の自然環境を総合的に調査し，対策にあたることを県に提案した。これを受けて神奈川県は，1993～1996年度と2004～2005年度の2回にわたる大規模な調査を実施した。この調査は，それぞれ500人近い研究者やアマチュア専門家がボランティアで参加し，しかも調査結果に基づいて調査団が政策提言を行うという画期的なものである。

これまでの調査によって，丹沢山地で起こっている複雑な問題の構造が明らかになってきた(図1.5)。それは，都市地域などから排出される大気汚染物質を起点としたシナリオである。

特にオゾンは地上の環境基準を超える濃度が観測され，ブナなどを衰弱させている。そこに，シカが下層植生を食べつくすことで土壌の乾燥化や表土の侵食が発生し，ブナ林に大きなストレスがかかってしまう。さらに追い討ちをかける

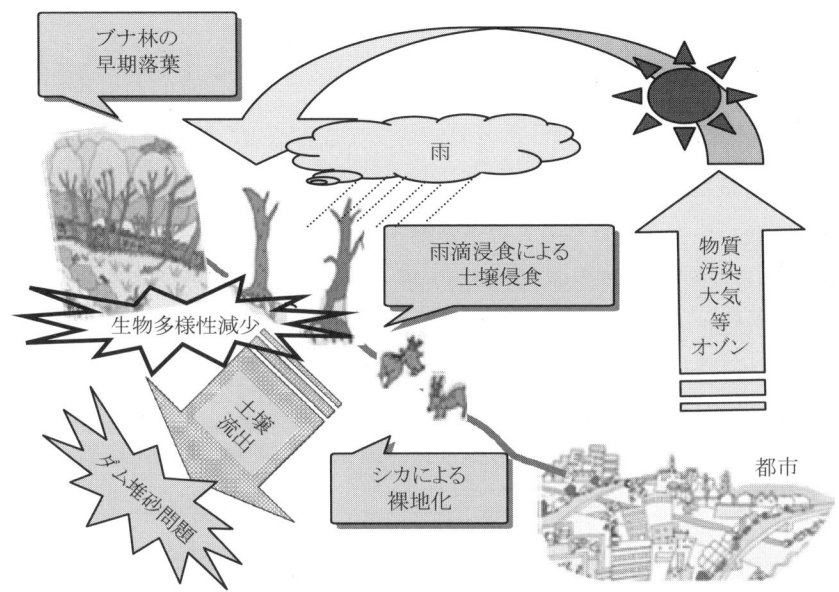

図 1.5　丹沢山地における問題連関図

のがブナハバチだ。

　このように枯死した森が広がり，さらに土壌浸食が進む。一方で，せっかく植林したスギやヒノキの人工林は木材不況の影響で放置され，ここでも土壌浸食が著しい。こうして流出した土壌が渓流を汚濁し，さらにはダムを埋めてゆくのである。

　土砂をダムで止められた河川や海岸も浸食が進み，さらに広域の生態系に異変が起こりつつある。すでに相模川河口の干潟は消失し，海岸線は 100m も後退してしまった。そして，最後に大きな影響を受けるが都市のライフラインだ。

2) 丹沢再生

　残念ながら，このシナリオを今すぐに書き換えることは難しそうだ。大気汚染物質の排出を激減させることやダムを撤去することは不可能に近い。ただ，もはや手をこまねいている時間がないことは確かとなった。次善の策として，緊急にやるべきことは，従来のような手付かずの自然を守るだけではなく，積極的に人の手によって自然を取り戻す自然再生である。

　例えば，シカを標高の高いブナ林域から排除するとともに，それより低標高の

人工林を大規模に整備して新たな生息環境を提供する必要がある。また，土壌流出を止めるために失われた渓畔林を復元して，渓流の生態系を再生させることも必要だ。

そこで調査団では，丹沢山地の自然再生に向けた構想づくりを提案した。2007年には，関係者が一堂に会した「丹沢大山自然再生委員会」が設立された。丹沢山地に関わる事業を自然再生型へ転換することが目標だ。

おりしも神奈川県「水源環境保全税」が2007年度から導入されることになった。この新税は，水源地域の自然環境の保全・再生や水質汚濁対策などを目的として，県が独自に検討を進めてきたものだ。県民税に超過課税し，当面5年間で約190億円の財源を見込んでいる。

しかし，今の段階で新税の使途は水資源確保に直結する事業に限られ，生態系の回復につながる自然再生へ直接投資することには議会から十分な理解が得られていない。それでも生態系の回復なしに水源の確保ができないのは自明である。幸い，神奈川県ではこの新税の運用に科学的モニタリングをもとに施策を軌道修正する順応的管理が採用される。しかも，これらの判断は納税者や専門家などで構成される「県民会議」に委ねられた。

いずれにしても，これほどの規模で地域の人と自然の将来を民主的に管理する試みはかつてないものだ。これは，納税者自身が税金の使い道を判断するのと同時に，自然とどのように向き合うのかを考え，関係性を再生させる場が生まれるということを意味する。シカ問題をきっかけに始まった丹沢山地での取り組みは，新たな段階に入り始めている。

3．外来生物問題

1) 絶滅に瀕するヤンバルクイナ

沖縄本島の北部地域を地元では「ヤンバル(山原)」と呼ぶ。世界遺産の候補地にも選定されている森林地帯である。ヤンバルには固有の生物相が育まれ，我が国最大の甲虫であるヤンバルテナガコガネやノグチゲラなどを始めとする希少な生物も多く生息する。

こうした多様な生物の代表格として知られるのがヤンバルクイナだ。この野鳥

は1981年に新種として記載され，我が国では62年ぶりとなる新種の鳥類の発見で大きな話題となった。1985年に行われた調査では，ヤンバルの森のほぼ全域で生息が確認され，まさにヤンバルの森の象徴と言える野生動物だった。

ところが，2000年に沖縄県と山階鳥類研究所が行った調査で衝撃的な事実が明らかとなった。急激な勢いで絶滅地域が広がっているのである。その原因は，毒蛇であるハブ対策のためにと1910年に海外から沖縄本島南部地域へ導入されたマングースによるものと考えられた。

事態を重く見た環境省と沖縄県は，2002年から本格的にマングース対策を開始し，これまでに約1万頭も捕獲したが，その後の調査でもさらに絶滅地域が拡大している。

2) 外来生物とは何か

このマングースのように，本来生息していない地域に人間が持ち込んだ生物を外来生物と呼ぶ。人類は，有史以前から，意図したか否かは問わず，こうした外来生物を生み出してきた。しかし，近代化以降のタンカーや大型航空機など大量輸送技術の発明に加えて，近年の貿易自由化や経済のグローバル化に伴って，かつてとは桁違いの数の外来生物が生み出され，生態系や人間生活に大きな脅威を与える事態が地球規模で急速に進行している。

我が国だけでも，すでに2,000種を超える外来生物が定着し，さまざまな影響が報告されている。特に，我が国には南西諸島や小笠原諸島を始め，希少かつ固有の生物が生息する島嶼地域での影響は深刻で，ヤンバルクイナの事例はその1つにすぎない。島嶼地域における野生生物の絶滅原因は，約半数が外来生物によるものと推定されている。種の絶滅は取り返しがつかないため，生物の多様性を守るために外来生物対策は急務である。

一方，農林水産業への被害も深刻である。アライグマなどによる農作物被害，雑草などによる収量の低下，水草による用水路の塞き止め，外来魚による在来魚の捕食，病害虫による森林の枯死など枚挙にいとまがない。我が国で外来生物による農林水産業への被害を経済的に試算した例はあまりないが，中国では年平均で574億元(約7,800億円)，米国でも同1,370億ドル(約15兆円)の経済的損失が発生しているとされる。

さらに深刻なのは、外来生物によって人と動物の共通感染症が媒介されてしまうことである。例えば、原産国の北米で狂犬病を媒介するアライグマが、我が国の里山から都市に拡大し続けている。この動物は1980年代に大ヒットしたアニメーションの影響で、大量にペットとして輸入されたものだ。アライグマは2～3歳になると凶暴化するため、多くの家庭で飼いきれなくなって遺棄され、一部が野生化したものと考えられている。すでに神奈川県や東京都では家屋にまで侵入する事態となっており、もし狂犬病が我が国に入った場合には大変危険な状況となっている。

3) 新法制定

外来生物問題が深刻化しつつある状況から、1992年に開催された地球サミット（国連環境開発会議）で採択された生物多様性条約は、締約国に対して外来生物対策を求めた。外来生物対策が、もはや国レベルだけではなく地球規模での対策が必要となっているからだ。

我が国でもこれを受けて、2005年6月から「特定外来生物による生態系等に係る被害の防止に関する法律」（以下、新法）が施行された。この法律のしくみは、生態系などに深刻な影響を与える外来生物を「特定外来生物」として定め、輸入規制、流通規制、飼育栽培規制などを行う。また、すでに野生化している場合には、国が防除対策を科学的計画的に行うものとしている。

現在までに80種が特定外来生物に指定され、すでに定着してしまっているアライグマやマングースなどの対策にも予算が投じられることになった。しかし、まだその諸についたばかりで成果はまだ未知数である。

ヤンバルの場合、捕獲だけに頼る対策ではマングースの拡大を止めることは難しいようだ。それは、すでにマングースが沖縄本島に広く定着してしまっているため、ヤンバルだけで捕獲を繰り返しても、南から次々に侵入してくるからである。そこで、沖縄県などではヤンバルの基部にあたる3kmあまりをマングース行動遮断フェンスで分断することにした。

しかし、これで万全とは言えない。新たな侵入を抑えられたとしても、ヤンバルのマングースが今のままのスピードで分布を拡大してゆけば、あと15年程度でヤンバルクイナは絶滅すると予測された。地元の国頭村（くにがみそん）では、

マングースからヤンバルクイナを守る方法を確立するために，ニュージーランドなどで実施されている外来生物防止シェルター(フェンスで外来生物の侵入できない地域を人工的につくり出す)の実験を行っている。

外来生物対策は，すでに待ったなしの状況にあるが，予算も技術も不足している。しかし，ここで躊躇してしまえば，次の世代にシェルターの中だけでしか生きられない在来生物を増やすだけである。豊かな自然を引き継げるかどうかは，私たちの世代の決断にかかっている。

4. 絶滅危惧種問題

1) コウノトリ再び日本の空へ

2005年9月に兵庫県豊岡市で，日本の空から消えたコウノトリが再び空に放たれた。コウノトリは，翼を広げると2mにもなる大型の鳥類だが，江戸時代には現在の東京を始め日本中に生息していた。しかし，明治期の乱獲やその後の生息地の破壊などによって激減し，1971年に豊岡市で最後の野生個体が死亡したため，我が国では絶滅してしまったのである。

豊岡市では，1955年に発足したコウノトリ保護協賛会以降，飼育下で生き残ったコウノトリの保護増殖に取り組み続けてきた。また，国内の動物園も協力し，1988年には多摩動物公園で，我が国で初めての飼育下繁殖に成功した。その後，飼育下のコウノトリの増加に伴い，野生復帰に向けた取り組みを本格化させるため，1999年には兵庫県立コウノトリの郷公園が豊岡市に設置された。

郷公園では，飼育下でコウノトリを繁殖させて増やす一方で，野生復帰のためのさまざまな訓練を行ってきた。特に鳥類は狭いケージで飼育されていると空を飛べなくなってしまっている。空を飛ぶためには，飛行訓練によって胸筋を発達させなければならないのである。こうした訓練の成績や健康状態の検査を受けて，選抜された5羽が第一陣として空に放たれた。

もちろん，ただコウノトリを放すだけでは彼らは生きてゆけない。コウノトリは水田や河川などで魚類や昆虫を食べるため，野生復帰にはこれらの環境整備が欠かせない。ここでは地域の農業者の参加を得て，環境保全型農業を推進してきたため，コウノトリの餌が豊富にあるのだ。

こうした取り組みの結果，2007年7月，43年ぶりに野生状態でコウノトリが巣立った。これは長い地域の努力の成果であり，また自然を取り戻すための第一歩である。

2) 再導入とは何か

コウノトリのように，絶滅に瀕した野生動物を飼育下などで繁殖させ，絶滅してしまった地域へ野生復帰させることを再導入（reintroduction）という。欧米を中心として，海外では30年以上前から再導入に取り組んできた歴史があり，すでに200を超える取り組み事例がある。

しかし，海外で再導入の取り組みが盛んになる一方で，我が国における大型野生動物の再導入は今回のコウノトリが初めてとなる。もちろん，トキやツシマヤマネコなどでも再導入を目指した飼育下繁殖が進んでいるが，多くの絶滅危惧種を抱える我が国の状況から考えると，ずいぶんと事例が少ない。これはどうしたわけだろうか？

いくつかの理由が考えられるが，第一に絶滅危惧種に対する保護制度の遅れが挙げられる。そもそも，野生生物の絶滅はいくら科学が進んでも取り返しがつかないため，絶滅の回避や生息数の回復は自然保護政策の最優先課題である。しかし，我が国では1993年まで野生生物の絶滅を防ぐ法律すらなかった。しかも，この法律で保護対象となっているのは，2,600種を超すが我が国の絶滅危惧種のうち，いまだに90種（3%）にすぎない。

一方，自然保護法の最高峰と言われる米国絶滅危惧種法が最初に制定されたのは，じつに1966年のことであり，これまでに1,000種を超す野生生物が回復事業の対象となっている。また，欧州では，1979年に批准された野生生物と自然の生息地の保全に関する条約（ベルン条約）により，締約国は絶滅危惧種の保護と再導入を行ってきた。

もう1つの理由は，再導入に対する批判が挙げられる。特に専門家の間で再導入に対する批判は大きい。「たった1種のために巨額の費用をかけるのはおかしい」，「1種を保護するのではなく，生態系全体を保護すべきだ（あるいはそれが先だ）」といった意見はよく耳にするものだ。

しかし，これは再導入の目的を誤解したものと言える。再導入とは，1種の絶滅

危惧種を救うためだけに行うものではなく，生態系の復元を行うための手法であり，まさに自然再生事業の1つなのである。特に，食物連鎖の上位にある捕食者が絶滅していることは多いので，その生態系の復元にはこれらの再導入が欠かせない。

世界各地の再導入に取り組む専門家たちをインタビューすると，彼らは異口同音に「生態系の復元」を語る。当然のことながら再導入を行うためにさまざまな自然再生に取り組まなければならない。しかし，その人間の行為を評価できるのは再導入された野生動物たちだけだ。つまり，わたしたち人間は，彼らを再導入することを通じてしか，失われた生態系を取り戻すことはできないのである。

3）新たな野生動物との向き合い方

絶滅に瀕した野生動物たちは，20世紀という未曾有の「破壊の世紀」の犠牲者であった。この反省のもとで，21世紀を「再生の世紀」とするために，再導入を含めた生態系の復元を進めるべきだ。

しかし，生態系を復元させるには，従来のような保護区をつくったり，規制をかけたりするような保護政策では無理だ。生態系の復元は，農林水産業や公共事業など生活に直結する問題となるため，地域住民の協力や理解がなければたちゆかなくなるからである。特に人間生活に害を与える可能性のある大型野生動物の再導入ならなおさらのことだ。

これにはトップダウンではなくボトムアップの取り組みが欠かせない。こうした取り組みは，豊岡市だけではなく，すでに新潟県佐渡市（トキ），長崎県対馬市（ツシマヤマネコ）などでも始まっている。いずれもかつての有害鳥獣だ。それを野生に帰すという，新たな野生動物との向き合い方が模索されている。

コウノトリを放鳥する式典に先立って行われた国際シンポジウムで，中貝豊岡市長はこう語った。「コウノトリは，彼らを愛する地域にだけに棲むことができる。コウノトリを育むためには，豊かな自然環境だけではなく，文化も必要だからだ。」

＜参考文献＞
1) 羽山伸一（2007）「シカ問題と自然再生」森林文化協会編『森林環境2006』朝日新聞社
2) 羽山伸一（2006）「自然再生事業と再導入事業」淡路・寺西・西村編『環境再生と地域再生』東大出版会

3) 羽山伸一（2006）「ニホンザルと人間との棲み分けをめざして」ヒトと動物の関係学会誌 17：48-52
4) 羽山伸一（2005）「丹沢山地における自然再生事業構想とシカ保護管理計画」日本生態学会関東地区会会報　54：31-36．
5) 羽山伸一（2005）「外来種対策元年」森林文化協会編『森林環境2005』築地書館
6) 磯崎博司・羽山伸一（2005）「欧州における生態系の保全と再生」環境と公害，34(4)：15-20
7) 羽山伸一（2005）「自然再生事業はどうあるべきか」環境と公害，35(1)：15-18
8) 羽山伸一（2004）「野生動物問題としてのクマ騒動」獣医疫学雑誌，8(2)：119-120
9) 羽山伸一（2004）「海獣管理元年」小林・磯野・服部編『北海道の海生哺乳類管理』エコニクス
10) 羽山伸一（2004）「都市の野生を考える」日本河川協会編『河川文化　その15』日本河川協会
11) 日本自然保護協会編（羽山伸一ほか著）（2003）『生態学からみた野生生物の保護と法律』講談社サイエンティフィック，250pp．
12) 羽山伸一（2003）「外来種対策のための動物福祉政策について」　環境と公害 33：29-35
13) 羽山伸一（2003）「神奈川県丹沢山地における自然環境問題と保全・再生」鷲谷いづみ・草刈秀紀編『自然再生事業』地人書館
14) 羽山伸一（2003）「自然再生推進法案の形成過程と法案の問題点」環境と公害　32(3)：52-57
15) 羽山伸一（2002）「移入種はなぜ問題なのか」　ヒトと動物の関係学会誌12：37-44
16) 羽山伸一（2002）「カワウにおける保護管理の考え方」　日本鳥学会誌　51：56-61
17) 羽山伸一（2002）「公共事業としてのワイルドライフマネジメント」　日本家畜管理学会誌　38：24-28
18) 羽山伸一（2001）『野生動物問題』地人書館，250pp．
19) 羽山伸一（1998）『環境ホルモン問題入門』全日本病院出版会　56pp．
20) 羽山伸一（1993）「海獣と人間」藤原編『地球と環境教育』東海大学出版会
21) 羽山伸一（1990）「ゼニガタアザラシの保護・管理と漁業活動」粕谷・宮崎編『海の哺乳類　--その過去・現在・未来--』サイエンティスト社
22) 和田一雄・伊藤徹魯・新妻昭夫・羽山伸一・鈴木正嗣　編著（1986）『ゼニガタアザラシの生態と保護』東海大学出版会　418 pp．

第3節　生物多様性を保全するシステムの開発
－自然共生農業論－

松木洋一

1. 人間が多様な生物と共生する意義

　哺乳動物のうち霊長類に分類される生物である人類が地球上に出現したのは恐竜が絶滅した約 6500 万年前と言われている。その後の長い人類の進化を経て，人間が野生生物の採集狩猟の段階から植物を栽培し家畜を飼育する農耕段階になったのは1万年ほど前である。それ以来，人間は多様な生物種を自分の生存のために利用する対象として扱ってきた。人間の経済活動が自給的であった時代までは自然生態系と共生し，他の生物種の絶滅は少なかった。しかし，18世紀後半以降の産業革命による近代文明の発展によって，原生自然の開発と資源収奪が繰り返され，工業の発展とともに農業分野においても機械化や農薬，化学肥料を使用する農業技術の近代化がその共生関係を破壊するようになった。

　その結果，図 1.6 に見るように，1年間に絶滅した生物種数は，恐竜時代には

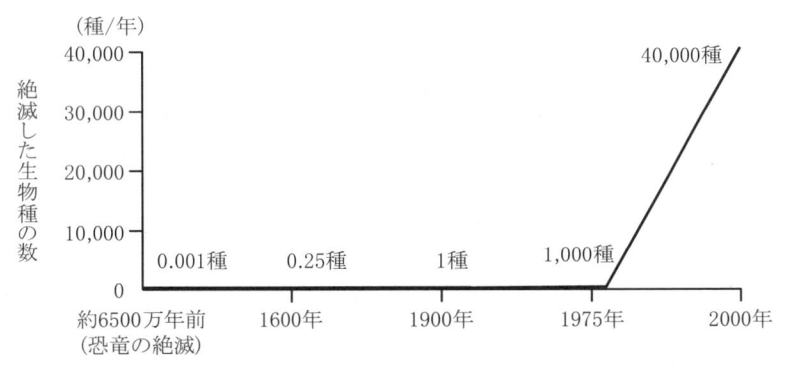

図 1.6　絶滅した生物種数の推移
（生物多様性条約第 10 回締約国会議支援実行委員会）

年間0.001種であったものが，400年前からは0.25種，100年前からは1種，第二次大戦後の経済成長時代からは1,000種と急増し，2000年代では年間4万種が絶滅しつつある。

　生物種絶滅を回避する意義と目的は，人間にとっての意味，すなわち人間の生存に貢献する現在および将来の持続可能な活用資源として維持するべきということが第一に挙げられる。あらゆる生物種（個体・群）はそれぞれ独自の遺伝資源としての利用価値を持っているからである。この視点は後述する生物多様性保全条約に基づく国際的な活動の柱の1つとしても位置付けられている。第二の意義は，このような価値のある生物種は個体ないし群として独立して生存できるのではなく，他の生物種や大気，水，土壌などの物質循環によって構成される生態系に依存し，またそれらの共生関係においてのみ生存できるという認識から，生態系を構成する要素として個々に保全する意義があるのである。第三の意義は，人間もヒトという生態系の一員として存在するのであり，他の動・植物種もその固有の存在の権利があるという「自然の権利」主張[1]からの意義であり，それは人間中心主義から生命・自然中心主義への価値観の転換を伴っている。

　特に動物は「感受性のある生命存在」[2]であり，個体の生まれ育ち死に至る全過程においてその生理的・生態的な行動要求が満たされ，ストレスの少ない環境で健康に生存できるように保障することが21世紀の人間と動物の共生思想として提起されている[3]。

　また，人間はそのような多様な命を育てている里山・農村の自然環境から「癒し」という精神的文化的な効果を受けており，ペットとの共生や家畜を飼育することによって同様に複合的な利益を得ている。それゆえ，生物多様性保全の意義を広義に捉えれば，野生生物種の保全のみならず，人間が改良してきた植物種（作物）および家畜種（含むペット）の保全も第四の意義となる。

2．誰が生物多様性を保全するのか
　　～「農業自然の番人」農業者の責務～

　生物多様性保全は自然保護活動の一環として捉えられ，特に絶滅危惧種の保護に関わって原生自然の保護が重要視されてきた。地球上の自然は人間活動によって

改変されてきたのであり，地球温暖化による影響を含めれば純粋の手付かずの原生自然はすでに失われていると言っても過言でない。しかし，本稿では自然を次のように大きく2つに分類して，以後の論議を進めていきたいと思う。

現在のわれわれに残された自然は，原生自然と農業自然に分けることができる。人間の直接的開発行為による改変がなされていない地域空間で古来の生物多様性が維持されている地域自然を原生自然ということができる。

それに対して自然を利用してきた農業や林業は少なからず生物生態系に直接影響を与えているが，工業などの産業とは異なり，生物を育てる産業として野生生物と共生する長い歴史を持ってきた。日本の農業は，縄文・弥生時代以降ほんの50年ほど前までの間，化学農薬や化学肥料・土壌改良剤を使わず自然との共生を図る農業を続けていたのである。そのような農業がつくり上げた"人間と生物が互いに依存し合う共生関係"を持つ自然を"農業自然"と呼ぶことにする。

多くの原生自然が破壊され，生物多様性が後退している現在，われわれが日常的に保護するべき身近な対象はまさに農業自然である。その自然を保護する主体は，原生自然の保護を中心的な対象イメージとして活動する環境保護団体ではなく，日常的に土地利用生産と生活を行っている農業者であり，その自覚的で科学的な保全活動が求められているのである。

すなわち，農業者は，生物についての科学的知識をベースに，自然との共生を図る"自然共生農業"に取り組み，農地や里山の多様な生物種を保全する新しい事業を起こす課題が市民社会から求められている。その農業活動によって高い自然価値を含んだ農産物の生産と，野生動植物の自然観察や農村景観観光などの農環境サービス財を供給する新しい経営ビジネスを起業する課題を持っている[4]。

しかしながら，そのような自然共生農業を育成するためには，消費者，食品業者などによる高い自然価値を購買する食品流通チェーンと，環境教育やエコツーリズムなどのサービス業，自然保護の公益性を推進するための補助金行政，自然保護関係者のボランティア活動および寄付行為，などの社会的な支援システムが不可欠である。

以上のような農業自然の保護という新たな自然保護理念が21世紀の世界ではどのように実現されているかの現状と今後の可能性と課題について次に論述する。

3. 多様な生物と共生する世界の活動
〜生物多様性条約の締結〜

　20世紀末になって人間活動が自然の生態系および人類に悪影響を及ぼしていることが強く認識された。その中でも温室効果ガスによる気候変動がもたらす悪影響とは，「気候変動に起因する自然環境または生物相の変化であって，自然および管理された生態系の構成，回復力もしくは生産力，社会および経済の機能または人の健康および福祉に対し著しく有害な影響を及ぼすもの」であると認識された。その解決のために大気中の温室効果ガスの濃度を安定化させるための国際的な条約「気候変動に関する国際連合枠組条約」が1992年ブラジルのリオ・デ・ジャネイロで開催された「環境と開発に関する国際連合会議 UNCED」で締結された。この国連環境開発会議は，生態系の保護とともに持続的可能な食糧生産と経済開発を促進するために，持続的可能な開発に関する原則を示した「リオ宣言」と，その具体的な行動計画である「アジェンダ21」を採択した。気候変動枠組条約はそれらの基本原則のもとに個別の地球環境問題の解決への国際的取り決めであり，関連したもう1つの重要な条約として「生物の多様性に関する条約 Convention on Biological Diversity CBD」が締結された。

　生物多様性条約の目的は，第一に生物の多様性を保全すること，第二に多様な生物資源を持続可能な方法で利用すること，第三に遺伝資源の利用から生ずる利益を公正かつ衡平な配分すること，である。

　生物多様性 Biodiversity は，生物学的多様性 biological diversity を意味する造語で，多様な生物が存在していることをいう。

　条約では生物多様性は「すべての生物（陸上生態系，海洋その他の水界生態系，これらが複合した生態系その他生息または生育の場のいかんを問わない。）の間の変異性をいうものとし，種内の多様性，種間の多様性および生態系の多様性を含む」と定義されている。

　生物多様性条約は地球上の生物の多様性を保全することが主目的であるが，その遺伝資源の持続的可能 Sustainable な利用を規定しているところに特徴がある。すなわち人間の経済活動の持続的発展のために有用な遺伝子資源を利用する場合，

その利益を資源提供国（開発途上国）と資源利用国（先進国）が公正かつ衡平に配分するルールを取り決め，国際的な協力体制によって情報交換や調査研究を実施することになっている。

日本も条約締結国として生物多様性保全と持続可能な利用を目的とする国家戦略を1995年以来5年ごとに改訂しており，2008年には生物多様性基本法を施行して国内での取り組みを強化している。しかしながら，後述するように農業との関わりにおける具体的な振興政策はいまだ確立していない。

4. EUの農業者による生物多様性保全システム[5]

"ヨーロッパには自然がない"と言われる。あるのは数千年もの間行われてきた農業活動によって形づくられた「農業自然」であり，原生自然ではない。それゆえ，ヨーロッパでは農業者に農産物の生産機能とともに農村景観と生物多様性を保全する機能を評価して，その持続的発展のための補助政策を強化している。ヨーロッパ連合 European Union；EUの共通農業政策CAPは生物多様性保全政策に新しいコンセプトである「高い自然価値 High Nature Value（HNV）」を採用するようになった。EU加盟国の中でも最も先進的に取り組んでいるオランダでは農業者による農業自然協同組合が多数形成されており，"自然のための農業"を未来モデルとするパイロット的活動が開始され，農業自然を管理する活動に応じた直接支払補助金制度が拡大している。イギリスにおいても環境スチュワードシップ事業（Environmental Stewardship Scheme）が進展するなど，EU全体に自然管理農業 Nature Management farming が発展している。農業者が食料を供給するという社会的活動によって，いかにヨーロッパの自然を利用し，ある時は破壊し，そして現在では再生を図り，将来の新しい共生システムを構想しているかを見てみよう。

欧州連合EU27ヶ国では，この人間と自然の関係性を強く自覚した議論が長年にわたって行われ，その成果が政策理念に反映してきた。

1)「高自然価値」概念の採用

EUの生物多様性保全についての政策は2つの柱によって展開している。1つは自然保護政策であり，2つ目は共通農業政策CAPである。自然保護政策は1979年の「野鳥保護指令 Birds Directive79/409/EEC」と1992年の「生息地保護指令 Habitat

Directive92/43/EEC」に依拠している。特に後者の指令によってヨーロッパ生態系ネットワークの確立を目指す「Natura2000」ネットワーク計画が2000年に策定され，生物多様性の減少に歯止めをかけるという目標も持っている。このネットワークは2つの地域,すなわち野鳥保護指令によって区分された特別保護地域 Special Protection Areas と生息地保護指令によって野生生物種の生息地として指定された保全特別地域 Special Areas of Conservation が結ばれたものである。このナチュラ2000ネットワーク自然保護政策と農業環境政策の結合が近年急速に進んでいる。

それは，ヨーロッパの自然は農業活動によって形成されてきたという認識があり，現在でもなお生物種の50％は農地生息地に依存しているからである。しかしながら，生物多様性の状況が1950年代以降極めて劣化してきており，それは1962年来の共通農業政策が高生産性の集約農業の育成のために化学物質の多用，機械化・施設化，単作専門経営化などを推進したことによって，環境汚染による生物の生息地環境が悪化するとともに農村自然景観の単純化が進んだからである。そのような近代農業がいわば「農業自然 AgriNature」を破壊していることに対するヨーロッパ市民の批判が1970年代から始まり,農業政策の転換を促してきた。周知のようにCAPは，1992年の農業環境規則2078/92「環境保護と農村発展のための農法転換についての規則」によって大きく転換し，それまでの30年間の生産性追求の高度集約的農業の育成から自然と景観に優しい自然管理農業と農村の振興へと改革を推進してきた。その後現在まで数回のCAP改革を経て，生物多様性施策には，「高い自然価値 High Nature Value（HNV）」を有する農地では，外部から農薬・肥料・飼料などの農業資材を投入しない「No Input」農法を採用し，その農法によって農場内生息地の管理，種の多様性の保護，生物多様性管理のための情報と教育の推進など，統合的な生物多様性の管理を行う内容が含まれている。

高自然価値 HNV というコンセプトは1990年代初頭につくられ，EUの農業による生物多様性の保全対策に重要な意義を持ちつつある。ヨーロッパのほとんどの集約的利用農地で生物多様性が減少している状況を打破するために，新しい自然に優しい機能を持った農地へ改良していく命題が上ってきているからである。

2）農業者による自然管理農業

　EUの自然管理農業は，ヨーロッパ農業の歴史上，新しい動きと言ってよい。自然管理農業の概念は1980年代から1990年代中頃にオランダやイギリスで始まった。この基本的な考え方は，自然管理は自然保護団体ではなく，土地所有者である農業者自身が管理者となるべきというものである。

　それゆえ，EUの農業環境政策は，ヨーロッパの自然管理を農業者の役割と責任において実行してもらい，その活動成果を納税者市民が評価し，税金によって労働報酬として支払うという政策論理と言えよう。また，将来は自然管理農業の経営事業を多角化し，環境サービスの生産と販売という市場経済の論理によって，ヨーロッパの自然管理を担ってもらうという戦略を持っているようである。

3）「自然のための農業」への前進

　オランダの農業自然管理事業は2006年から新たな段階に進んでいる。ワーゲニンゲン大学アルテラ研究所は2001年に「自然のための農業」というコンセプトを開発した。この開発構想は，「農業者は自立した経営者として，自然と景観を"生産する"ことによって，所得形成と持続的経営を実現する」という考え方からきている。農業は"自然を生む"方法であり，"自然のための農業"が21世紀の新しい農業の1つの方式であるというのである。この新しい農業は，耕作地と自然保護区の間にある不耕作地域などを活用して農場を再編するものであり，イメージ図1.7のように自然保護区を取り囲む3つのタイプの農場が自然管理農業を経営することによって，地域の生物多様性保全と景観増進，安全な農産物の供給，レクリエーションなど環境サービスの供給を実現する統合システムである。

　大規模経営農場は粗放的農場でEUの適正農業規範GAPに基づく農業である。景観志向農場は生け垣，小池などを環境要素にした伝統的景観ないし新たな景観を形成保全する農業である。自然志向農場は粗放的農場で，農業生産から見ると最劣等地である湿地・零細圃場・低地力の農地を基盤とし，農業資材無投入（ゼロインプット），家畜飼料も堆肥も外部から導入しない100％自給生産を実現し，それゆえ農産物生産は少量となり収入が減少する。それを補完する意味から，主として高い生物多様性のある自然や美しい伝統景観を保全して，都市市民のレクリエーションの機会を提供して環境サービス収入を増加させる。

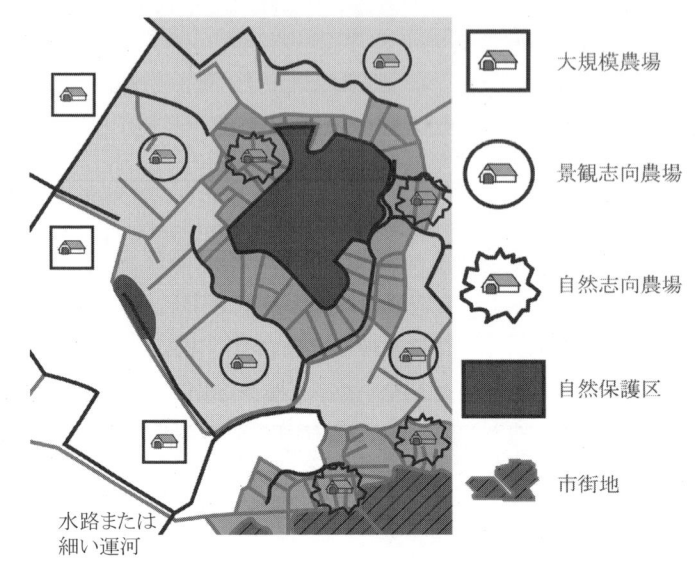

図 1.7　「自然のための農業」イメージ図
"Farming for Nature" Wageningen UR・ALTERRA, LEI　2008 より引用

自然保護区に隣接してバッファーゾーンの機能を持っている。

　個別農場が受け取る自然管理支払い金は「自然のための農業」地域基金から支払われるが，その基金の半分は政府の農業・自然・食品品質省が補助し，残りは州政府，自治体，運河水路管理団体，民間企業が負担している。このようにこのプロジェクトは，政府，自治体の農業自然管理補助事業(SA, SAN)だけでなく，地元企業や市民も出資して地域基金を創造するところに従来との相違がある。現在は30年間の長期計画のもとにha当たり年間1,000ユーロ(12万円)が支払われることになっている。以上のように"自然のための農業"プロジェクトは開始されたばかりであり，EUの新農村開発政策とナチュラ2000自然保護政策の2つの政策を統合的に実現する新しい手段と言えるであろう。

5. 日本の農業者による生物多様性保全システムと農業農村環境政策の課題

　日本の農業政策は戦後においてドイツをモデルにした農業構造改善事業を中心に農業生産性と効率性を高度化することを目標としてきた。そのEUの共通

農業政策（CAP）は90年代にその農業生産政策から農業環境政策へ大転換した。それに比べ日本の農業政策は本格的にいまだ生産政策から環境政策への転換を実現していない。環境負荷をできるだけ抑えるための農業政策に「環境保全型農業」振興対策があるが、その概念は「環境に対する負荷を極力小さくし、さらには環境に対する農業の公益的機能を高めるなど、環境と調和した持続的農業」と定義付けられている。その構想の下に1999年に「持続性の高い農業生産方式の導入の促進に関する法律」が施行され、担い手としてエコファーマーが認定されている。しかし、その柱は、化学肥料や農薬の軽減と有機堆肥の施用を振興するだけにすぎなく、生物多様性保全の内容はないに等しい。2008年からは農地・水・環境向上対策事業が始まり、地域の農地・農業用水などの資源を保全する活動に交付金が支払われているが、その主目的は過疎化、高齢化による集落共同作業の後退を解消することである。すなわち従来から集落住民が共同で行ってきた水路の江ざらいや草刈り、農道の砂利補充などの管理が不十分になっており、地域の環境が悪化していることを解消するためである。農村環境向上活動の一端としての生き物調査がメニューとしてあり、農業が持つ生物多様性保全の機能に関心を持たせることにはなっているが、EUのような農業者の経営活動に結び付く本格的な農業環境政策にはなっていない。2010年に生物多様性国際会議が日本で開催されたこともあって、政府の生物多様性国家戦略の一環として「農林水産省による生物多様性指標開発事業2008〜2010年」が開始された。事業は生物多様性保全に貢献する日本の農林水産業に対する理解の促進と生物多様性を重視した持続可能な農林水産業の維持発展を図ることを目的としている。農業に有用な生物多様性の指標および評価手法を開発するために、主要作物別、地域別に益虫・害虫を生物指標として特定する研究開発がなされているが、その成果が「生きものマーク」としてどう活用されるのか未定であり、またEUが実施している農業環境政策による直接支払い政策の導入は検討されていない。

　日本においても2000年代に入って、消費者団体と農業者、自然保護NPOとの連携によって「水田の生きもの調査」などが全国的に行われるようになっているが、イベント的な段階であり、生物生態系と共生する地域農業のシステム

として確立している事例は少ない。また，農業者のマーケティング戦略の１つとしてコウノトリ米などの生きものブランドの開発がなされつつあるが，市場での評価はすこぶる限定的であり，日本農業を自然共生農業へ構造転換させるような農産物ブランドの１つとなるまでには至っていない。

　EU のように従来の慣行近代化農法を促進するための生産政策についての徹底的な反省と農業環境政策への転換のために現行の食料農業農村基本法の改革が不可欠である。その改革内容の柱として，「農業自然」を管理する人材育成のための教育事業と，農業者が自然共生農業経営を開始するための経済的助成事業が必須である。助成事業としては農業者の自然共生農業活動への労働報酬としての環境直接支払金の給付が要である。同時にこのような新たな価値を有する農産物商品の流通・消費市場を形成するためには，農業者と食品企業，消費者・自然保護市民などによるパートナーシップ共同事業として，生物指標ブランドとアグリフードチェーンの研究開発が必要である。

＜参考文献＞

1) ロデリック・F・ナッシュ 『自然の権利―環境倫理の文明史』 TBSブリタニカ，1993
2) アムステルダム条約特別議定書「動物の保護および福祉に関する議定書」，1997 およびリスボン改革条約「欧州連合の機能に関する条約 TFEU」第 13 条，2009 に "sentientbeings" として規定された。詳しくは，松木洋一「アニマルウェルフェア畜産に取り組む世界の動向～健康な家畜の飼育と食品安全～」日本獣医師会雑誌第 64 巻第 5 号，359-365，2011 を参照
3) 『畜産の研究』第62巻第1号特集号「家畜の健康と福祉」 養賢堂，2008
4) 長野県上伊那郡飯島町では2002年より全町において「1000ヘクタール自然共生農場」建設事業が進められており，人材育成のために生物多様性保全の技術と経営を研修するアグリネイチャースチュワード「農業自然の番人」養成ビジネススクールが毎年開催されている(アグリネイチャースチュワード協会 http://www.agrinature.jp/index.html)。
5) 松木洋一「EUオランダの農業者による農業自然管理システム」 日本獣医生命科学大学研究報告第59号，92-104，2011 および 松木洋一「EUオランダの農業者による生物多様性保全システムと農業環境政策」 『環境と公害』Vol. 40No. 1, 29-35, 岩波書店，2010

< コラム >
外来動物問題 アライグマによる生態系影響とその対策

加藤卓也

　多くの野生動物が，物珍しさなどの理由による需要に支えられ，安易にペットとして展示販売されている。北米原産の中型食肉目であるアライグマ(*Procyon lotor*)も，かつてはその1種であった。しかし，野生動物であるがゆえに一般的に飼育は困難であり，各地で多くの個体が放逐され，あるいは逃亡したとされる。結果として，野生化したアライグマは，日本のあらゆる地域で定着に成功し，外来生物として注目を浴びることとなった。

　外来生物アライグマは，農業被害，家屋の汚損被害を引き起こし，近年では，文化財などの木造建造物への被害も明らかとなった(川道ら，2010)。さらに，人と動物の共通感染症の媒介が危惧されるなど，われわれの社会に対する問題は多岐にわたる。

　また，アライグマは食性の幅が広い雑食性であり，本種が生態系へ与える影響として，北海道でのアオサギ(*Ardea cinerea*)のコロニーへの被害，千葉県での在来カメ類の被食被害など複数の事例が知られている。神奈川県の三浦半島ではトウキョウサンショウウオ(*Hynobius tokyoensis*)やヤマアカガエル(*Rana ornativentris*)の産卵数が，アライグマの侵入確認後に減少した他，アベサンショウウオ(*Hynobius abei*)，エゾサンショウウオ(*Hynobius retardatus*)，エゾアカガエル(*Rana pirica*)などの両棲類の被食事例が国内各地で知られている(金田・加藤，2011)。

　これらの諸問題に対する有効な手段として，地域住民の協力の下でアライグマの捕獲による防除が実施されている。外来生物であるアライグマ防除の最終目標は，地域からの根絶排除であるが，まず生息密度の低下を目指すことから始まる。アライグマの捕獲によって生態系への影響が改善するかを評価するためには，捕獲状況に合わせて在来生物のモニタリングを実施することが望ましい。住民が捕獲に加わる体制では，処分方法が大きな課題となる。動物の取扱いや感染症対策に関する知識の十分でない者だけが実行する場合や，設備が充実していない場所での不適切な処分方法は，個体の苦痛を増大させるのみならず住民にも危険が及びかねない。動物福祉上ならびに公衆衛生上の観点から，行政などが主体となり個体の回収と過麻酔による殺処分を実施すべきである。

アライグマ

　以上のことから，アライグマ対策においては，地域住民，行政，NGO などが一体となって関われる仕組みづくりが必要となるだろう。

<参考文献>
1) 川道美枝子・川道武男・金田正人・加藤卓也．2010．文化財等の木造建造物へのアライグマ侵入形態．京都歴史災害研究　11：31－40．
2) 金田正人・加藤卓也．2011．外来生物アライグマに脅かされる爬虫両生類〈特集：爬虫両生類における外来生物問題とその対策〉．爬虫両生類学会報　2011(2)：148－154．

第 2 章

畜産動物と人の関わり

キーワード：
「食の安全」「イノベーション」「家畜福祉」

第1節　動物はいかにして家畜になったか

木村信熙

1. 家畜とは

　家畜とは，ヒトに飼われ，その保護の下に繁殖し，ヒトによって改良され，ヒトにとって有用な動物と定義される。食用，役用，原料用，観賞用，愛玩用，警番用などの用途がある。

　狭義の家畜としては，農業の生産に役立つ動物に限定され，ヒトの保護の下では繁殖しないもの，ヒトに馴れないものも除かれる。我が国で普通家畜と言われるのは，乳牛，肉牛，ウマ，ブタ，ヤギ，メンヨウ，家兎，ニワトリ，アヒル，シチメンチョウ，ウズラ，ミツバチなどである。特に，鳥類に属するものを区別して家禽ということもある。

表 2.1 野生動物が家畜化された年代

種 類	年 代 (紀元前)	場 所
イヌ	1万年	西南アジア, 中国, 北米
ヒツジ	8000年	西南アジア
ヤギ	8000年	西南アジア
ブタ	6000年	中国, 西南アジア
ウシ	6000年	西南アジア, インド, 北アフリカ (?)
ウマ	4000年	ウクライナ
ロバ	4000年	エジプト
スイギュウ	4000年	中国
ラマ/アルパカ	3500年	アンデス
フタコブラクダ	2500年	中央アジア
ヒトコブラクダ	2500年	アラビア
ニワトリ	2000年	南アジア
ネコ	2000年	エジプト

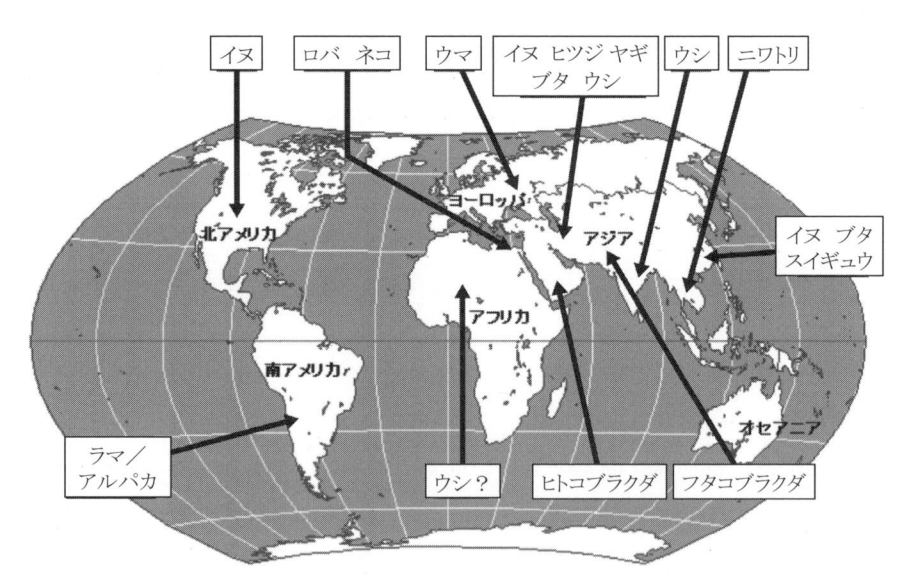

図 2.1 野生動物が家畜化された場所

2. 家畜化の年代と場所

　家畜化された動物ではイヌが最も古く，約12000年前である。次いでヒツジ，ヤギが10000年前，ウシ，ブタは8000年前である。ニワトリ，ネコは4000年前である。（表2.1参照）

　家畜化された地域は人類の文明の発祥と関連するが，草食家畜のように西南アジアで家畜化されたものが多い。ブタ，イヌは世界各地で同時発生的に家畜化されている。（図2.1参照）

3. 家畜化の条件

　家畜化の条件は人類と食料が競合しないこと，食料や使役用としてある程度のサイズが必要と考えられる。ジャレド・ダイアモンド氏によると，「家畜候補動物とは草食性，または雑食性の体重100ポンド以上の陸棲哺乳動物」と定義し，世界には148種の候補動物がいたが，そのうち実際に家畜化されたのはわずか14種である。大陸別に見るとそのほとんどがユーラシア大陸（13／72）であり，アフリカ大陸では候補が51に対し，家畜化されたものはゼロである（0／51）。南北アメリカ大陸は1／24，オーストラリア大陸は0／1である。なぜユーラシアでは多くが家畜化され，アフリカでは動物が家畜化されなかったのか。ウマは家畜化されたのに，なぜシマウマは家畜化されなかったのか。それを検証してみると，家畜化できた動物は似ている。家畜化できなかった動物はそれぞれの理由がある。家畜化された野生種は，すべての条件を満たしていた，ということになる。

4. 家畜化できなかった動物の検証

　ジャレド・ダイアモンド氏「銃・病原菌・鉄」によると，家畜化されるには，エサ，成長速度，繁殖，気性，序列性の5つの条件すべてを満たしていなければならない。表2.2に5つの条件と，その条件に合わなかったために家畜化されなかった動物の例を示した。

表 2.2　家畜化される 5 つの条件

1. エサ	(肉食動物, コアラ)	…ヒトとの競合, 特殊なエサ
2. 成長速度	(ゴリラ, ゾウ)	…成長が遅い
3. 繁殖	(チータ, ビクーニャ)	…繁殖条件が難しい
4. 気性	(クマ, アフリカスイギュウ, カバ, シマウマ, ワピティ, ムース)	…粗暴
	(カモシカ, ガゼル)	…神経質
5. 序列性	(レイヨウ, ビッグホーン)	…序列性がない

家畜化されるにはこの5つの条件がすべて必要
(　)はそれが原因で家畜化されなかった代表例

1) エサの問題

　動物は一般に成長(体重の増加)の 10 倍のエサが必要である。すなわち, ウシが体重 300kg になるには 3 トンのエサ(草)が必要である。一方, 肉食動物が体重 300kg になるには 3 トンの肉, すなわち 3 トンの草食動物が必要で, これには 30 トンの草が必要ということになる。つまり, ヒトの食料と競合しないことと, 効率の良い生産が必要なのである。ライオンが家畜化されなかったのは肉がまずいためではなく(むしろライオンの肉はおいしいということだが), エサの事情によるものである。イヌは雑食動物であり(かつ腐食性でヒトの廃棄物もエサとすることができた), ヒトの食料と競合しなかった。特殊なエサを必要とするパンダやコアラも家畜化できなかった。

2) 成長速度の問題

　成長の極めて遅い動物は, 家畜化できなかった。ゴリラ, ゾウは成長に 15 年が必要である。働くためのゾウは, 成長したものを捕獲して調教したほうがよいことになる。

3) 繁殖の問題

　ヒトの前でセックスしないものは家畜になれなかった。チータはオスに何日間か追い回されて初めてメスが排卵し, 発情する。古代エジプト, アッシリア, インドのムガール帝国はチータを飼ったが繁殖はできなかった。現代の生物学も 1960 年にやっと動物園で成功している。アンデス産ラクダのビクーニャは捕獲されると交尾前の複雑な求愛行動を行わず繁殖しない。

4）気性の問題

クマ，グリズリー，サイは気性が荒くヒトが取り扱うのが困難である。アフリカスイギュウは獰猛，かつ予測のつかない動きをし，温和な行動中に突如ヒトを攻撃することがある。カバはアフリカで毎年最も多くヒトを殺している動物である。シマウマは年をとるに連れ獰猛さを増す。ヒトによく噛み付き，噛み付くとなかなか離さない（スッポンのシマウマ）。動物園ではトラに噛まれるヒトよりもシマウマに噛まれるヒトのほうがずっと多い。荷車につなぐのが精一杯で，鞍すらも置けない。レイヨウは捕獲されるとパニックになり，狭いところに収容されると死ぬまで柵に体当たりを繰り返す。

5）序列性の問題

動物に序列がある場合はヒトがその頂点に立てば，動物を群としてコントロールできる。なわばりを持たず，ヒトを群れの構成員として記憶する動物は家畜化しやすい。ウマ，ヤギ，ヒツジ，ウシ，オオカミなどがそれである。ヒツジでは牧羊犬などがヒトの代理となれる。雄レイヨウ，サイは繁殖期になわばりを持ち，序列も持たないために家畜化できなかった。ビッグホーンはヒトを自分よりも上と認識しても服従しない。

5. 各種動物の家畜化と文化

1）ウシ

畜牛の種としての学名は *Bos primigenius*（ボス・プリミジニウス）という。オーロックスの子孫である。オーロックスはヨーロッパ野牛とも呼ばれ，ヨーロッパ，北アフリカ，エジプト，パレスチナ，メソポタミア，ペルシャ，中央アジア山地以北の温帯アジア地域に分布していたが，17世紀以降に絶滅した。牛属（*Bos*）には野牛，ヤク，ガウル，アノア，インドスイギュウが含まれる。インドスイギュウはゼブーと称され，肩に隆起があり肩峰牛（けんほううし）ともいい，アフリカスイギュウとは異なるが交雑によって繁殖力のある子孫を産む。ヨーロッパはウシの品種改良の中心である。現在の分布は，原牛型は中国，中央アジア，ヨーロッパ，アフリカ地中海沿岸に，ゼブー型はインド，マレー，タイ，インドネシア，オーストラリア，西アフリカ中央部となっている。

ウシが家畜化されたのは初期農耕期であり，先農耕期に家畜化されたイヌ，ヤギ，ヒツジよりは遅れており，イヌ，ヒツジ，ヤギ，ブタの後にウシが家畜化された。ウシの家畜化は西アジアの農耕遺跡より家畜牛の骨が出土していることより，紀元前6000年(新石器時代)とみなされている。紀元前4000年(新石器の末期)には乳の利用がアジア，中央アジアで見られ，紀元前3000年(青銅時代)に犂(スキ)の出現(メソポタミア)が確認されている。紀元前2000年(4大文明時代)にはエジプトで牛文化が開花した。

　ウシは食肉として最も美味な畜産物を産する食料生産動物以外の用途として，古来より各地で祭祀と結び付いている。農耕文明とともに季節に関する測定技術，文化が進展した。星の移動，太陽の変化から太陽暦が北欧で，月の変化から陰暦がインド，中国，エジプトで生まれた。月は妊娠や月経と関連し，農耕と実りの神であり，豊穣のシンボルとなった。豊穣を願うため，悪魔による月の欠けを満月に戻す祈りにおいて，三日月の角を持つウシを生贄(犠牲)にすることが行われた。このようにウシは肉，乳，祭祀用，運搬用，農耕用など多面的な利用がなされ，家畜の中心となった。

　人類が農耕により定着するようになり，鍬(クワ)，鋤(スキ)の使用から，犂(スキ)をウシに引かせるようになって収穫が倍増し，これが安定生活を促進し人口増にもつながった。すなわちウシの家畜化は文明の発展を飛躍させたといえ，ウシの家畜化は人類文明の象徴とされる。文字はメソポタミアで5000年前につくられA(アルファベットの最初の文字)はウシを意味している。中国においてもウシは干支の本来の最初に位置していた。牛偏の漢字は多く存在する。世界各地にウシに関することわざが膨大に存在する。農耕民族においてウシは感謝の的であり，ウシの崇拝が生じ，ヒンズー教のようにウシの殺生が禁止されたり，紀元前1700年バビロンのハムラビ法典やアメリカの開拓時代には牛泥棒は死刑とされたりした。

　日本においてウシは洪積世(40000年前)の存在が確認されており，狩猟の対象となっていたものと考えられる。紀元前200年(縄文後期〜弥生時代)に家畜牛の骨が出土している。弥生期は稲が到来したが，ウシも同じ頃に渡来したものとみなされている。水田農耕作業については不明である。伝来のルートは東北アジアの

スキタイ文化→朝鮮→日本の北方系と，アジア南部からの南方系の2ルートが想定されている。北方系の朝鮮牛は世界の原牛種に近い。現在の和牛は北方系と南方系の交雑とみなされているが，明治時代に欧米より多くの品種が導入され交雑された。見島牛は日本の古来の原種とされている。貴族の乗用に牛車（ぎっしゃ）の牽引用に用いられたが，平安時代に農耕用として農民層にも普及した。明治以降，欧州牛との交雑による改良がなされ，役肉兼用牛として飼育されたが，戦後肉専用種となった。乳牛はホルスタイン種がほとんどである。

　日本の神話時代すでにウシがいたことが古事記に記載されており，出雲地方でスサノオノミコトにもウシの記載がある（日本書紀）。ウシは西より東に伝播した。1311年発行の「国牛十図」には筑紫牛（壱岐牛），御厨牛（肥後からの貢牛），淡路牛，但馬牛，丹波牛，大和牛，河内牛，遠江牛，越前牛，越後牛が記載されている。当時より近年までウシは西，ウマは東が中心であった。

　現在は但馬牛などのように地名が付けられたウシの銘柄が多い。日本語の習慣では，生きたウシを但馬牛（たじまうし）のようにウシ（キャトル）と呼び，牛肉となったウシを神戸牛（こうべぎゅう），米沢牛（よねざわぎゅう）のようにギュウ（ビーフ）と呼ぶ。古来より牛肉は最もおいしいとされる肉であるために，肉食禁止令が何度も出されるくらいに好んで食された。仏教思想と肉食，帰化人と肉食偏見，武士の牛肉食，ポルトガル人と肉食，吉利支丹と肉食，大奥での肉食（薬食い），など多くの逸話が残されている。江戸時代は牛肉を食べないのは食わず嫌いか世間体であった。江戸の町では「ももんじ屋」（野生獣料理：シカ，イノシシ，クマ，イヌ）があり，彦根藩の牛味噌漬が井伊家から水戸家に恒例的に献上されていた。幕末，神田泉橋の幕府病院で蘭医の勧めにより，患者に牛肉食が滋養強壮のために供されていた。また，一般人にも販売されていた。開港とともに横浜，横須賀，神戸などでは居留民のために生きたウシの輸入がなされ，居留地内で屠殺されていた。その後，国内牛の神戸屠殺が行われ，横浜に移送され神戸牛として好評を博した。屠場は政府の独占企業で個人の屠殺が禁止（明治3年）された。治外法権下の築地ホテル館の名目で白金に民営屠場が開設され大繁盛し，官営商社が倒産する事態もあった。明治天皇の牛肉食，芝の牛鍋屋「中川」，牛鍋チェーン「いろは」，羽越戦争の負傷官兵に牛肉食，牛肉を食うハイカラ人，上流人（福沢，西郷，

慶喜)の牛肉食，軍隊の牛肉食採用，日清・日露戦争の帰国兵による牛肉食の各地普及など，明治の初期には牛肉食普及の逸話が多く残されている。

　現在の我が国には乳牛，肉牛が存在し，労働力を提供する役牛(えきぎゅう)は存在しない。我が国の和牛は肉質の上で世界最上級の肉牛であることは広く認められ，英語でも Wagyu と称されている。現在この遺伝子の海外流出があり，日本への逆輸入を懸念する声も出されている。

2) ウ　マ

　ウマの発祥地は北米であり，これがアジアへ移動しモウコノウマの祖先になったとされている。紀元前 4000 年より近年までの 6000 年間，戦場の生きた武器として貴重であった。短時間での移動距離の拡大や奇襲攻撃，迅速退却が可能であり，第一次世界大戦以後，戦車の出現までは陸軍の中心的戦力であった。ローマの戦車競技，蒙古ジンギスカンによるヨーロッパ征服，コルテスによる南米征服などもウマが重要な役割を果たした。日本の畜産学は馬学より発している。

　ウマの起源時代の生態的亜種には草原型，高原型，森林型の 3 つがある。草原型はステップ型ともいいアジア大陸中央部に分布していた。プルツェワルスキー馬(野生馬の原型)が有名で，体高 130cm の小型でありモウコノウマ(蒙古野馬)またはステップポニーともいう。古く家畜化されたものに蒙古馬があり，フン，モンゴル帝国とともに各地に普及した。高原型はプラトー型ともいい，中近東，南欧，北アフリカに分布していた。タルパンは，体高 150cm の中型であり，東洋馬(東欧青銅器時代，古代ペルシャ，ギリシャ)，軽種馬(アラブ，サラブレッド)へと発展した。森林型はフォレスト型ともいい，西南ドイツが起源で，体高 180cm の大型である。西洋馬(ペルシュロン，ベルジアンなどばん用重種)へと発展した。

　現在の品種は以下の 5 つに分類される。

　　ⅰ．蒙古馬：プルツェワルスキー馬の家畜化。
　　ⅱ．東洋馬：タルパン系，アラブ，サラブレッド。
　　ⅲ．西洋馬：大型種，ペルシュロン，ベルジアン。
　　ⅳ．中間種馬：軽種と重種のヨーロッパでの交雑。乗用，馬車用など広い。
　　　　アングロノルマン，トロッター，ハックニーなど。

ⅴ．小型馬：北欧，東アジア．(100cm以下)．シェットランドポニー，
　　　　トカラ馬，起源不明が多い．

　手綱(たづな)，轡(くつわ，ハミともいう)，鐙(あぶみ)，鞍の発明により，ウマを自在に取り扱うことができるようになり，それとともにウマの文化も発達した．馬肉食は古来より普通に行われており，中央アジア(ペルシャ，スキタイ，匈奴)，ヨーロッパ(古代ゲルマン，ケルト，チュートン)，中国周(6肉畜：馬，牛，羊，豚，犬，鶏の第一位)，日本天武帝(675年　肉食禁止勅令「牛，馬，犬，猿，鶏肉食う莫れ」)などの記録がある．また東西で牛肉代用肉とされた．馬乾肉(マカンロー)，桜肉，蹴っ飛ばしなどと称されている．民族的，宗教的意識で馬肉を食べない事例も多い．イスラエル人(セム族)は沃地のないパレスチナで飼育が制限され，他民族の宗教，事物の排斥したために他民族の家畜も排斥した．遊牧民族では，ウマの労役的価値や軍馬的価値の重視，馬乳酒の重視から馬肉食は避けられた．支配者による戦略として，8世紀グレゴリウス三世(ローマ教皇)の馬肉食禁止により，キリスト教では馬肉の禁止が普及した．

3) ブ　タ

　ブタは紀元前6000年，西南アジアの遺跡，東アジア，紀元前4500年，メソポタミアの遺跡，紀元前4000年，中国新石器時代，紀元前3500年，トルキスタンの遺跡，などで確認されており紀元前3000年にはエジプトですでに重要家畜となっていた．ギリシャ，ローマ時代に多彩な豚料理の記録や，ハム，ソーセージの加工が知られている．紀元前2500年には中国で豚料理の記録があり，家という字には豕(豚)が含まれている．15世紀にはオランダ人，ポルトガル人によってジャワにおける異品種豚の飼育が「発見」されている．新大陸へはコロンブスが第2回目の航海で8頭持ち込んでいる．

　ブタは家畜の中で最も多元的に家畜化された動物で，同時期に世界の各地で家畜化されている．野生原種はイノシシであり，今も世界各地に野生原種が多数生息している．家畜中最も多くの品種が存在しており，地方ごとに独自性がある．したがって飼育法，利用法に多様性があり，また養豚文化にも多様性がある．ブタは移動に適していないため農耕民のような非遊牧定着社会で飼育

されることになった。また雑食性であり掃除夫的に多様なものを採食するために，不浄視されることもある。遊牧民の宗教(回教徒，ユダヤ教徒)では忌避することがある。「豚，これはひづめが分かれており，ひづめがまったく切れているけれども，反芻することをしないから，あなた方は穢れたものである(旧約聖書)。」，「悪魔は好んで雌豚に変身する。」などの記載がある。

現在の品種は非常に多様であるが，我が国ではヨーロッパ系が多く飼養されている。生肉用はいわゆるラードタイプと称されるバークシャ，ポーランドチャイナが中心で，加工用にはベーコンタイプと称されるランドレースが中心で，3元交配法が多くなされている。

日本においてブタは縄文時代に普及しており，古墳時代には猪養部(いかいべ)という職業が存在している。殺生禁断思想の下では，「山くじら」と称して非公式に食されていた。九州南部・奄美・沖縄では伝統的に豚肉が食されてきた。

4) ニワトリ

ニワトリの起源はアジア大陸部特にビルマ，マレーの赤色野鶏(レッド・ジャングル・フォール)を家畜化したものである。用途は肉，卵，闘鶏，祭祀(多産のシンボル)など多様である。農耕民の目覚まし時計としても飼育され，隊商の利用で全世界に伝播した。

紀元前2000年頃島嶼地域へ伝播し，その後世界各地に伝播した。伝播ルートはインド→ペルシャ→エジプト→ギリシャ→ローマ→ヨーロッパ→アメリカの第1ルート，マレー半島→セレベス→南太平洋の第2ルート，中国→朝鮮半島→日本の第3ルートがある。

第1ルートが主要な伝播ルートである。紀元前1700年にインドへアーリア人が侵入した時，すでに現地人が雄鶏を祭祀用として崇拝していた。紀元前1350年にエジプトへ航海者が持ち込み，紀元前700年頃，地中海沿岸で闘鶏がなされており，多産のシンボルでもあった。紀元前500年にはギリシャで専門の養鶏業が存在した。紀元前500年にはアルプス以北へ伝播された。紀元前300年にローマで営利的養鶏業が起こり，産卵能力で鶏を育種選択していた。飼養管理法の図書も刊行され，地中海品種が成立した。紀元100年，新約聖書にニワトリが鳴く記載があり庭先で放し飼いされていたが，ローマ帝国とともに衰退した。その後19世紀以降に価値

の再認識がなされ，特に英国で育種改良が大幅に進められた。

現在は世界中に近代的育種改良による地中海品種，英国品種，米国品種の欧米諸国の品種が飼養されている。地中海品種にはレグホーン，アンコナ（イタリア），ミノルカ，アンダルシアン（スペイン）があり，いずれも19世紀以降に英国で完成した小型採卵鶏である。英国品種にはドーキング，サセックス，オーピントン（卵肉兼用種），コーニッシュ（肉用種）がある。米国品種はヨーロッパ，アジアから導入して優秀な品種開発をしたもので，プリマスロック，ロードアイランド，ニューハンプシャー，ワイアンドット，白色コーニッシュなどがある。

日本でニワトリは縄文遺跡？（紀元前200年）に見られる。ニワトリの埴輪があり，日本神話（4～5世紀以前）にも登場する。朝鮮半島から移入されたものが主流であり，南方島伝いに移入されたものもある。高知，鹿児島トカラの地鶏は，台湾系である。江戸時代には愛玩用として長尾鶏，長鳴鶏，チャボ，軍鶏などが飼育された。当時は集団育種法ではなく，個体の近交交配による作出法であった。明治時代に，在来鶏とバフ（淡黄色）コーチン（中国産）の交配で名古屋種（名古屋コーチン）が作出され卵肉兼用種として普及したが，第二次世界大戦後は廃れた。

5）イ　ヌ

イヌは最も古く家畜化された動物で，紀元前10000年（中石器時代）に新人（クロマニヨン人）が飼育していたことが推定されている。また30000年以上の古い化石がシリアで発見されており，当時からヒトに飼われていたものと考えられている。イヌが家畜化された当時は農耕以前の時代で，狩猟採取人としてのヒトと狩猟採取動物であるイヌが馴化接近したものであり，ドイツ，ヨルダン，イランなど世界の各地で家畜化の確認がなされている。イヌは腐食性，夜行性である反面，集団行動，リーダーへの服従性などのヒトとの類似性があり，ヒトとの共生関係から絶対服従による信頼関係に進んだものと思われる。アメリカ，オーストラリアの新大陸へは，イヌはヒトとともに移住したものである。

イヌの先祖はオオカミか，絶滅したオオカミのような動物とされるが，世界各地域に順応した独特の品種が存在する。一般に動物は家畜化が進むと頭頂部は丸く，顔面が短くなる。イヌは体重がチワワの1kgから，セントバーナードの100kgまでさまざまであり，家畜の中ではサイズや外観の多様性が最大である。

用途は夜警，ハンターの補助，牽引（シベリアンハスキー犬，サモエド犬），牧羊，軍用・警察（通信，偵察，救護，麻薬探索）盲導犬など多様で，食用，実験用も存在する。イヌは最も古くから家畜化されたものだけに，多くの諺や逸話が世界各地に存在する。日本では縄文時代の遺跡から埋葬されたイヌが見付かっており，古代日本人とともにイヌは日本列島に渡ってきたと考えられる。

6) ネ　コ

紀元前 2000 年にはエジプトでネコ（リビア猫）がネズミを捕獲するために倉庫番として飼育されていた。約 5000 年前の壁画にも描かれている。最古の飼育例は，キプロス島の約 9500 年前の遺跡から見出されている。宗教的にも重んじられたため，神聖な動物として扱われ，死を悼んでミイラとして埋葬もされている。猫殺しは死刑であった。6 世紀マホメットのエジプト支配に伴い，回教徒とともにネコ（ペルシャ猫）は南ヨーロッパ，北アフリカに広がった。

ヨーロッパへネコは紀元前 500 年にギリシャへ伝えられ，その後ドイツに伝えられ，ヨーロッパヤマネコと交雑した。10 世紀のノネズミ来襲時には，ネコが活躍し尊敬された。また遊牧放浪民族とともにネコは欧州を移動した。シャムネコはインド経由の猫の突然変異と考えられている。中世のキリスト教世界では，ネコは魔女の化身として迫害されたこともある。

新世界へは移民が鼠害防止のために携行した。北米にはイギリス人が 1650 年に，南米へはイタリア人が，オーストラリア，ニュージーランドへはイギリス人が 1855 年に搬入したことがわかっている。

ネコの品種の多様性は低く，サイズは体重が 3kg 程度で，体型の変異も小さい。被毛，毛色は幾分変異がある。血漿，血球の遺伝子で分布をチェックすることができる。日本に古代からネコが定着していた可能性は薄く，古事記や日本書紀などにネコの記述はない。日本国内のネコは遺伝子の構成が均質化しており，地域性がほとんどない。

ネコはヒトを自分のボスとせず野性の本能を持ち，孤独のハンターとも称される。野性の本能を失うとネズミを捕らなくなる。環境への適応性は強い。イヌと比較して不遜，高踏的であると言われる。由来不詳のネコが多い。

第2章 畜産動物と人の関わり　59

第2節　クローン技術がもたらすもの

河上栄一

　「クローン動物の研究に関する倫理的問題に関し，学術審議会において研究指針のあり方をも含めた検討を行う」という文言の通達が，1997年に文部科学省から，日本全国の動物実験を実施している大学および研究機関に配布された。さらに，2001年には，日本における「クローン人間の産生禁止」という文面の通知が，文部科学省から発せられている。これらの通達が意味するものは，動物へのクローン作成技術が人へ応用された場合の危機感を，日本政府が強く抱いているということである。では，なぜクローン動物の作成技術が，人間に応用されると問題となるのか。その点を含め，動物のクローン作成（クローニングという）の技術が人にもたらしてくれるさまざまな事柄について，解説をさせていただく。

1. 動物における繁殖技術の進歩

　牛，馬，豚などの産業動物では，効率良く，優れた動物を生産することが大切であるため，人とは異なり，生殖の分野における道徳・社会倫理などの規制が少なく，これらの動物を対象とした，精子（写真2.1）や卵子（写真2.2）を扱った繁殖技術は，体外受精（写真2.3）を含め，かなりの進歩を遂げている。

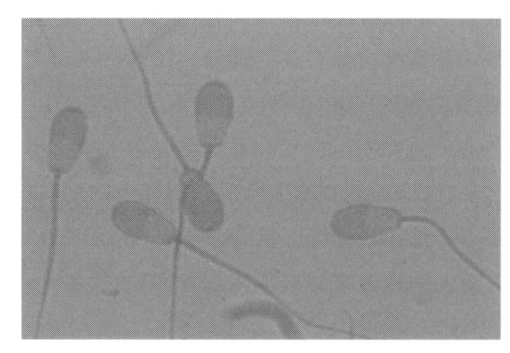

写真2.1　哺乳動物の精子

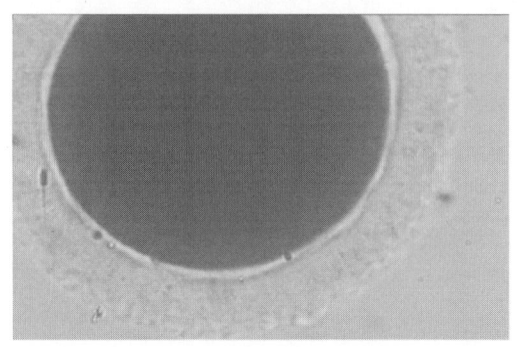

写真 2.2　哺乳動物の卵子

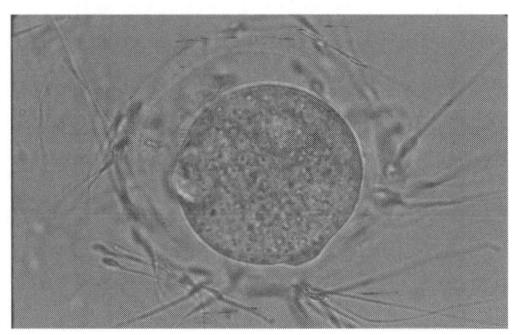

写真 2.3　体外受精

これまでの繁殖技術の進歩・発展を振り返ってみると，以下の内容となる。
- 凍結精液(-196℃保存)と人工授精技術の開発・発展　(1950 年以降)
- 胚の移植と凍結保存技術の開発・発展　(1970 年以降)
- 体外受精と胚の切断分離技術の開発・発展　(1980 年以降)
- 精子と卵子の性判別(雌雄の生み分け)技術の開発・発展　(1980 年以降)
- クローニング技術の開発　(1990 年以降)
- DNA 組み換え技術の開発　(1990 年以降)
- 遺伝子診断と治療技術の開発　(1990 年以降)
- 胚性幹細胞(ES 細胞)の再生医療への応用　(1995 年以降)

2. クローニング

　ある動物の1つの細胞から核のみを取り出して，その核の持ち主と遺伝学的に完全に同じ動物個体をつくり出すことをクローニングと言う。このクローニングによって作成された動物個体を，クローンと呼ぶ。

　クローニングによって誕生する新しい個体のすべての染色体は，1匹(1頭)の生みの親のみの遺伝的コピーから成る。したがって，以下の2つの事例では，子供同士は，遺伝的に全く同一であっても，父親の遺伝子・染色体を受け継いでいるため，母親だけのコピーではない，すなわち，クローンではないわけである。

　　・自然発生の一卵性双子・胚の人為的な切断・分離

　1997年に英国で作製された，父親なしのクローン羊"ドリー"は，ある1頭の雌羊の乳房の腺細胞1つから核のみを回収し，その核を別の雌羊の未受精卵(あらかじめ核を除去しておく)に移植し，科学的処理・電気処理を行って，核と細胞質の融合を引き起こすとともに，細胞分裂を誘起し，卵巣周期が黄体期である，さらに別の雌羊(代理母)の子宮内に，その分割卵子を移植することによって誕生した羊である。

表 2.3　動物のクローニング方法

```
メス動物Aの体細胞(乳腺細胞など)を回収    メス動物Bの未受精卵子を回収
            ↓                                ↓
      細胞から核(DNA)を回収              卵子から核を除去
            ↓                                ↓
        Bから回収した未受精卵子に，Aの体細胞の核を移植
                          ↓
          電気刺激により，卵子の細胞質と体細胞核を融合
                          ↓
                  卵子の細胞分裂を開始
                          ↓
      黄体期のメス動物C(代理母)の子宮内に分割した卵子を移植
                          ↓
          出産：Aの遺伝子(DNA)のみから成る子の誕生
                    (Aのクローン動物の誕生)
```

現在では，この技術(表 2.3)がさまざまな産業動物に応用され，乳腺細胞以外の細胞，例えば，卵管の上皮細胞や皮膚の細胞なども，核の回収用の細胞として使われている。このように，精子や卵子とは異なる細胞(体細胞という)の核を使用して作出されるクローンを，特に，体細胞クローンと呼ぶ。

3. クローニングのメリット

産業動物，例えば，牛では，クローニングにより優れた乳生産力，優れた肉質の生産および病気抵抗性の増強などが期待されている。パンダなどの希少野生動物の種の保存にも，クローン技術を今後応用することも可能であろう。すでに，中国では，このような研究に取り組んでいるようだ。

また，例えば，人の血友病は，血液凝固遺伝子の欠損により，出血があっても血が固まらない病気だが，雌の羊や牛のクローニングの際，取り出した核に，人の血液凝固遺伝子を注入すると，誕生したクローンが産生する乳汁中に，血液凝固遺伝子タンパク質が多量に含まれていることが期待できる。そのタンパク質を乳汁から抽出・精製することにより，血友病の治療薬をつくり出すことが可能となる。

さらに，クローンは，その元の親の完全なコピーであるため，クローンの身体の一部を親に移植しても，免疫学的拒否反応が起こらない。つまり，臓器の移植用として，クローンをつくり出すという理由も成立するのかもしれない。

例えば，臓器移植あるいは細胞移植が必要な患者さんの体細胞クローン胚(胚とは，2細胞以上に分裂した受精卵子)を作出し，その胚(写真 2.4)の幹細胞(ES 細胞)と呼ばれる細胞塊を取り出して，種々の培養条件によって，神経細胞，筋肉組織，

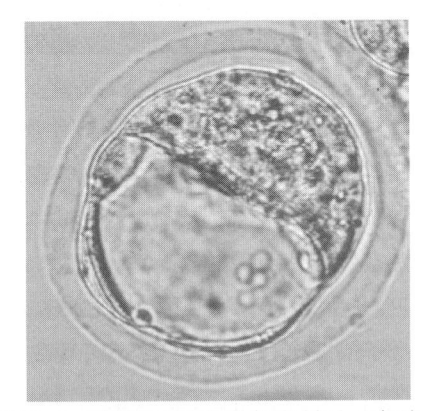

写真 2.4　胚盤胞の胚性幹細胞(右上の細胞塊)

骨細胞などさまざまな器官・臓器の細胞・組織をつくり出すことが可能となった。このような再生医療の技術によって，移植に必要な細胞と臓器をつくり，免疫学的拒否反応なく，その患者さんに移植が可能となる。

4. クローンの現状と問題点

クローン羊ドリーが誕生した翌年の1998年には，世界で最初の体細胞クローン牛(和牛)が，日本の研究者によって誕生している。そして，現在では，日本全国の大学や畜産試験場などの研究機関で，多数のクローン牛が生産されている。しかし，その作製されたクローン牛については，以下のようないくつもの問題点が見出されている。

- クローン胚を代理母牛の子宮内に移植後，そのクローン胎子が流産や死産となる場合が多い。
- 逆に，クローン胚を子宮内に移植された代理母牛に，分娩がなかなか起こらず，そのクローン胎子が長期在胎により過大子で死亡する場合が多い。
- 無事に誕生しても，身体に奇形を持つ例が多く，出生後間もなくして，死亡するものが少なくない。
- たとえ，クローンとはいえ，その親の能力をすべてそのまま受け継いでいるわけでは決してないことが判明している。

例えば，一般の乳牛の1日の搾乳量は4,000kgほどだが，とびきり優秀な乳牛では，その乳量が10,000kgにもなる。しかし，その優秀な雌牛のクローンを作製しても，そのクローン牛の乳量は，やっと3,000kgであるようなことが珍しくはない。

- クローン羊ドリーは，およそ300回の実験の繰り返しによって，やっと誕生したのである。体細胞クローン作成の成功率およびその再現性は，極めて低い。
- 緬羊の寿命は，およそ12年である。しかし，クローン羊ドリーは，2003年に6歳にして死に至った。クローン牛においても，然り。すなわち，

クローンの作成に用いられる細胞核は，その細胞の持ち主の年齢を，すでにその時点で有しているとも考えられているのである。ドリーの場合では，その細胞核を採取した雌羊の年齢が6歳であったわけだから，ドリー誕生の時点で，ドリーは6歳であったと考えるのが妥当であるのかもしれない。その後，ドリーは6年間生存したのだから，合計12年。一般の緬羊の寿命に相当する。

5．伴侶動物におけるクローンについて

犬や猫においては，すでに選抜交配によって，さまざまな被毛の色・種類や体型・性格が人為的につくり出されてきているのは，万人のよく知るところである。

さて，現実には，「うちのかわいいこの子(犬や猫)と全く同じ子を，ぜひつくって下さい」という希望が，多く寄せられている。しかし，限りある命であるからこそ，それぞれの命は尊く，いとおしく感じられるはずである。技術だけが先行して，クローン伴侶動物がつくり続けられたりしたら・・・。(人以外の動物であっても)死の尊厳とは？

6．クローン技術の危険性

倫理上，宗教上の規制や理由から，クローン技術が人に応用された場合,「親の尊厳の希薄化」,「人間性の喪失」,「個性の消失」などが指摘されている。

また，自然発生の一卵性双子の場合では，その2人には，それぞれの個性，特異性が必ず認められるが，クローン人間では？

本来，たとえクローン人間であっても，感情，夢，希望があり，心を持っているはずである。そのクローン人間が，何らかの分野・部分(学者，芸術家，スポーツ選手など)で期待されていたとしたら。しかし，クローン人間本人が，その期待通りの気持ちを持たずあるいは，期待通りの能力を持っていなかったとしたら。他人が希望するのとは別の考え，信念を持っていたとしたら。

7. 優生学思想

　第二次世界大戦時のユダヤ人迫害や現在でも各国で見られる民族紛争の原因となっている思想は，「自分たちの民族が，最も優秀であり，劣った人間たちは排除すべきである」というものであり，このような考え方を優生学思想と言う。この思想を大げさに言えば，「遺伝的に優秀な人種，人間が生き残り，欠陥のある人間は排除してゆく」という考えと言えるだろう。他人への愛や慈しみによって成り立っている社会を否定するような思想である。

　哲学や社会思想の専門家，そして多くの国々の政府が，クローン技術の人への応用に対して危惧しているのは，この点にある。すなわち，クローン人間に求めるものは，並の人より秀でたものであり，人工的に優秀な人間をつくり出す。しかし，それは，人が成すべき行為ではない。人間一人一人の尊厳を否定する行為であると考えられる。

8. 遺伝子操作に対するさまざまな見解

　今の世，社会学者，哲学者の方々は，人を含めた動物および植物に対するさまざまの人為的な遺伝子操作について，「人間は，ついに神の役割を努めようとしている」と，警告を発している。また，クローン人間＝コピー人間であり，「人間のコピー化は，社会が幅広い批判を絶えず受け止め，さまざまな欠陥を持つ人々をも受け入れて，その世話をしてゆこうとする社会の責任や連帯感を失わせる結果となる」とも述べている。

9. 遺伝子操作の規制

　人を含め，動物の生殖学にたずさわっている学者・研究者たちは，クローン技術が開発される以前から，遺伝子操作に関する実験の規制を自ら考えていた。1975年には，米国において「遺伝子の組み換え実験の規制に関する国際会議」が開催され，遺伝子組み換え実験の自粛を求める実験指針（ガイドライン）が示された。

それに呼応して，日本では1979年に「大学等の研究機関における組み換えDNA実験指針」が作成され，しばらくは，遺伝子操作に関連した実験は，実施されていなかった。しかし，その後，米国・日本ともに，それらの規制が，徐々に緩和された雰囲気となってゆき，現在では，遺伝子操作などの実験の多くが，研究者自身の判断に基づいて実施できるようになってしまった。その結果として，クローニングの開発に至ったわけである。

　「真理の探究は，本来的に本質的に自由であり，また，自由であらねばならない」という研究の自由がある反面，「研究者は，自らの研究が好奇心を刺激し，また，知識資産に多少でも貢献できるのであれば，その研究活動をいつでも簡単に合理化・正当化させてしまう」ということを，研究者自身が自覚する必要があるだろう。

　クローン作成技術を含め，細胞の核，つまり，染色体や遺伝子の操作は，その細胞・組織本来の機能だけではなく，今まで存在しなかったタンパク質をその細胞・組織が産生してしまう，予期せぬ新生物をつくり出してしまう恐れがある。いったん，他の細胞に移入された核内DNA（遺伝子）は，たとえ，それがすぐにはタンパク質の合成に関与しなくとも，その細胞が増殖してゆく限り，そのDNAは，複製され続けてしまう。それを十分に認識し，クローン作成を含めた遺伝子操作の技術が，人々の生命・健康への侵害や将来にわたる人類の生存そのものに対して脅威とならぬよう，人間の尊厳を失わせることのないよう，私たち一人一人が最前の努力をしなければならないと感じる。生殖，発生に関する技術が，一人歩きしてしまわないよう，私たちは常々意識しておくことが大切であると思う。

第3節 アニマルウェルフェア畜産の発展

松木洋一・永松美希

1. 工場的畜産からアニマルウェルフェア畜産への改革

　20世紀の後半に，西ヨーロッパとアメリカ合衆国において工場的畜産システムの急速な開発と振興がなされ，日本もそれに続いた。このシステムの特徴は，多数の家畜の自由を閉じこめることであった。すなわち，採卵養鶏用のバタリーケージ，繁殖雌豚用のクレート，子牛用のクレートなどが開発され世界中に普及されていった。1960年代からのこうした生産効率だけを求めるシステムは，今やヨーロッパの先進的な動物保護団体のみならず，消費者や食品企業の支持によって世界的に改善ないし禁止の方向に置かれている。

　また，鳥インフルエンザやBSEなど過去には見られなかった重大な家畜の病気が発生蔓延し，それが鳥や牛などの家畜の病気だけにとどまることなく，人に感染し，健康を脅かす人獣共通感染症として認識され，同時に肉や卵などの畜産食品の安全性に関しても重大な問題を発生させることになり，その解決が大きな課題となってきた[1]。

　そのような背景から健康な家畜が生産する安全な畜産食品を求める消費者要求に応えるシステムとしてアニマルウェルフェア畜産への改革が開始されているのである。

2. アニマルウェルフェアとは

　21世紀に入って家畜福祉 Farm Animal Welfare という訳語が日本の畜産業界のみならず消費者へも浸透しつつある。人とともに生活している犬や猫などのペットや野生動物についての動物福祉（アニマルウェルフェア）という用語は

比較的受け入れられているが，家畜のウェルフェア「福祉」という言葉は聞き慣れないものである。家畜は食料や衣料などとして結局は人が生きていくために利用され屠畜されていく運命にあるのだから，「福祉」という言葉を使用すること自体に齟齬があるという見解が普通である。欧米でも健康な家畜を育てることが Welfare 概念の核であることを強調するために Health を入れて Farm Animal Health and Welfare という表現が多く見られる。

それゆえ，家畜福祉とは，家畜が最終的な死を迎えるまでの飼育過程において，ストレスから自由で健康的な生活ができる状態にあると言うことができる。

家畜はストレスによって飼育環境に発生する新たな病原菌に対する抵抗力を失い，感染するという獣医学的解明がなされ，家畜の保健のためにはまずストレスを軽減する福祉重視の飼育方式へ改善することが家畜福祉論の課題である[2]。

現在，世界の家畜福祉の原則は，後述するようにイギリスのブランベル・レポートから始まり世界獣医学協会の方針ともなっている「5つの自由 Five Freedoms」に依拠している。すなわち動物の「飢えと乾きからの自由」「不快からの自由」「痛み，傷，病気からの自由」「通常行動への自由」「恐怖や悲しみからの自由」の原則である。

3. ヨーロッパにおけるアニマルウェルフェア畜産の発展過程

1) イギリスの動物福祉の理念形成

EU におけるアニマルウェルフェアの歴史は長い。アニマルウェルフェアの先進国は皮肉にも BSE 牛が発生したイギリスであるが，1911 年に世界に先駆けて動物保護法を制定している。周知のように戦後 1960 年代にはレイチェルカーソンの「沈黙の春」は農薬の害について広く社会に警告を発したが，この「沈黙の春」に影響を受けて，イギリスでは 1964 年に集約的工業的畜産の残虐性を批判したルースハリソンの「アニマルマシーン」が出版され，一般市民の関心を喚起した。

それを契機として農薬や化学肥料に依存する農業と家畜の生理と行動要求を配慮しない加工業的かつ工場的な畜産がヨーロッパ市民から強く批判されるようになった。そのような市民運動によってイギリスでは，1965 年にはブランベル委員会が「すべての家畜に，立つ，寝る，向きを変える，身繕いする，手足を

伸ばす行動の自由を与えるべき」とする基準原則を提唱した。1968年には農業(雑条項)法が制定され，家畜への虐待防止のための全般的条項が定められた。その後整備されてくるEUの豚，牛，鶏に関する指令と規則はこれに原型を置いている。この法律は，家畜に不必要な身体的精神的苦痛を与えることを規制し，農場には国と自治体が認可した検査官が立ち入り検査し，罰則は3ヶ月以下の拘禁，レベル4以下(2,500ポンド)の罰金が科せられる。また，七面鳥，豚，牛，鹿，アヒル，羊についての福祉勧告規定があり，農場の家畜飼養改善を指導している。また市民の意向をより取り入れた家畜の福祉政策を進めていくために1979年にイギリス政府は農用動物福祉審議会FAWCを設置し，先述した「5つの自由 Five Freedoms」を確立した。現在でも農用動物福祉審議会は農場内，輸送中，市場内，屠畜場内の家畜福祉の向上を図るための政策や法令化への助言を行っている。

2)ヨーロッパ連合EUの家畜福祉政策

　以上のような先進的な家畜の健康と福祉へのイギリスの市民と政府の取り組みがEUの法令に反映し，欧州評議会による「農用動物保護に関する欧州協定」(1976年調印 1978年 EEC理事会採決発効)に端を発した一連のEU理事会の指令が，1970年代以降施行されてきた。この家畜福祉についての最初の国際的協定は，締結国に現代の集約的家畜飼育システムでの家畜の飼育方法，畜舎環境において動物福祉原則を適用することを求めた。その内容は，経験と科学的知識に基づいて，家畜の生理的・行動的要求に留意した給餌，給水，飼育方法を実行するべきこと，苦痛や傷害を起こすような飼育方法は禁止されるべきこと，繋留ないし閉じ込められている場合には十分な空間を与えること，畜舎の照度，温度，湿度，空調，換気などの環境は家畜の快適性が保証されるように管理されること，家畜の健康状態を少なくとも1日に一度点検すること，同じく施設機械を1日に一度点検し，欠陥がある時は直ちに必要な措置をとること，などである。

　EUの本格的家畜福祉政策は，表2.4「EUの家畜福祉関連政策の進展」に見られるように，1980年代後半から本格化し，1986年には「バタリー採卵鶏の保護基準」指令(99年改正)，1991年には「輸送中の動物の保護基準」指令(01改正)，1991年には「豚の保護基準」指令(01改正)および「子牛の保護基準」指令(97年改正)，

表 2.4　EU の家畜福祉関連政策の進展

1968年	「国際輸送のおける動物保護に関する欧州協定」(03改訂)
1976年	「農用動物保護に関する欧州協定」調印
1978年	「農用動物保護欧州協定」EEC理事会承認
1979年	「屠畜される動物保護のための欧州協定」
1986年	「バタリー採卵鶏の保護基準」指令(99年改正)
1991年	「輸送中の動物の保護基準」指令(01改正)
	「豚の保護基準」指令(01改正)
	「子牛の保護基準」指令(97年改正)
1993年	「屠畜又は殺処分時の動物保護基準」指令
1995年	「採卵鶏の保護に関するヨーロッパ国際協定」
1997年	アムステルダム条約調印1999年発効
	「動物の保護および福祉」議定書において家畜定義の規定
「家畜は単なる農産物ではなく, 感受性のある生命存在Sentient Beingsである」	
1998年	「農用動物保護」指令
1999年	「採卵鶏の保護基準」指令
2000年	「有機畜産規則」施行
2004年-2009年	EU委員会「家畜福祉品質WQ」総合評価法開発研究事業
2006年-2010年	EU委員会「動物福祉五カ年行動計画」
2007年	「食用肉鶏の保護基準」指令(2010年6月施行)
2007年	リスボン条約調印2009年発効
	欧州憲法制定条約案が否決されたため, それに代わるEU連合「改革条約」であり, 2つの既存条約の修正と欧州連合基本権憲章を柱とする。
	そのうちの欧州共同体設立条約の修正である「欧州連合の機能に関する条約」TFEU第13条にアムステルダム条約の議定書の家畜福祉条項が正式に明文化された。
2007年-2013年	「新動物保健戦略」
2012年-2015年	「新動物福祉戦略」
2012年	「新動物保健法」制定予定

1993 年には「屠畜又は殺処分時の動物保護基準」指令, 1995 年には「採卵鶏の保護に関するヨーロッパ国際協定」, 1997 年にはアムステルダム条約「動物の保護および福祉」議定書, 1998 年には「農用動物保護」指令, 1999 年には「採卵鶏の保護基準」指令, 2000 年には「有機畜産規則」, 2007 年には「食用肉鶏の保護基準」指令と次々につくられてきている。

　これらの家畜福祉理念を実現するために, ヨーロッパ市民社会は 1997 年 EU 建設の条約であるアムステルダム条約の特別な議定書「動物の保護および福祉に関する議定書」において, 家畜を単なる農産物ではなく「感受性のある生命存在

sentient beings」として宣言した。すなわち家畜は，置かれた環境によって健康や生命に危害を与えるストレスを感受する能力を持っていることである。それゆえに特に人が飼育する家畜の生理的，行動的要求を最大限尊重し，生育環境によるストレスをできる限り軽減するための努力を EU 加盟国と市民に課したことである。アムステルダム条約の家畜福祉議定書は最初の家畜福祉理念を明文化した条約付帯書であり，法的効力のあるものとしての歴史的な文書である。その後新しい欧州連合の基本条約であるリスボン改革条約が 2009 年 12 月 1 日に 27 加盟国の批准を得て発効され，家畜福祉理念にとってアムステルダム条約につぐ画期的な条約となった。リスボン改革条約の「欧州連合の機能に関する条約」TFEU では家畜福祉の本条項を設定し，その第 13 条では，「欧州連合政府および加盟国は，欧州連合の農業，漁業，運輸，域内市場，研究技術開発，地域空間計画についての政策を策定し実行する中で，動物は感受性のある生命存在であることから，動物の福祉要求に対し最大限の関心を払う。同時に，加盟国の法律ないし行政諸規定と慣習，特に宗教的儀式や伝統文化，地域的遺産を尊重する」と明記している。

動物の健康を維持することがまさに福祉の実体であるが，欧州委員会は 2004 年以来 2 年間にわたる既存の動物保健政策(家畜，ペット，野生動物，実験動物，動物園動物などすべての動物種の保健衛生政策)の再評価を行った結果，2007 年 9 月に EU 新動物保健戦略 2007-2013 年を開始した。

動物と人間に甚大な影響を引き起こす病気(BSE などの発生)が過去 10 年間に変化し，新しい難題が出現しており近い将来も発生すると予想されている。それゆえ欧州委員会は改めて動物の保健活動の焦点をどこに定めるかを検討する必要があると認識し，また，動物と動物生産物(畜産物など)の貿易増大に伴い安全な輸入対策にも取り組む必要が出ていることから再評価を実施したのである。

新しい動物保健戦略の目的は，第一に動物由来の病気が人間に及ぼすリスクを軽減することによって高い公衆衛生と食品安全を保証すること，第二に動物(家畜)の病気の発生を予防ないし軽減することによって動物(家畜)の健康を促進し，農業の保護と農村経済に貢献すること，第三に家畜に関連する産業に

おける経済成長，結束力と競争力を改善すること，第四に家畜の健康被害を予防し，家畜飼育に及ぼす悪い条件を最小化するための農業活動と家畜福祉を促進し，結果として「EU 持続的発展戦略；EU Sustainable Development Strategy」に寄与すること，となっている。

　リスボン条約を踏まえた EU 動物福祉戦略 2012 年-2015 年が 2012 年 2 月に公表され，より良いアニマルウェルフェアの方向性のための戦略が打ち出された。この動物福祉戦略 2012 年-2015 年は「動物福祉 5 カ年行動計画 2006 年-2010 年」を強化するものであり，「行動計画」は次の 5 つの方針を掲げていた。

　①動物福祉の最低基準の引き上げ
　②動物福祉分野における研究および動物実験における「3 つの R」の
　　（replacement（代用），reduction（減少），refinement（改良））の促進
　③動物福祉に関する品質表示・規格化の導入（WQ ブランド開発）
　④家畜飼養者や一般市民への動物福祉に関する情報提供と共通認識の促進
　⑤EU は動物福祉分野における国際的なイニシアティブを保持

3）家畜福祉食品ブランドとフードチェーンの開発

　従来の EU の共通農業政策（CAP；Common Agricultural Policy）には明確な食品安全政策の位置付けがないと言ってよく，食品の品質改善が中心であった。現在では食品の品質概念と安全性概念が結合されつつあり，その先駆的なコンセプトと言える「家畜福祉品質 WQ（Welfare Quality）」の開発研究が 2004 年から始められている。2006 年からの EU 家畜福祉 5 カ年行動計画では，図 2.2 で見られるように 2010 年までに WQ ラベルの評価方式の確立とチェーン開発を実現して，世界に EU ブランド食品として輸出する大変現実的な事業プロジェクト[3]となっている。

　その WQ ラベルを生産する農場段階への振興政策として CAP の改革が新たな段階に展開している。従来の直接所得補償政策はアジェンダ 2000 年以降改善され，その後 2003 年の CAP 改革によって自然環境保護，食品安全，家畜福祉の 3 つのキーコンセプトを実現する農業者の適正農業行動規範（GAP）に対して助成する直接支払制度に発展している。CAP 改革における「農村開発政策」の強化政策には

家畜福祉政策が主柱として位置付けられていることが特徴である。すなわちCAP改革によって2003年農村開発規則が改正され、① 農業者が農産物・加工食品の品質を改善することに対する補助する「食品品質改善」措置、② 環境や人間・作物・家畜の健康、家畜福祉についてのEU法定基準に農業者が適応するための「法定基準適応」補助措置、③ 補助を受

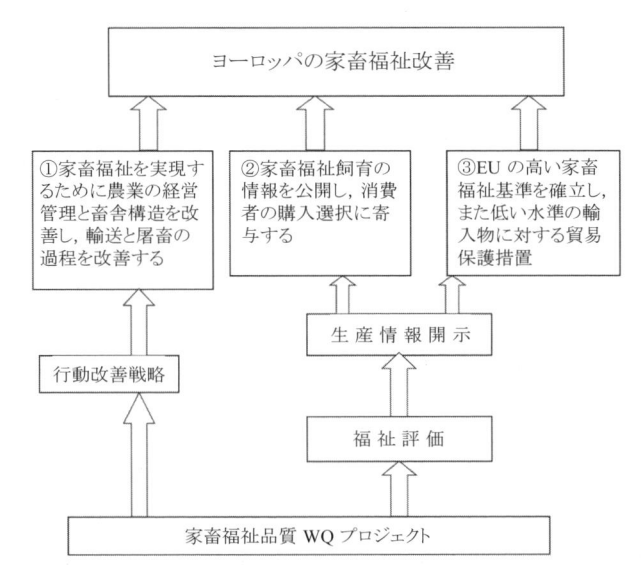

図2.2 EUの家畜福祉品質プロジェクトの体系
(A. Butterworth 編 Science and society improving animal welfare, 図1引用, Welfare Quality conference proceedings, 17/18 November 2005, Brussels, Belgium)

ヨーロッパの家畜福祉改善
① 家畜福祉を実現するために農業の経営管理と畜舎構造を改善し、輸送と屠畜の過程を改善する
② 家畜福祉飼育の情報を公開し、消費者の購入選択に寄与する
③ EUの高い家畜福祉基準を確立し、また低い水準の輸入物に対する貿易保護措置
行動改善戦略
生産情報開示
福祉評価
家畜福祉品質WQプロジェクト

ける農業者に対して農業サービス機関から監査と助言を受ける費用の「農業アドバイスサービス」補助措置、④ 農業者が直接支払いを受けるために法定基準以上の家畜福祉水準に改善するコストを補助する「家畜福祉」補助措置の4つの政策措置が設けられた。家畜福祉直接支払いは、法定基準以上の高い水準の家畜福祉を実現することを契約する農業経営者にそれに生じる追加コストと減少した所得減を補う制度である。しかし、EUの家畜福祉に関する諸規則に定められている法定基準の範囲内の活動にかかるコストは自己負担である。農業者が最低5ヶ年間の契約を遵守する場合（クロス・コンプライアンス：「法定基準」プラスそれに「追加した高い水準」の両者を重畳的に遵守するという意味でここでは『重畳的基準遵守事項』と訳する）、大家畜換算1頭当たり年間500ユーロ（約5万円）を限度として受け取ることができる。EUの法定家畜福祉基準を実現する活動は「適正農業行動規範GAP」と同様に「適正家畜飼育行動規範GAHP：Good Animal Husbandry Practice」と呼ばれており、「家畜福祉」補助金は

このGAHPを超える水準が評価されて支払われるわけで2007年度から導入されることになった。

4. 世界家畜福祉基準の策定動向

1) 世界動物保健機関 OIE の新しい戦略"世界は一つ,健康は一つ"

　世界動物保健機関 World Organisation for Animal Health(2003年に改名,旧称 OIE：国際獣疫事務局)は,1924年に動物の疾病流行を回避するための国際的な協同調整機関として設立された。1994年からは WTO 世界貿易機関の貿易自由化ルールである SPS 協定(人,動物,植物の生命と健康を守るための措置)のうち動物の健康と人獣共通伝染病などについての科学的情報(貿易ルールの国際基準)を提供する組織として指定されているが,設立後90年近く経った現在,その主たる目的が3つの問題の改善に置かれるようになった。すなわち① 動物の保健改善,② 獣医衛生の改善,③ 動物の福祉の改善である。動物の保健を進めることが食品安全を高めることになり,それが人間の健康と福祉の改善に積極的な利益を与え,また最終的には経済の発展,貧困の解消,特に農村地域住民の食料安全保障に寄与するという理念に基づいている。この理念を実現していくためには国際的な協同と調整が不可欠であり,動物の保健と公衆衛生におけるリスクを科学的に評価するとともに,動物福祉についての科学的な評価を行う手段の国際的な開発プロジェクトを課題としている。

　OIE は1990以来,事業実行のために5ヶ年ごとの戦略計画を策定してきた。第5次戦略計画は2011年から2015年の5ヶ年間についてであり,「科学的卓越性についての戦略基本方針」と「水棲動物の健康」推進事業の強化が計画されている。

　第5次計画においては,家畜(作物の授粉媒介者であるハチを含め)の疾病の軽減を通して食品安全に寄与することを第一の重要な柱としている。第二の重要な柱は,"世界は一つ,健康は一つ：One World, One Health"マンハッタン原則の適用である。この理念へ貢献するために2007年に FAO, OIE, WHO, UNICEF, UNISIC, 世界銀行によって策定された「動物・人間・生態系の接触によって生じる感染症のリスクを低減するための戦略的枠組み」を第5次戦略計画の

中に取り込むことになった。すなわち，野生生物，役畜，競走馬，愛玩動物，食料生産動物における感染症の密接な関係性を認識し，それへの対策をOIEの業務の重要な任務とすることである。第三には家畜生産と地球環境との関係についてである。動物の感染症による環境への影響についての課題とともに家畜生産によるメタンガスの発生の軽減対策への課題である。

　OIEは，以上で述べた3つの目的を実現するために，引き続き加盟国へ科学的な基準と指針を開発し提供することを使命としている。

2) OIEの世界家畜福祉基準の作成

　動物検疫関係の基準を作成する国際機関としての役割を担ってきた世界動物保健機関の最近の活動で注目されるのは，2002年第70回OIE総会で新しい目的として追加された「動物福祉」と「食品安全」についての基準作成である。

　OIEには，常設作業部会として野生動物作業部会（1994年，野生動物の病気についての情報と助言提供を任務として設置），動物福祉作業部会（2002年第70回総会において，動物福祉活動についての調整と管理を任務として設置），食品安全作業部会（2002年，食品安全活動についての調整と管理を任務として設置）の3つが設けられている。このうち，動物福祉作業部会の勧告が2003年の第71回総会で承認され，2005年第73回総会で最初の家畜福祉ガイドライン（「陸路輸送」，「海路輸送」，「屠殺」，「防疫目的の殺処分」における動物福祉）が採決された[4]。

　また，OIEは，動物福祉研究の必要性の確認，研究センター間の共同研究の推進，大学における動物福祉意識の改善，OIE利害関係者や他の国際組織，動物産業分野，企業，消費者グループへの動物福祉専門家の派遣，動物福祉の会議を開催しOIEの提案を非政府組織NGOに説明するとともにNGOからの提案を求めること，などを業務に加えた。特に，OIEとしては，この複雑な問題に関わる広い範囲における利害関係者の関わり合いの重要性を認識し，さまざまなNGOとの協働活動を行うために，大学，研究所，企業，その他の関係団体との協働プロジェクトを始めている。その一貫として，OIEは2004年に第一回世界動物福祉会議をパリで，第二回会議を2009年にカイロで開催し，NGOにガイドライン案を説明するとともに，NGOからの建設的な意見を受け入れ，今後どのようにOIEとパートナーシップを行えるかの議論を行った。その討議の結果，

OIEは家畜福祉ガイドラインの本丸である「畜舎の福祉基準」と「飼育方法の福祉基準」については時間をかけて加盟国の承諾を得て2013年までには完成していく方針に転換したが，その後加盟国の取り組みに大きな相違があり合意が取り付けない状況が続いている。そのため総括的な基準をつくる方針から畜種別に福祉基準を作成することに転換している。

5. アメリカ合衆国の畜産業界の自主的ガイドライン

1）アメリカの消費社会における家畜福祉意識

　戦後世界経済の中心でありリーダーであるアメリカはまた工場的畜産システムの拡大の中心国でもあるが，最近ではEUの家畜福祉畜産革命の波が押し寄せている。

　EUの法律が工場的畜産からの転換を強化しているにもかかわらず，米国連邦政府の取り組みは停滞したままである。米国連邦法には，家畜を含む動物を州間移動させる場合家畜の輸送についての「28時間法」（1906年制定），「人道的な屠畜に関する法律」（1958年制定），家畜は除外されている「動物福祉法」（1966年制定）があるのみである。他方，州政府の中から先駆的動きが始まっており，例えばフロリダ州では2002年に繁殖雌豚のクレート飼育を禁止しており，アリゾナ州は2006年に繁殖雌豚のクレート飼育と子牛のクレート飼育を禁止し，オレゴン州は2007年に繁殖雌豚のクレート飼育を禁止するなど市民活動によって州政府の政策化が進行すると見られている。最近では「ガチョウ」や「カモ」に強制的に大量の餌を与えて生産される高級食材として人気の高いフォアグラが，飼育方法が「残虐だ」とする動物愛護団体からの批判を受けて，生産および店頭販売，レストランでの料理提供を禁止する法律が2012年7月にカリフォルニア州で制定された。

　その市民の家畜福祉意識についての世論調査では，「家畜福祉についての厳格な法令化に賛成する」割合は62%（Gallup世論調査），「家畜を虐待から保護するために政府検査官の検査が必要と考える」市民の割合は72%（Zogby世論調査）と関心が高くなっている。

　そのような消費者市民の需要動向に対応するように外食産業が独自のマーケティング戦略を進めている。

ファストフードの世界的多国籍企業であるマクドナルドは，アメリカ本国のハンバーガー販売額の 42％，鶏卵使用量の 3％（20 億個）のシェアを占めるチェーンであるが，アメリカ国内で採卵鶏農業者へのアニマルウェルフェアガイドラインを 2000 年 8 月から開始している。そのガイドラインはケージ面積を 322cm^2 から 464cm^2 へ拡大すること，強制換羽を中止すること，デビーキング（くちばし切断）を段階的に廃止することであり，その基準に基づいて農業者と取引契約を行うことに転換している。同様に全米第 2 位のハンバーガーチェーンであるバーガーキングはケージフリーの卵を 2007 年末には使用全量の 5％まで購入することにし，取引農場にバタリーケージからの転換を勧める方針である。また，繁殖雌豚をクレート飼育していない農場からの豚肉購入割合も同様に 20％まで引き上げ，取引農場にクレートを使用しないように勧める方針である。

　学校レストランでも取り組みが広がっており，ハーバード大学，プリンストン大学，イェール大学，カリフォルニア大学バークレー校など 160 の学校がケージ卵の使用を少なくしていく方針である。

2) アメリカの畜産生産者のアニマルウェルフェア畜産システムへの取り組み

　生産者側においても家畜福祉を重視する消費者への対応から，大規模農場が積極的に家畜福祉畜産システムへの転換を開始している。すなわち全米最大の養豚業会社スミスフィールド・フーズは 2007 年から 10 年かけて繁殖雌豚のクレート飼育を段階的に廃止していく方針に転換した。また，アメリカ最大規模の子牛生産農場であるストラウス子牛農場とマルコ農場は子牛用クレート飼育を今後 2 年から 3 年間で廃止すると宣言した。

　また，個々の大規模農場の戦略転換とともに，生産者団体の取り組みが始まっている。

　2011 年 7 月に全米鶏卵生産者組合（UEP：United Egg Producers）と全米人道協会（HSUS：The Humane Society of United States）が，今後アメリカにおいて，従来型のケージ養鶏を禁止する歴史的合意に至った。

　動物福祉的な観点などから豚の適切な管理，飼養方法に関する「飼養標準」を作成し生産者に提供している全米豚肉ボード NPB（National Pork Board）は，2007 年 6 月「豚肉品質保証プラス（PQA プラス）プログラム」を公表した。この新たな

プログラムでは，従来のプログラム「豚肉品質保証(PQA)プログラム」に家畜福祉を重視したプログラムを付け加えたものになっており，① 生産者教育，② 肉豚を飼養する施設の評価，③ 第三者機関による査察を強化することを主要な柱としており，プログラムを修了した生産者は，3年間の「品質保証された」PQA認定を受けることになる。

全米鶏肉会議 NCC (National Chicken Council) は，2010年1月に家畜福祉ガイドラインの改訂版「全米鶏肉会議ブロイラー・アニマルウェルフェアガイドラインと監査チェックリスト」を公表し，このガイドラインに沿って各個別会社の実態を監査するチェックリストが配布され，各会社は NCC と監査実施についての契約を取り交わして，その評価点数を付けられている。

そのような国内と国際的な動向に対応して，アメリカ農務省 USDA は2007年9月に「2020年の畜産〜畜産の未来 Future Trends in Animal Agriculture (FTAA)」教育プログラムのセミナーを開催した。そこで取り上げられている米国畜産が向かうべき2020年目標像の柱は「家畜福祉の改善」に置かれている。また，2010年には家畜福祉調整官を設置して，OIE の世界家畜福祉ガイドラインに対応するために，畜産業者同盟(AAA)などとの共同活動を勧めている。

6. 日本におけるアニマルウェルフェア畜産への改革課題

以上のように，OIE が BSE などの畜産食品安全問題とともに，動物福祉問題を優先課題とし位置付け国際的リーダーシップを担わなければならないと決定したことは，大きな変化であり，今後 OIE による国際的な家畜福祉基準の策定が完了した場合に，各加盟国の動物衛生業務の全部門が重要な役割と責任を担うことになり，日本の政府と農畜産業者，食品企業，消費者市民の対応が問われている。

しかしながら，このような家畜福祉をめぐる急速な国際的進展に対して，日本の畜産業界，行政，消費者のみならず獣医師，畜産学，農業経済学などの研究者においてもその認識が大変低い状態と言わざるを得ない。欧米の獣医学・畜産学の研究助成はアニマルウェルフェアのコンセプトが必須の要件となっているほどである。2002年に設立された NGO「農業と動物福祉の研究会 Japan Farm Animal Welfare Initiative」[5]が独自に EU の NGO と連携して活動を行って

きたこともあって，この数年来少しずつ関心が強まりつつある。農林水産省は，「我が国の畜産の実情を踏まえた家畜の取扱いについて，実務者，学識経験者等幅広い関係者による十分な検討を行い，国際的にも評価される家畜福祉に配慮した家畜の取扱いに関する考え方を熟成させ，国際的な動きにも対応できる今後の我が国畜産の発展に寄与することとする」ために，2005年に畜産技術協会を事務局とする「アニマルウェルフェアの考え方に対応した飼養管理に関する検討会」を設置した。検討会は，学識経験者，生産者，消費者，動物愛護団体などの15名からなる推進委員会の下，家畜別分科会，科学的知見分析グループから構成され，検討会の目的は「アニマルウェルフェアに関する国際的な動きに対応するため，我が国の実情を踏まえ，家畜別にアニマルウェルフェアに対応した飼養管理の検討を行う」とした。

2007年以来，採卵鶏，豚，ブロイラー，乳用牛，肉用牛のアニマルウェルフェア飼養管理指針が策定された[6]。これは2013年までに世界家畜福祉基準を完成するOIEのスケジュールと対応するものであり，その後はUSAのように生産者団体による自主的ガイドラインの策定が期待されている。

また，農林水産省消費・安全局消費・安全政策課が2010年5月に第一回，同12月に第二回，2011年12月に第三回のOIE連絡協議会を開催し，産業界（獣医，畜産団体），技術研究者，学識経験者，アニマルウェルフェア関係者，消費者，行政機関との継続的な意見交換の場を立ち上げている。

その会議では先述したOIEの主要な問題点について論議されており，特にアニマルウェルフェアの世界基準策定に関する日本政府のコメント作成に活かす方針となっている。

日本社会全体においていまだ家畜福祉の用語は聞き慣れないものであり，畜産業界では違和感が強い現状で，政府が一歩あゆみを始めた意義は大変重要である。しかしながら，世界的にも家畜福祉畜産の普及リーダーとなっている獣医師の関心と理解が日本においてはすこぶる低いのが現状である。飼養管理指針策定を行政が進めると同時に，食品企業や消費者に世界の家畜福祉畜産の情報を知らせ，川下から畜産業界へ影響を与えていくことが重要であろう。また，日本型アニマルウェルフェア飼養管理指針を策定するにしても科学的知見を

供給するべき研究者と研究業績が少なく、欧米の知見に頼ることしかないのが現状である。早急に研究予算の確保や若手の研究者の育成が必須と言えよう[7]。

注；本稿は、松木洋一「アニマルウェルフェア畜産に取り組む世界の動向～健康な家畜の飼育と食品安全～」『日本獣医師会雑誌　第64巻第5号　2011年5月号』、永松美希「アニマルウェルフェア畜産物の生産・流通・消費拡大の可能性と課題」畜産物需給関係学術研究情報収集推進事業報告書　独立行政法人農畜産振興機構　2010年3月、「家畜の健康と福祉」『畜産の研究　第62巻第1号特集　2008年1月』掲載の松木洋一および永松美希論文を基にして補充リライトしたものである。

＜参考文献＞
1) 松木洋一・R. ヒュルネ編著，松木洋一・後藤さとみ共訳
　『食品安全経済学―世界の食品リスク分析―』日本経済評論社　2007
2) 松木洋一・永松美希編著『日本とEUの有機畜産―アニマルウェルフェアの実際―』
　農山漁村文化協会　2004
3) 「家畜の健康と福祉」『畜産の研究特集号　第62巻第1号　2008年1月』養賢堂掲載の各論文
　佐藤衆介「WQプロジェクトにおけるアニマルウェルフェア現場評価法の開発」
　永松美希「イギリスにおける家畜福祉食品チェーン開発の現状」
　松木洋一「オランダ・スウェーデンの家畜福祉品質WQブランドチェーンの開発状況」
4) 原文 OIE　Terrestrial Animal Health Code (2007)　Part 3　Section 3.7　Animal Welfare
　概要　松木洋一「世界動物保健機関OIEの世界家畜福祉ガイドライン策定の現状」前掲『畜産の研究』掲載
5) 野上ふさ子「家畜福祉団体の活動」前掲『畜産の研究』掲載
　農業と動物福祉の研究会　http://www.jfawi.org/
6) 畜産技術協会のHPに畜種別飼養指針が掲載されている。
　http://jlta.lin.gr.jp/report/animalwelfare/index.html
7) 東北大学大学院農学研究科に日本で最初の家畜福祉学寄附講座が2008年10月から開設されている。

< コラム >
有機畜産

松木洋一・永松美希

1. 有機畜産の背景と現況

　20 世紀末頃から消費者市民による安全な食品と環境に優しい農業を求める活動が世界中で高まり，その消費者ニーズに対応する有機食品の市場規模が拡大している。特に 1990 年以降年率 5～40％拡大して 1998 年では 135 億ドルとなり，2000 年は 260 億ドル，2009 年は 549 億ドルとこの 10 年間で 4 倍増という驚異的成長である(スイス有機農業研究所および国際有機農業運動連盟「世界の有機農業 The World of Organic Agriculture; Statistics & Emerging Trends 2011」)。

　このように有機食品市場が急速な拡大を遂げつつある背景には，1980 年代以降の地球環境汚染問題やチェルノブイリ原発事故，BSE (牛海綿状脳症・狂牛病)牛，ダイオキシン汚染問題，O-157，口蹄疫などの問題がそのような消費者の価値観の転換を促進させ，それに対応する食品企業の経営戦略の転換が急速に進んでいるからである。

2. 有機畜産の国際基準；コーデックス CODEX 有機畜産ガイドライン

　世界レベルで有機食品の需要が高まったことから，コーデックス食品規格委員会においても有機食品ガイドラインの検討が 1990 年から開始され，1999 年の植物産品の有機ガイドライン採択に引き続き，2001 年 7 月には有機畜産ガイドライン；正式名称「有機生産物の生産，加工，表示，及び販売に係わるガイドライン；家畜及び畜産物」が採択された。WTO (世界貿易機関)加盟国はこのガイドラインを遵守するために「衛生植物検疫措置の適用に関する協定(SPS)」を締結して，それに基づいて自由貿易を進める義務がある。

　コーデックスガイドラインでは，有機農業を「生物多様性，生物サイクルおよび土壌生物活性を含む農業生態系の健全さを推進し，高めるような総合的生産管理システム」と定義している。土壌に投入する堆厩肥も有機畜産由来の物と定めており，有機畜産ガイドラインの採択で畜産業を含む有機農業の全システムが定義されたことになる。このコーデックス有機畜産ガイドラインは，一般原則，家畜の源/由来，有機への転換，栄養，衛生管理，家畜の飼養方法，

輸送および屠畜，畜舎構造，放牧地の条件，排泄物の管理，記録および個体識別の計53項目について定めている。

　有機的な家畜飼養の基本は，土地，植物と家畜の調和のとれた結び付きを発展させることおよび家畜の生理学的および行動学的要求を尊重することである。これは有機的に栽培された良質な飼料の給与，適切な飼養密度，行動学的要求に応じた動物の飼養体系，およびストレスを最小限に押さえ，動物の健康と福祉の増進，疾病の予防ならびに化学逆症療法の動物用医薬品(抗生物質を含む)の使用を避けるような管理方法を組み合わせることによって達成される。

　飼料は100%有機飼料を給与すべきとし，経過的措置として乾物重量ベースで反芻家畜では最低85%，非反芻動物では最低80%を給与されていないと有機畜産の資格はない。動物由来飼料については基本的には給与されるべきでないとし，BSE牛発生の原因となった反芻動物に対する乳および乳製品以外の哺乳類由来物質の給与は認められないとしている。遺伝子操作／組み換え生物を含む飼料も禁止されている。

　人工授精は認められるものの，自然繁殖が望ましく，受精卵移植・遺伝子工学を用いた繁殖技術は禁止している。

　このガイドラインの中で特に注目したいのは，第2章第3節で詳しく述べられているように動物の健康と福祉つまりアニマルウェルフェアに関しての項目で，家畜の誕生から屠畜されるまで事細かな基準が定められている。

3. 日本の有機畜産物農林規格

　日本でもこのガイドラインの採択を受けて，「農林物資の規格化及び品質表示の適正化に関する法律(JAS法)」を改正し，植物産品の有機食品表示を2001年4月にスタートさせ，2005年の改正によって有機飼料と有機畜産物に対する日本農林規格(Japanese Agricultural Standard)が定められた。

　しかしながら，2011年現在，日本国内の有機畜産物の認定数はまだ少なく，牛乳で3件(千葉県大地牧場，北海道津別酪農研究会，北海道ワタミファーム瀬棚農場)，牛肉で3件(北海道北里大学八雲農場，北海道津別酪農研究会，青森県七戸畜産農業協同組合)，鶏卵で2件(山梨県黒富士農場，北海道ワタミファーム瀬棚農場)，鶏肉で1件(茨城県共栄ファーム)に過ぎない。

<参考文献>
1) 松木洋一・永松美希編著『日本とEUの有機畜産』　農山漁村文化協会　2004

第3章 伴侶動物と人の関わり

キーワード：
「絆」「癒し」「育て方」

第1節　犬と人間

筒井敏彦

　現在，飼われている犬の大部分はペットとして飼育され，人間にとってよき伴侶動物（コンパニオン・アニマル）となっている。猟犬，牧羊犬，番犬または盲導犬などの補助犬として使用されている数は，全体から見てごく少数である。しかし，かつては犬の果たす役割はもっと広い範囲に及び，特に狩りが重要であった。世界のどの国でも，何世紀も前から，人間は犬の優れた嗅覚を野生動物の狩りに利用してきた。食料や毛皮を得たり，有害動物を駆除することが目的であった。現在，国内で飼育されている犬は，1,000万頭を超えており，うち半分以上は血統書のついた純粋犬である。

1. 日本犬の天然記念物への指定

　日本では，縄文時代に縄文人によって犬(縄文犬)がもたらされ，狩猟の助手として使用し，大切に飼育していた。弥生人は，水田稲作を日本列島に持ち込んだが，彼らは食犬の習慣を持っていた。約2000年前の壱岐の原の辻遺跡では，犬の骨が大量に発見された。この習慣は，仏教の渡来とともに，殺生を禁ずることで衰退した。縄文時代からの犬と，弥生人によって持ち込まれた犬との交雑が行われ，現存する日本犬の元が誕生したと思われる。日本犬は，遺伝子構成が，西欧犬とは異なり，アジア大陸の犬に近いことが明らかとなっている(Tanabe et al., 1991)。現在の日本犬の成立には，朝鮮半島から新たに渡来した犬と，古い日本の在来犬の交雑があったことも明らかとなっている(Kim et al., 2001)。

　日本では古くから犬は，猟犬や番犬として飼育されてきたが，明治維新以降は，西欧から他種類の犬が輸入され，在来犬との交雑が起こった。

　こうした在来犬の洋犬との交雑にいち早く警鐘を鳴らしたのは，渡瀬庄三郎博士であった。渡瀬博士は，日本犬の保護の重要性を痛感し，在来犬の実態を調査，報告した。この運動に賛同した平岩米吉氏，斎藤弘吉氏などが，1928年(昭和3年)に「日本犬保存会」を設立し，日本犬保護の運動を展開した。その成果として，1931年(昭和6年)に秋田犬，1934年(昭和9年)に紀州犬と甲斐犬，1935年(昭和10年)に柴犬，1937年(昭和12年)に四国犬，北海道犬，越の犬が天然記念物として指定された。しかし，越の犬は程なく絶滅した。沖縄県の在来犬として知られている琉球犬は，平成7年に天然記念物として指定された。

2. 日本における犬の飼育の歴史

　「日本における犬の飼養と飼養犬種の動向に関する歴史」として，JKC専務理事の神里洋先生のお話(2002年，日本獣医学史)の中で述べられた，江戸末期に来日した二人の外交官の日本の犬に関する記述を要約して紹介する。

　1857年(安政4年)エルギン伯爵(英国，日英修好通商条約締結特派使節)の「エルギン卿遺日使節録」：

　「江戸の街には犬がはびこっている。つやつやして，よく肥え図々しく，主人が

いないが，部落(町会，江戸八百八町)に育てられ，耳と尾を立てて毅然と走っていく。横町で出会うと実に恐ろしい。この犬たちは崇敬と尊敬とを受けていて，彼らを保護する為に定められた番人や，病気の時に運び込まれる病院さえある。彼らは，これまで私が見た最も見事な街の犬というべきものである。」

エルギン伯爵が見た，もう一種類の犬は，「日本独特の犬［狆らしい］は，キング・チャールズ・スパニエルによく似ている。耳はそれほど長くはなく，鼻はむしろ獅子鼻である。目はまるで頭から飛び出しているようにひどく突き出ている。額が張り出し，鼻は顔から突起しているというよりも，むしろ落ち込んでいる。額はいくらか出ている。時々口が締まらないほど突出している場合もあり，その結果として舌がはみ出しており，くりくりした目とは釣り合わない。一行の大部分がこの愛嬌のある犬を3，4頭ずつ手に入れた。彼らは腰と後肢が弱く，ひどく痙攣を起こした。そこで，飼い主は真夜中に熱湯で罨法(あんぽう)をし，温かいフランネルで包んでやらなければならなかった。その甲斐もなく，死んでしまうものもあった。

このように英国人が狆と遭遇して熱狂したさまが余すところなく描かれている。1860年(万延1年)オイレブルグ全権公使(ドイツ)の「オイレブルグ日本遠征記」：「長崎には動物の店もあり有名な子犬(狆)や高価な家禽が展示されている。日本で購入した犬(狆)はほとんど持ち帰る途中で死んでしまったが，奇妙なことに，その原因は，故国でよく起こる流行病(ジステンパーでは？)にかかったからである。オイレブルグ伯爵の所有のとりわけ優れた1頭は長い旅によく耐え，

写真3.1　ジャパニーズチンの子犬
日本原産で愛玩犬として作出され，外観は貴族的で明朗で敏捷な犬である。

今日なお元気である。最も美しい犬は日本においてすら高価である。」

このように江戸末期の狆は外国人に大変興味を持たれ、日本の犬種として最初に海外に出ていった。

3. 犬種改良の担い手は貴族

人と犬との付き合いは、2万年前にさかのぼると言われているが、犬を狩猟に利用した最古の証拠は、南ヨーロッパやエジプト先王朝時代の約6000年前の壁画に描かれた鹿狩りの光景である。このように犬は最古の家畜で、おそらくユーラシア大陸東部で、ハイイロオオカミから家畜化されたと考えられている。

最も古い狩猟は、犬とともに獲物を追って倒す方法が採られていたと思われる。やがて、特定の狩猟技術に秀でた犬が現れて、仕事の分業が進んだ。鳥臭に興味を示す犬は、鷹狩りのお供をして鳥を追い出し、獣臭に反応する犬は臭跡を嗅ぎ当て、それをもっぱら追うような使われ方に発展した。

14世紀に、フランスの貴族ガストン・ド・フォアが狩猟に関する論文を発表した。これによると、その時代にすでに6犬種が紹介されており、現在の猟犬の原型が見られる。その後、犬の飼育と繁殖は貴族の間で流行し、新しい犬種が熱心につくられた。猟人が徒歩か騎馬かによって使う犬の大きさ、走る速さなども異なってきた。

今日、猟犬とは、ハウンド(hound、獣猟犬)と名の付いた品種だけを指すのではなく、人間が狩猟をする際に手助けをする、また過去にしてきた犬種のすべてを包括していう。FCI(国際畜犬連盟、ベルギー)の傘下にある国では、犬を最高10種類の品種グループに分けている。猟犬はそのグループの1つで、さらに細かく、嗅覚ハウンド犬種、視覚ハウンド犬種、銃猟犬種に、また狩りの対象によって、鳥猟犬、獣猟犬に区分されている。

4. 鳥猟犬

鷹狩りは、非常に古い歴史を持つ猟であり、イギリス、アラビア、北米では今も盛んに行われている。鷹狩りの要因として犬は大変重要である。まず鳥の居場所を嗅覚で突き止め、指示した後に鳥を脅して飛び立たせ、それをタカが

捕らえるのである。ハヤブサを用いる場合は，犬が鳥の臭いを嗅ぎながら指示するのを待つ。指示したら，鷹匠が犬の前方に遠回りし，犬と人の間のどこかに鳥がいる状態にする。その後，鷹匠がハヤブサの頭巾をはずし，飛び立たす。ハヤブサが輪を描きながら高々と空を上がっていくと，準備完了である。人が犬の方向に近付いていくと，鳥はあわてて飛び立ち，ハヤブサは地面に向かって急降下し，獲物を捕まえる。このため，鷹狩り猟犬には，獲物の鳥とタカまたはハヤブサが別のものであることを理解させなければならない。

写真 3.2　イングリッシュセッターの母子
イギリスで鳥猟犬として改良され，温和で親しみのある性質を有する犬である。

写真 3.3　ビズラの母子
ハンガリーで鳥猟犬として改良され，迅速な走力，優れた嗅覚を備えた犬である。

鳥猟に用いられる犬は，スパニエルから長毛のセッターと短毛のポインターが改良作出された。獲物を知らせる姿勢が，前者は伏せ(セット)をし，後者は前肢を上げる(ポイント)ところからその名が付けられた。

　銃が使用されるようになってからは，狩猟法も目覚ましく変化した。この犬たちに課せられた作業はハウンドのように地面の遺留臭をたどるのではなく，空中に漂う浮遊臭を頼りに銃を持って進む猟人の前後を素早く走り回り，獲物を確認すると急に静止し，その場所を教える。

　ポインターは，片方の前肢を上げ，尾を水平に一直線に伸ばしたまま鼻先を高く上げ，典型的なポイント姿勢をとる。セッターも同じ仕事をするが，ポイントをしない変わりに後肢を折り，前肢は地面に付けて半すわりの状態で伏せをして獲物の所在を示す。そして，猟人の命令によって，草むらへ飛び込む。

　鳥が飛び立ち，猟人が撃ち終わるまで，犬はその場で伏せて待ち，撃墜された鳥を探して運んでくる。猟鳥が飛び立った後，その場所を動かないことが，銃による犠牲にならないために重要な点である。

5. 猟　犬

　獣猟犬とは，鼻を地面に突けて猟獣の足跡臭，血痕などの遺留臭を追う嗅覚ハウンドを指し，大きな群で騎馬の猟人とともに，あるいは 1〜数頭で徒歩の猟人とともに狩りをする。ハウンドと言えば，ビーグル(Beagle)，バセットハウンド(Basset hound)，ハリア(Harrier)，フォックスハウンド(Foxhound)などを指す。これらの犬種は多くがトライカラー(黒，白，黄褐色)である。

　訓練の行き届いたフォックスハウンドの群を従えて騎馬でシカ，イノシシ，キツネの追い狩りは，封建時代のフランスでその全盛期を迎えた。今日でもスポーツとして追い狩りが愛好されており，一部の人々にとっては優雅な田園のスポーツと映るだろうし，また別の人々には血なまぐさく思えるだろう。しかし，例えばイギリスでは，狩りによってキツネの数が減ることはほとんどなく，その生息環境は注意深く保護されて生息数が確保されている，一方，ドイツでは追い狩りは禁止されており，ニシンを漬け込んだ塩水を使って臭跡を付け，犬に追わせる，シュレップヤークトと呼ばれるスポーツがある。群を用いての

写真3.4 ビーグルの母子
イギリスでウサギ狩りを行うために作出された犬である。

ビーグルのウサギ狩り，クーンハウンド(Coonhound)のアライグマ狩り，ダックスフント(Dachshund)のアナグマ狩りは，人間と犬との間の調和のとれた協力関係を示す良い例である。ビーグルは，もともとウサギ狩りのために改良を重ねられた品種で，優れた嗅覚と徹底した追跡力のゆえに広範に利用できる。日本でも，1頭のビーグルを従えた狩りは一般的である。ビーグルはウサギ臭を感じ取ると，尾を立てて激しく動かし，追跡を開始し，吠えながら追う。ウサギは，犬に追われると時々立ち止まって周りを見回し，再び走り出すが，結局は自分の出発点に戻ってくるという習性があるため，猟人に狙われやすい。

ノルウェジアン・エルクハウンド(Norwegian elkhound)を始めとする北欧スピッツ犬種の多くは，ロシア，スカンディナヴィアの広大な森林で，驚くほどの持久力で獲物を追跡し，追い付くと大声で吠えたて，主人に知らせる。

6. 視覚獣猟犬

獣猟犬の中には，視覚を頼りに猟をするグループがある。鼻を地面に突けて獲物の臭跡を追うことはせず，速く走ることのほうが得意である。グレーハウンド(Greyhound)は，このグループの象徴とされ，サルーキ(Saluki)，アフガンハウンド(Afghan hound)，ボルゾイ(Borzoi)，アイリッシュウルフハウンド(Irish wolfhound)，ディアハウンド(Deerhound)，スルーギ(Sloughi)など，大型で体型的にも走るのに適した犬種が含まれる。

古い時代には，嗅覚を頼りにする犬と，視覚を頼りにする犬を同時に用いた。

写真 3.5　ボルゾイ
ロシアで視覚に頼って狩りをする獣猟犬として改良され,
獲物を追跡・捕獲するスピードや敏捷性を有する犬である。

　まず，嗅覚ハウンドの群が獲物を開けた場所に駆り立てる。次に身軽な視覚ハウンドがそれを超スピードで追いかけて，猟をするのである。

　グレーハウンドとウィペット(Whippet)の2種は，その特別な能力を活かして20世紀の都会で，ドッグレース犬として生きる道も与えられている。

　日本の在来犬のほとんどは，獣猟犬として飼育されてきたものであるが，その中でもイノシシを追う猟犬として，紀州犬の名はあまりにも有名である。現在でも，イノシシ猟に使用されている。この猟犬に最も要求されるのは，イノシシを恐れずに果敢に立ち向かうことができる闘争性である。

　槍を用いて猟をしていた頃は，追いつめたイノシシを主人が突くまでは決して取り逃がしてはならなかった。しかし，闘争力が強すぎてもイノシシの牙による犠牲がでるため，イノシシとはある距離をおきながら，かつ逃がすことのないように猟犬グループの調和が重要である。そのためには，ボス犬にかなりの指導力が要求された。

第2節　子どもの発達と動物飼育
－動物との特別な関係－

柿沼美紀

1. バイオフィリアの考え方

　ハーバード大学の生物学者 E. O. Wilson は1984年にバイオフィリア(biophilia)仮説を打ち出した。バイオフィリアとは，人の「生命体や生命体に似たものに本能的に注意を向ける傾向」のことである。人は何万年もの間狩猟・採取の生活を営んできた。つまり，人は自然界の一員として何万年も生活してきたので，脳もそこで適応するように進化したというものだ。自分の周りの生命体や生命体に似たものに注意(興味を持つこと・怖がることも含めて)が向くのは人が種として生き延びるために持って生まれたプログラムと考えられる。

　したがってこの数千年で急速に人の生活スタイルが変化しても，私たちの脳は昔からの傾向をしっかり受け継いでいる。精神科医の A. Katcher(2002)は，私たちが週末になると子どもを連れて動物園や，ハイキングに出かけるのはその名残ではないかと指摘している。同様にヘビやクモを怖いと思う人が多いのも，私たちにとって危険な存在だからではないかという。G. Melson(2001)は，人が小さな動物や動物の子を見るとかわいい，撫でたい，抱きたいと思うのも人が生まれ付き持っているプログラムだろうと考えている。私たちは無意識のうちに自然に対して特別な反応－安らぎを得ることもあれば，不安や恐怖を感じることも含めて－を示すようである。

　発達心理学では，子どもはいろいろなプログラムを備えて生まれるが，生後の経験によってその内容は変わると考える。例えば言葉の獲得である。人は生後の環境によって何語を話すかは異なるが，ある年齢までに育った環境の言語を獲得する点では共通である。同じように人には動物として，自分の周囲の生き物に

関心を持つようにできていると考えられる。そして，経験を重ねることで，自分の環境で生き残るのに適した能力を身に付けるようになっているのであろう。おそらく乳児期から幼児期にかけての経験がその能力を方向付けると思われる。

　人の子どもは親や自分を保護し，養育してくれる者に対して特別な感情を持ち，依存する。発達心理学ではこれを「愛着」と呼ぶ。大人は子どものニーズに応えるように養育行動をとる。ペットと人の関係にもこのような依存の関係が見られる。ただし，人がペットに関わる時の様子は子どもに関わる時とは少し違っている。子どもに対しては，表情を豊かにし，反応を見ながら子どもの注意を惹くように関わる。一方で小動物に対しては，慈しむような声で語りかけたり，触れたりする（写真 3.6）。必ずしも大げさな動きかけは必要ない。相手がいやがらずにおとなしくしていればいいのである。私たちには動物とのつながりを深め，それを楽しむプログラムもあるようだ。

写真 3.6　子どもでも動物が驚かないように優しく触れる　（宮村卓馬撮影）

2. 生き物への関心

　仮に人には生命体への関心が高くなるプログラムがあるとすれば，どのような生き物にどう反応するかは，乳幼児期の経験が関与すると考えられる。サバンナの動物を見分ける力，何百頭といるヒツジの個体識別，魚の動きの予測などは，日々の経験や周囲の教育によって熟達していくものであり，大人になって初めて出会って簡単にできるものではない。

　人は代々子どもに生きるために必要な知識を伝授してきた。それは狩りや釣りの方法から，動物から身を守る方法，家畜を管理する方法，食物採取や農耕の方法などさまざまである。そして子どもはそういった学習に適したプログラムを持って生まれてくるのであろう。

自然の中で見られない植物や動物を見ると，それが食べられるかが気になることがある。特に子どもはその傾向が強いように思われる。石垣島の浜辺でアダンの実を見た時，それがパイナップルに似ており，果たして食べられるのか否かが話題になったことがある

写真3.7　食べられるのか気になるアダンの実

（写真3.7）。食べられるものなら，試してみたい，しかもこんなところにひっそりと実を付けているといったことで，一気に盛り上がった。一方で，知らないものは危ないという意見も出た。きのこ狩りで毒きのこをめぐってのやりとりとも似ている。特に空腹でも，食料に困っているわけでもないのに自然の中で見つけた食料・食料もどきにここまで引き付けられるのはなぜなのであろうか。

　海や川の生き物に関しても似たようなことがある。穴の奥に獲物がひそんでいると思ったり，食べられそうだとなると，子どもは必死になって捕獲を試みる。たとえ結果は不本意なものであっても，子どもは何かに駆り立てられるように穴を掘ったり，追いかけたりする。市販のものに比べ釣った魚や見つけた野菜や果物は見かけが良くなかったり，味が劣っても食べる喜びは大きいようである。

　このような行動は，経験の積み重ねにより洗練され，大人になるときのこ狩りの名人や狩人や，漁師としての自立に関連すると考えられる。子どもの中には昆虫採取やどんぐり拾い，魚採りに夢中になる子がいるが，これは他の動物の仔が狩りの練習をするのと（子猫が動く物には何でもじゃれつくなど）共通しているとも言えるであろう。

　慈しみに関してもさまざまな行動が幼い頃から見られる。周囲の大人が子どもに手本を示している。赤ちゃんの布団や洋服，おもちゃについているさまざまな動物の絵，子ども向けの絵本の内容など，子どもは生まれた時からさまざまな動物のキャラクターに囲まれて育ち，それを楽しんでいる。いずれも大人が

子どもに与えたものである。家にペットがいない環境でも，多くの子どもはぬいぐるみや絵本に登場する動物に強く惹かれ，大切にしている。

3. 現代人の自然との関わり

Wilson が言うように，私たちは生命体やそれに似たものに注意を向けると考えてみる。日常生活の中で何が起きているのだろうか。都市部ではもはや身近にない自然を再現しようとさまざまな試みが行われている。オフィスや店舗，病院の待合室には観葉植物や熱帯魚の水槽が置かれ，そのレンタル，維持を専門とするビジネスもある。シンガポールの国際空港には「蘭の庭」や「しだの庭」などの空間があり，多くの旅行者がその周辺に集まっていた（写真 3.8）。これらの生命体は無機質な空港の中でほっと安らげる空間を構成していた。

この 50 年間で日本人の生活環境は大きく変わった。上下水道の整備，電話，テレビなどの通信網の普及など，日常生活はとても便利になった。農業，特に家畜は都市部では減少し，都市化に伴い里山は住宅地に様変わりし，団地が増え，動物飼育は難しい環境となった。結果として私たちが動物と触れ合う機会は大幅に減り，動物の死も身近な出来事ではなくなった。

都市部に生活する人たちが日常的に生き物に接する機会がなくなると間もなくペットブームやガーデニングブームが到来した。先に触れたバイオフィリアの仮説に基づくと，やはり私たちは生き物を身近においておきたいためと考えられる。

写真 3.8　旅行者の憩いの場となっているシンガポール空港のランの庭

近年，教育現場における動物飼育の重要性が注目されている。また，ビオトープ作りも盛んになっている。身近な生き物が少なくなった中，あえて意図的に導入するにはいろいろな問題も伴う。動物飼育が子どもの情操教育には良いと考えてもその導入に二の足を踏む関係者は少なくない。農作業を取り入れるにしても同様である。生き物が子どもにたくさんの学びの機会を提供することは認識されているが，新たなノウハウの構築が必要となっている。

　生き物を身近に置く必然性がない中で，子どもたちにその世話をさせるのは簡単ではない。単に死なせてはいけない，当番の仕事だから，かわいそうだからだけでは難しいのかもしれない。ギブアンドテイクの関係があることで，こういった世話も持続するのだろう。子どもに生き物を与えるならば，明確な目的を定め，子どものやる気を持続させる工夫が必要である。次に，実際に幼い頃から生活の一部として動物と関わっているモンゴルの子どもたちの例を挙げ，子どもと動物の関係のあり方について考えてみる。

4. 動物とともに暮らすことの意味

　モンゴルの遊牧民の生活はまさに動物の世話の繰り返しである。遊牧民は動物を維持管理するために，自分たちが移動する生活を選択している(写真3.9)。家畜の世話は子どもの大切な仕事である。幼い頃から動物に慣れ親しみ，乳搾りをしたり，乗ったりしている(写真3.10，3.11，3.12)。能率良く世話をするためには，

写真3.9　動物に合わせて人が移動する遊牧の生活

写真3.10 小さい頃から大切な仲間

写真3.11 ヤギの乳搾りは女の子の仕事
（森永由紀撮影）

写真3.12 ナーダムで優勝した子どもたちの
記念撮影 （柿沼　薫撮影）

動物を驚かすことなく触れることが必要である。また，それぞれの動物の特徴を把握しなければならない。声かけなどのコミュニケーションも上手に行う必要がある。動物の命を預かることは，自分たちの生死にも関わることである。好き勝手に扱うことはできない。寒さや孤独に耐え，毎日繰り返し世話をしなければいけない。このような経験を通して子どもは観察力，コミュニケーション能力，忍耐力，責任感や自立心を身に付けていく。

子どもの成長とともに，任される仕事も増えていく。大型動物の世話や，放牧の手伝い，乳搾りや解体などである。大人と協力して多くの作業をこなしていく（写真 3.13, 3.14）。ここでは大人と子どものコミュニケーションがしっかりしていなければならない。子どもは動物を介して大人から多くのことを学ぶ。やがて中学を卒業する頃になると，数百頭のヒツジの放牧を任されるまでに成長していく（写真 3.15）。天候，日の長さなどを考慮に入れながら，ヒツジの大群を

写真 3.13　大人から動物の世話について学ぶ（森永由紀撮影）

写真 3.14　別荘地まで移動して馬乳用に乳搾りをする

写真 3.15　1人で数百頭のヒツジを管理する 15 歳

移動させていく。はぐれることのないように，動物の動きを見ながらの作業である。少年にとってこの作業を一緒に行うウマは大切な友達でもある（写真 3.16）。

こうして世話をしてきた動物は子どもたちに乳を与え，最後には肉を与え，皮を与えてくれる。子どもたちは家畜の世話を通して，生と死について学ぶ。また自分が世話をした家畜を屠ること，調理することも学ぶ（写真 3.17，3.18，3.19）。一連の作業は普段の生活の場で行われる。内蔵も血液も骨も無駄なく食材となる。これもまた日常の一部である。

モンゴルの遊牧民の生活では，動物が子どもにとって大切な教師であり，教材であり，友達であり，生活の糧となっている。また，大人が子どもにその手本を示す。

写真 3.16　ウマは大切な仲間
（森永由紀撮影）

写真 3.17　幼い頃から家畜の世話をする
（森永由紀撮影）

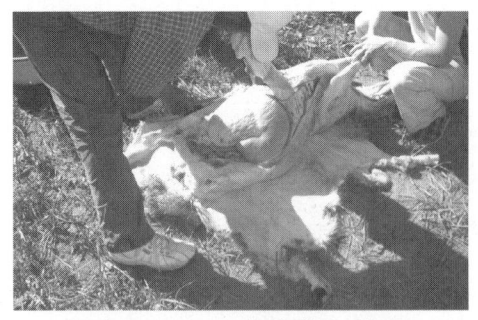

写真 3.18　ヒツジの解体を手伝う
（森永由紀撮影）

写真 3.19　バター作り
（森永由紀撮影）

5. 学びの機会を与えてくれる動物

　日本でも子どもたちは動物から多くのことを日々学ぶことは可能である。春になり，近くの池にオタマジャクシを取りに行く子どもたちは，いつの間にか，産卵の時期，卵のありそうな場所，オタマジャクシのいそうな場所を知っている。そっとすくい上げなければならないことも知っている。メダカを捕まえるのも，チョウを捕まえるのも，カブトムシを捕まえるのも同じである。動物がどこにいるか，相手に気付かれないようにどうやって近付くかなどを体で覚えている。このような動物との駆け引きは子どもにとって大切な経験である。

　確かに都市化によってそのような機会は減っているが，一方で，環境教育や自然体験教室は普及しつつある。先に述べたビオトープも子どもたちに経験の場を提供している。米国ではチョウの飼育を通して子どもたちに自然体験の場を提供する試みも行われている。チョウの好む植物を植え，呼び寄せ，産卵した卵を室内で羽化させるプログラムである。

　学校飼育動物や，伴侶動物も学びの機会を提供してくれる。イヌやネコ，ウサギとの付き合いでは高度なコミュニケーションの技術が必要になる。相手がいやがることをすれば，近付くこともできない，あるいは相手が危害を加えてくる。一方で，信頼関係を築くことができれば，手から餌を取って食べたり，一緒に遊んだり，膝の上に乗ってきたり，帰りを待っていたりと子どもたちに多くの喜びを与えてくれる。動物は家族の中で弱い立場にある子どもたちに自信を与えてくれる存在であり，また責任感や忍耐力を無理なく教えてくれる存在でもある。人よりもライフサイクルが短い動物は子どもたちに生と死について考える機会を与えてくれる。周囲の大人がその扱いの模範を示すことで子どもは多くを学ぶことであろう。

　また，実際に動物に触れる機会が少なくても，絵本，テレビなどで動物に関心を持ち，慈しみの気持ちを覚える経験も役に立つであろう。人には絵や写真，映像さらには文字を通して多くのことを感じる能力がある。いろいろな方法で動物と接点を持ち，関心を高め，慈しみの心を育てることが可能である。

6. 今後の課題

　動物の存在は私たちにとって何か特別なもののようである。特に子どもにとってはその発達過程で多くのことを無理なく教えてくれる存在である。都市部ではもはや身近なところには家畜はいない。近代化の過程で動物との付き合い方の伝授が途絶えてしまった部分もある。しかし，教育現場には飼育動物がおり，家庭にはさまざまなペットがいる。生活環境は変わっても，私たちは何らかの形で動物と接する機会をつくり出している。一方で，先人の知恵やノウハウのない状態で多くの新たな問題に直面している。死の扱い，ペットロス，無責任な遺棄など私たちの世代がその対応や予防を構築し，次世代に伝えなければならない。経験のない大人が子どもに手本を示すというのは決して簡単なことではない。動物の持つ力は大きいだけに，失敗は許されないのではないだろうか。

　幸い，絵本，文学作品，映像，またおもちゃなどは代々受け継がれてきている。この分野に関しては前の世代の人たちが動物を通して感じたこと，子どもたちに伝えたかったことを十分生かすことができるであろう。

　動物のもたらす効果を十分理解し，より良い動物との関係を築くことが次世代を担う子どもたちの豊かな心と生きる力の育みに必要なことだと考える。

＜参考文献＞
1) Beck, A. & Katcher, A. (1983) Between Pets and People, Putnam, New York.
2) Kahn, P. & Kellert, S. eds (2002) Children and Nature, MIT Press, Mass.
3) Katcher, A. (2002) 'Animals in Therapetutic Education' in P. Khan & S. Kellert eds. Children and Nature, MIT Press, Mass. pp. 179-194.
4) Kellert, S. & Wilson, E. O. eds (1993) Biophilia Hypothesis, Island Press, Washington D. C.
5) Melson, G. (2001) Why the Wild Things are : Animals in the Lives of Children. Harvard U, Press

第3節　伴侶動物の問題行動

　　　　　　　　　　　　　　　　　　　　　　　　　　　加隈良枝

1. 問題行動とは何か

　現在日本では，犬と猫がそれぞれ約1千万頭，合計で約2千万頭が飼育されていると推定されている。街中で犬に出会うことや，知人が猫を飼っていることも，全く珍しいことではない。しかし一方で，ほとんどの犬や猫の飼い主が，飼っている動物について少なからず悩みを抱えているものだ。動物の健康上の問題や悩みなら動物病院に相談すればよいが，じつは元気な動物たちこそ飼い主を悩ませている。家の中のあちこちで排尿してしまう犬，散歩中にリードを引っ張り散歩がしづらい犬，新しく飼い始めた猫を激しく攻撃する猫，家の中で一番高価な家具で真っ先に爪とぎをする猫，といった調子で，犬や猫との共同生活は楽しいことだけではないと痛感している飼い主はとても多い。そのような悩みも，飼い主が愛情を持って容認し楽しんで世話を焼いているならよいが，問題が重大になると飼い主も何とかしなければという思いが強くなってくる。さらには音を上げて，犬や猫を手放そうとする飼い主も少なからず出てきてしまう。

　ペットとして家庭で飼われている犬や猫の問題行動とは，飼い主が「問題である」と認識し「治したい」と思っている行動のことである。このような問題行動には，大別すると3つの種類がある。1つ目は，動物種本来の行動様式を明らかに逸脱していて，脳神経系の病的あるいは先天的異常が主な原因の異常行動である。このような行動には動物自身にとって有害である場合も含まれるため，飼い主も動物のためを思い治療や助言を求めるケースが多い。次に，行動様式自体は正常であるものの，行動の頻度が高すぎるか低すぎるというような

場合がある。このようなタイプの問題行動には，性行動や摂食行動など，個体が行うべき行動でありながらその程度が問題とされるものが含まれる。そして3つ目のタイプとして，行動の頻度や内容はその動物種本来の行動様式の範囲内と言えるが，人間社会では迷惑となってしまうものがある。例えば侵入者に対し警戒して吠えることは，犬にとって自然な反応であるし，犬に番犬として侵入者に向かって吠えることを求めている飼い主も日本では少なくない。しかし集合住宅や住宅密集地では近隣の住民から苦情が寄せられることもあり，そのような場合には飼い主にとって解消したい問題行動となる。実際に問題行動として相談されるケースには，この3つ目のタイプのものが非常に多い。

このように，ある症状を示しているからと言って，ただちにそれが治療対象となるわけではないという点は，他の疾病と比べ問題行動が非常に理解しにくく対処が遅れやすい理由だろう。特に動物の場合，治療をするかどうかの決定権を飼い主が持っているため，経済的理由などによって治療や対処を諦めたり，やめてしまうこともある。つまり伴侶動物の問題行動を治せるかどうかは，飼い主がその動物と何とかして一生うまく付き合っていきたいと思っているかどうかにかかっている。飼い主が犬や猫と期待通りの楽しい生活を送り，それによって犬や猫の福祉が良好に保たれるためには，問題行動の理解と適切な対処が必要となる。

2. 犬と猫に多く見られる問題行動

それでは犬と猫の問題行動には，具体的にどのようなものがあるのだろうか。不適切な場所での爪とぎ行動や，夜間の過剰興奮などは猫特有の問題行動であるが，攻撃行動，恐怖や不安関連の行動，不適切な場所での排泄行動，過剰な鳴き，食物以外の物を食べてしまう異食症などは，程度の差はあるものの，犬でも猫でも比較的多く見られる問題行動である。ここでは，犬と猫それぞれに多く見られる問題行動の傾向を見てみよう。

1）犬に多く見られる行動上の問題

欧米では，行動修正の専門家に相談された犬の問題行動の症例数についての報告がいくつもあるが，ほぼすべての統計において最も多いのは攻撃行動であり，

人に対する攻撃行動と他の犬に対する攻撃行動がほとんどを占める。犬は体の大きさや武器となる口や歯が大きく力強い場合も多いため，被害が甚大であることから相談するケースも多くなるのだろう。次に多いのは，恐怖症や飼い主との分離時に吠えや破壊行動などの不安症状を見せるといった，恐怖・不安に関連する問題である。犬は本来社会的な動物であることから，単独で置かれることを苦手とする傾向が強い。国内については専門家への相談件数の内訳に関するデータはほとんど発表されていないが，われわれの研究室で2005年に東京都周辺の複数の動物病院への来院した飼い主に対して質問紙調査を行った結果（表3.1），一般の犬ではやはり攻撃行動が問題となることが多いのに加え，「吠える」「不適切な排泄」といった行動が問題視されていた。

2) 猫に多く見られる行動上の問題

猫についても同様に欧米での問題行動症例の統計を見ると，最も専門家に相談されることが多いのは，不適切な排泄行動や尿スプレーなど，排泄に関する問題である。その次に多いのが，人や他の猫に対する攻撃行動，異食（食物以外で

表3.1　東京近郊の動物病院来院者を対象とした質問紙調査による犬と猫の問題行動傾向

		過去に相談したことのある行動上の問題	現在相談したい行動上の問題
		犬 (*n*=306)	
ある		166人 (54.2%)	93人 (30.4%)
	1位	不適切な排泄	他の犬と仲が悪い
	2位	人への攻撃行動	吠える
	3位	吠える	不適切な排泄
	4位	他の犬との仲が悪い	人への攻撃行動
	5位	異食	しつけ
		猫 (*n*=237)	
ある		59人 (24.9%)	48人 (20.3%)
	1位	不適切な排泄	人や猫への攻撃行動
	2位	マーキング行動	マーキング行動
	3位	人への攻撃行動, 鳴き声	不適切な排泄
	4位	猫への攻撃行動	鳴き声, 異食
	5位	過剰なグルーミング	過剰なグルーミング

食用にならないようなものを食べてしまう)などである。犬の飼い主に比べると猫の飼い主はしつけに無頓着な場合が多く，当然問題行動について相談する場合も少ない傾向がある。われわれの研究室では，犬と同様に東京近郊の動物病院へ来院した猫の飼い主を対象とした質問紙調査も実施した(表 3.1)。その結果，問題視されることが多かったのは，不適切な排泄やマーキング行動，攻撃行動，そして鳴き声や異食であった。不適切な排泄は，猫に多い下部尿路疾患の影響で起こっている場合も多いので，動物病院に相談することで行動の問題も解消している場合が多いだろう。犬に比べてやや割合は低いが，猫の飼い主も4，5人に1人は猫の行動について相談したり，悩みを持っている。

3. 問題行動はなぜ起こる
～問題行動の発現に関わる要因～

次に，伴侶動物の問題行動の発現に関わる要因について考えてみよう。すでに述べたように，ある行動が問題とされるかどうかは飼い主の意識によるところが大きく，そのような意識は文化的背景や住宅事情などを含めた飼育環境の違いによっても異なる。また，ペットに吠える，噛み付くといった特に周囲に対するトラブルの原因となるような問題行動が見られる場合,「飼い主がきちんとしつけをしていない」と考えられることも多く，苦情や批判は飼い主の飼育態度に向けられやすい。確かに，犬の飼い方を学んだことのない飼い主も多いので影響は否めないが，問題行動の原因は，飼い主によるしつけの間違いだけではない。ここでは動物側から問題行動の要因を考えてみる。

問題行動の発現に関わる動物側の要因は，3種類に大別できる。1つ目は生まれ付きの，あるいは生得的・遺伝的要因であり，2つ目は生まれてからの環境要因，そして3つ目は動物の身体的条件である生理的要因である。これらは，動物の行動発現に影響する要因とほとんど同じである。犬や猫がとる行動が問題視されるかどうかは，飼い主が求める形質と実際の飼育動物の性質にギャップがあることが問題の根幹となっているため，動物の行動特性を決める要因の理解が問題の解決のためには必要である。それぞれの要因について，以下に説明する。

1) 遺伝的要因

　動物には生まれ付き備わっている特徴がある。それは種，品種，血統，性別のような属性，さらに個体の気質によって決まる。人間もある程度はこれらの属性を基準に飼育を決めるが，その行動パターンが期待に外れていると，問題行動と捉えられる原因となりやすい。動物が生まれながらに持っている遺伝的特徴は変更が難しいので，飼い始める前によく吟味して選ぶか，遺伝的要因とうまく付き合っていく方法を考えることが重要となる。

(1) 動物種

　犬は犬として，猫は猫としての特徴を持つ。社会構造や本来の生態を考えると，犬は狼を先祖種として古くから家畜化された動物である。群れの中で協力し合って狩りや子育てをすることで生き延びてきたため，人間とともに生活する際にも互いの社会性を理解しやすいことが，主要な飼育動物として人気がある理由とも考えられている。

　一方猫は，小型の肉食動物として単独生活を基盤としながら，群れを形成し社会的な相互関係を持つこともできる動物である。犬と比較して家畜化が遅く，また，ネズミ類の捕獲以外にこれといった目的もなく家畜化されたため，野性味や自立心を保ちながら人間とも一定の共生関係を築いてきた。この点もまた，人間に好んで飼われるようになった要因であるだろう。

　このような種ごとの特徴の違いは，進化の過程で生息環境との相互作用により培われてきたものであるため，種によって行動のレパートリーは大体決まっている。また，それぞれの種には生息環境や生態に起因する身体的特徴がある。例えばジャンプ力や柔軟性などの身体能力と，視覚や聴覚，嗅覚のような感覚能力は，その動物の感情や認知と，それに基づく行動を決める。これらが人間とは異なることを理解することが，適切な飼育をするための第一歩である。

(2) 品　種

　品種は家畜種において何らかの目的のために人間が作出してきたものであり，それぞれの品種は特有の性質を持つ。最たる特性は容姿の違いであるが，品種により行動特性も異なることが知られている。

　犬では現存するものだけでも約 300 以上の品種があるとされており，牧羊犬，

狩猟犬，闘犬，愛玩犬，使役犬など明白な飼育目的のため，必要な作業能力を重視して改変されてきた。そのため，牧羊犬や猟犬であれば運動能力が高くよく吠える犬種が多い，闘犬であれば攻撃性が高い，といった傾向が認められる。その影響と言えるが，牧羊犬や猟犬では暴れる，吠えるといった問題行動が起きやすく，闘犬であれば攻撃行動のリスクが高いと考えられる。一方で猫では作業目的の品種改良が行われなかったため，品種差は犬ほど顕著ではないが，長毛種に比べると短毛種の方が活発でよく鳴く傾向がある。

2) 環境要因

　動物が生まれてから現在に至るまでの間に，周囲の環境から受けてきたさまざまな刺激もまた，問題行動の発現に関わる要因となる。犬や猫は経験したことを学習し，次第に反応の仕方を変えていく。なかでも幼若期の過ごし方（社会化の程度）や，飼い主や他の動物との関わり方，過去の経験，そして住居環境などの現在の飼育状況は，問題行動の発生状況との関わりが大きいことが示されている。

(1) 社会化

　犬や猫は誕生時，目や耳の機能が未発達であり，触覚や温感，そして臭いだけを頼りに行動している。視覚や聴覚が機能し始めるのは，生後2, 3週頃からであり，この頃からが周囲からの刺激を受け入れやすく，好奇心旺盛で学習が盛んな時期である。この時期の子犬や子猫はまず，自分の周囲の動物や物体，音などに触れることを通じて，さまざまな刺激への許容範囲を広げ自信を付けていく。そのため特にこの時期にある程度幅広い刺激に出会わずにいると，成長後に臆病になってしまう傾向がある。犬と猫の社会化期は，長く見積もってもそれぞれ生後3～14週，2～9週であるということが，実験や疫学的調査の結果わかっている。広義の社会化はその後も続くが，成長とともに効果が期待しづらくなる。

(2) 学　習

　動物は経験を通じて行動パターンを変化させる。このような学習は，複数の刺激が同時に存在することが多い場合や，自身の行動が良い，もしくは悪い結果に結び付いた場合に起こる。学習は動物の外部環境との相互作用があってこそ起こるので，環境要因としてじつに影響が大きい。

(3) 飼育環境

同居する家族や他の動物，どのような場所で飼育されているか，周囲にどのような人が住んでいるか，といったことは，動物がある種の問題行動を起こす可能性が存在するかどうかという意味で影響が大きい。例えば，周囲に子供があまりいない場所で動物が過ごしていれば，子供に対する攻撃性が問題となりにくい。実際の対処として，問題行動を起こさせないような工夫をすることは，消極的な対応のようだが，問題に関わる要因を動物の飼育環境から排除してしまうことは，学習による強化と被害の防止というメリットがあり，とても合理的な方法である。

3) 生理的要因

動物が行動する時には，行動を起こさせる体内の化学的メカニズムが必ず関わる。動物は無意識のうちに体を動かしているようだが，体内ではある行動をしたいという欲求やモチベーションが湧き，それに従って筋肉の運動を起こさせるさまざまな指令が，化学物質や神経系の電気的反応により生じている。すなわち動物の年齢や疾病の有無，怪我や痛みの有無，ホルモン動態，栄養状態のように，刻々と変わる体内状況は動物の行動に影響を与える大きな要因である。

(1) 避妊・去勢

犬や猫を飼育すると，去勢手術や避妊手術の実施を勧められることが多い。このような処置の主な目的は，繁殖をコントロールし，飼いきれない子犬や子猫が生まれるのを防ぐことである。ただし，オスの睾丸やメスの卵巣を切除することで，行動面でも性的欲求に関連する興奮や衝動が低減し，攻撃行動やマーキング行動，脱走などが抑えられて飼いやすくなる傾向が認められる。これは，オスの精巣やメスの卵巣から放出される性ホルモンによる行動変化が失われることによって起こる。

(2) 栄養状態

犬や猫の栄養状態は，肥満や疾病に関連するだけでなく行動にも影響を与える。そもそも行動を制御する体内メカニズムに関わる伝達物質は，体外から摂取される食物をもとにつくられるので，食物中のさまざまな物質の過剰や過少は行動を左右することがある。動物が飢餓状態にあれば，食物を得るために興奮したり攻撃的になったりすることもあるため，問題行動への対処を考える上で，

適正量の食餌が与えられているか確認すべき場合もある。例えば自分が排泄した糞を食べてしまう場合，食餌量が足りないために食べたいのかもしれない。また，特定の栄養素やミネラルの過不足が行動の異常を引き起こすこともあり，例えば高タンパク食やアミノ酸の一種であるトリプトファン不足は，犬の攻撃行動を増加させることが報告されている。

4. 主な問題行動への対処法

これまで述べてきたように，問題行動の発生に関わる要因には，じつにさまざまなものがある。これらの要因に気を付けて犬や猫を飼育すれば，問題行動はある程度未然に防ぐことができる。また，実際に問題行動が見られる場合も，対症療法に頼るのではなく根本的な原因を明らかにすることによって，より端的な修正を行っていくことができる。実際の犬や猫の問題行動のケースについては，まず飼い主に対して詳細な履歴聴取をするとともに，実際の動物の様子をよく観察し，現状把握と考えられる原因を探っていき，診断を付けることが重要である。

問題行動について原因を含めた診断が付けば，一般に行動修正法，環境修正法，薬物療法，外科的処置などによって対処をしていくことができる。行動修正法とは，動物の行動を変容させるために主に動物に対してさまざまなトレーニングを行うことであり，問題行動への対処として最もよく用いられる。例えば見知らぬ犬に対して攻撃をしかけようとする犬に対して，攻撃をせずにいられたら報酬のフードを与えるといった練習などが含まれる。攻撃行動にもさまざまな種類があり原因も異なるものがあるため，それぞれの種類に合った対処を行う必要がある。次に環境修正法とは，動物に直接働きかけるのではなく，環境に改変を加えることにより問題行動を起こしにくくすることであり，例えば家中を自由に行動させている犬が来客に吠えて飛びかかるのが問題であれば，犬が玄関に行かれないように工夫することでこのような問題は起こりにくくなる。また，留守番中に問題行動を起こす犬であれば，飼い主の外出スケジュールを変えることも環境修正と言えるだろう。

問題行動の原因に疾患があればその治療のために，あるいは抗不安薬を投与して動物の過剰な恐怖反応を抑えるために，薬物を利用することもできる。

例えば犬に多く見られる分離不安でも，症状が重ければ抗不安薬を投与し，犬が落ち着いた状態で分離に慣らす練習をした方が効果的な場合もある。さらに，ホルモンの行動への影響を調節するために不妊手術を行ったり，攻撃行動による被害を小さくするために犬歯を切断するといった外科的処置を行うこともある。ただし薬物療法や外科的処置だけでは根本的な問題解決にはなりにくいため，これらの方法を適切に組み合わせて対処するべきである。

5. 日本における伴侶動物の問題行動への認識

　日本では伴侶動物の問題行動に悩む飼い主が専門家に相談することは，それほど一般的とは言えない。日本では相談の対価を支払うという文化がそれほど定着していないということに加え，相談相手としてトレーナー，カウンセラー，獣医師などさまざまな資格を持った専門家がいて，誰がどの程度信頼がおけるかということを見極めるのが難しいということも関係あるかもしれない。

　そもそも国内外の獣医療や動物福祉に関わる専門家の間で，問題行動が特に取りざたされるようになったきっかけとしては，欧米では多くの犬や猫の問題行動が原因で飼育継続が困難になり，アニマルシェルターなどに引き取られ，そういった動物たちは新たな飼い主への譲渡も難しいことから殺処分されることが多いことが，1980年代頃から問題視されるようになったことがある。殺処分される犬や猫の頭数が非常に多く，問題行動は死因の上位に挙がるという状況であったことから，獣医師の関心も高まってきた。日本の専門家の間で問題行動とその対処への関心が高まってきたのはおそらく1990年代後半からであり，海外で研鑽を積んだ獣医師やトレーナーが，問題行動を抱えた犬や猫とその飼い主を対象としてカウンセリングを行うことも少しずつ広まり，現在に至っている。

　しかし最初に述べたように，犬や猫の問題行動は，飼い主が問題だと思うかどうか，そして直したいと思うかどうかということに対応が左右される。それはつまり，問題行動の予防法や治療法に関しても，ただ単に欧米でのやり方をまねするのではなく，日本人のものの考え方や生活習慣に合わせる必要があるということである。さらに人気があって多く飼われる品種や，動物に関する法律や，アニマルシェルターや動物愛護団体の影響といった社会状況なども他国とは異なって

いるので，国内での対処を充実させていくためには今後さらなる研究が必要である。

　また，問題行動も他の病気と同じように，治療よりも予防，そして早期発見が大切である。そのために近年各地の動物病院やペットショップでは，「パピーパーティ」や「パピークラス」といった子犬向けのイベントが盛んに開かれるようになってきた。これらは概ね4，5ヶ月齢までの若齢の子犬とその飼い主を対象として，子犬には同種他個体や人や物といったさまざまな刺激に十分に馴らし，楽しい体験をさせることにより社会性を身に付けさせ，飼い主には飼い方について専門家に相談する機会を提供するのに効果的な方法であるが，適正な実施方法についてもまだ研究の余地がある。

　現在日本では，飼い主のいない犬や猫は地方自治体が引き取り，年間約20万頭が殺処分されている。平成17年の動物愛護法の改正に伴い策定された国の動物愛護管理基本指針に基づき，引き取り数の半減や譲渡の推進に向けた10ヶ年計画が進められている。一方で，衰えることのないペット人気により，問題行動を抱える犬や猫に悩む飼い主もさらに増える可能性がある。飼いきれなくなって犬や猫を手放す飼い主が増えないようにするためにも，問題行動の予防や対処を進めていく基盤となる科学的な情報や，実際の支援システムをさらに充実させていくことが必要だろう。

＜参考文献＞
1) 動物行動医学　イヌとネコの問題行動治療指針　Karen. L. Overall 著　森裕司監修　チクサン出版社（2003）
2) 臨床獣医師のためのイヌとネコの問題行動治療マニュアル　武内ゆかり・森裕司著　ファームプレス（2001）
3) 犬と猫の行動学　基礎から臨床へ　内田佳子・菊水健史著　学窓社（2008）
4) 犬と猫の行動学マニュアル　―問題行動の診断と治療―　D. Horwitz, D. Mills, S. Heath 編著　工亜紀訳　学窓社（2007）
5) 犬と猫の行動学　C・ソーン編著　山崎恵子訳　インターズー（1997）
6) 最新　犬の問題行動診療ガイドブック　荒田明香・渡辺格・藤原良巳著　誠文堂新光社（2011）

第4節　ペットロスって何？

鷲巣月美

　ここ数年，週刊誌や新聞でもたびたび取り上げられている"ペットロス"。決して適切な表現ではないのだが，誰にも憶えやすく，簡単な言い回しであるため，言葉の是非が問われる前に一人歩きをしてしまった。"ペットロス症候群"などという差別用語と取れるような使い方まで登場した。本来は"絆を失って"とでも言えばいいのだろうか。要は，愛する動物を失った家族の"悲しいよーっ"であり，人間として極めて当たり前の気持ちを表す言葉である。

1. ペットロスと社会的なサポート

1) ペットロスとは？

　ペットロスはそのまま訳せば，ペットを失うことなのだが，実際には愛する動物を失った家族の悲しみを表現する言葉として使われている。ここで1つ強調しておきたいのは，ペットロスは愛する動物を失った人の正常な悲しみの反応であり，決して特別なことではないということだ。極めてまれに，専門家の助けが必要になるケースもあるが，このような場合，バックグラウンドにペットロス以外の問題があることが多いと思われる。

　最愛のペットを亡くした人の中には，こんなに悲しいのは自分だけではないか，こんなにいつまでも悲しみを引きずっている自分は異常なのではないかと思ってしまう人がいる。また，一般社会の受けとめ方として，"たかがペットが死んだくらいで"という風潮がまだまだ根強く残っている。周囲の人たちの心ない一言でひどく傷ついている人たちがいることも事実だ。何年間もともに暮らした動物が亡くなれば，悲しいのは当たり前であり，自分の親が亡くなった

時よりもずっと悲しいという人もいる。しかしながら，ペットを失ったことで一時期ひどく落ち込んだとしても，そのダメージから正常なプロセスで回復していくのであれば全く問題はない。ペットロスは極めて正常な反応なのである。

2）コンパニオン（伴侶）としての動物

　なぜ，近年これほどまでに人と動物の絆そしてペットロスといったことが注目されるようになったのだろうか？動物との絆が深まる背景として，社会において人間が感じる孤独感や分離感を充足し，ストレスを解消し，また安らぎや仲間を求める気持ちを満たしてくれる対象としてのコンパニオンアニマルがあったのではないだろうか？そして，実際に多くの人々が動物との良い関係を持つことにより身体的および精神的な恩恵を得ていることが証明されている。

　日本において，広く一般家庭で犬がペットとして飼育されるようになったのは，昭和40年代後半に入り，人々の生活に経済的なゆとりが生まれ，多くの人々が中流意識を持つようになってからと考えられる。もちろんもっと早い時期から一部の人たちによってペットとしての犬が飼われ，ドッグショーも開かれていた。年代を経るに従い日本の家族形態は変化し，核家族化そして少子化が進んだ。最近では単家族と呼ばれる一人住まいの人が増加している。生活の基盤である家族形態の変化は家庭内における動物の立場を変化させる1つの要因であったと考えられる。番犬としてではなく，家族の一員として迎え入れられた犬たちは家の外の犬小屋ではなく，家族と同じ屋根の下で生活するようになった。こうして犬たちは私たちと寝起きをともにし，外出から戻ればいつもにこにこ顔で迎えてくれ，誰にも言えないことを文句も言わず黙って聞いてくれ，寂しい時や悲しい時には常に傍らに寄り添っていてくれる，そんな存在になっているのである。ある人にとってはたった1人の家族であり，周囲の誰よりも大切な存在となっていることもある。

　獣医学の発達およびともに暮らす人々の意識の向上に伴い，感染症に対する予防が進み，動物の栄養状態も良くなった。このため，動物の寿命は確実に長くなり，1頭の動物とともに暮らせる時間が長くなった。その分，絆も強くなったのではないだろうか。しかし，動物の平均寿命が短かった時代に比べ，慢性疾患や腫瘍などの発生率が高くなっており，家族にとっては厳しい決断を迫られる

状況が生じることも多くなっている。

これらのことを背景として，動物たちはますます人々にとって身近な存在になってきた。当然，これらの動物を失った時，深い悲しみを経験する人々も多くなったと考えられる。

3) ペットロスに関連した社会的なサポート

動物医療先進国であるアメリカやイギリスでは，ここ30年程の間に，人と動物の絆そして愛する動物を失うことによる深い悲しみに関連するさまざまな書物が出版されたり，ペットロスサポートグループが組織されたりした。

現在，アメリカ，カナダそしてイギリスのほとんどの獣医科大学において，ペットロスに関する講義や附属動物病院での研修を行っている。また，ペットロスホットラインを開設し，一定のトレーニングを受けた獣医学部の学生が先生の指導のもと，ボランティアでペットを亡くした家族からの電話を受けている大学もある。これらのプログラムは動物医療においては，診療対象である動物のケアを行うだけでなくその家族の心のケアが非常に大切であるという考えに基づいてスタートしたものである。大学の附属病院でもプログラムがスタートするまでは，担当教員である獣医師が個別に対応していたが，現在では心理学のバックグラウンドを持つ人たちが中心となり，獣医師，動物看護士，学生とともに人間サイドの動物医療を提供している。

大学以外でも，多数の専門医がいるような大病院では専任のカウンセラーが死期の近付いている動物の家族や動物を亡くしたばかりの家族のケアをしている。また，開業獣医師の場合，獣医師会で心理カウンセラーを雇っているところもある。カウンセラーはペットを亡くした人たちと個別に話をするだけでなく，グループカウンセリングもしている。このような場で自分と同じ思いをしている人が他にも大勢いるということを知り，その人たちの話を聞くことが，悲しみを乗り越えるエネルギーにもなるようだ。このようなサポートシステムがあると聞いて多くの家族が安心し，救われているが，実際にカウンセラーの助けを求めに来る人は全体の3割程度であると報告されている。

1981年に設立され，ワシントン州に本部を持つペットパートナーズ（旧デルタ協会）は，愛する動物が亡くなった時の家族に対するケアに関して多くの活動を

行っており，この分野ではアメリカにおいて中心的な役割を果たしているものと思われる。また，アメリカ各地にある SPCA（動物虐待防止協会）も活動の一貫としてペットロスサポートプログラムを設けているところがある。イギリスでは Society for Companion Animal Studies(SCAS)がペットロスに関する小冊子を発行したり，ボランティアによるホットラインを開設している。日本におけるペットロスに対する社会的なサポートはまだ歴史が浅く，獣医科大学のカリキュラムに正式に取り入れられてもいないのが現状である。

2. ペットロス時に見られる心や体の変化と立ち直りのプロセス

1) ペットロス時に見られる心と体の変化

ペットロス時に経験する可能性のある心と体の変化，そしてペットロスからの一般的な回復過程は以下のようになる。ここで示すことは，あくまでも一般論であり，実際には個々のケースにより悲しみの程度や持続期間は異なる。しかしながら，"ああ，こんな風に感じるのは当たり前なのだ"，"こんなにいつまでも悲しくて，涙が出るのは当たり前なのだ"ということがわかっていれば，自分に対して悲しむことを許すことができ，少しは気持ちが楽になるのではないかと思う。また，ともに暮らしたペットを亡くして悲しんでいる人たちを優しく受け入れられるようになるのではないだろうか。

愛するペットを亡くした時に経験する可能性のあることをいくつか挙げてみる。もちろん，ここに挙げるすべてのことを一人一人が必ず経験するわけではないし，その程度や持続期間にも差が見られるが，どれも正常な反応であり，通常，時間の経過とともに和らいでいく。多くの変化が見られるが，大まかには，(1)行動，(2)身体的感覚，(3)感情，(4)認識・知的活動に関連したものに分けることができる。

(1) 行　動

泣く，睡眠障害，食欲不振，過食，亡くなった動物の夢を見る，亡くなった動物との思い出の場所を訪ねる(例えば，公園やいつもの散歩コースを歩いたりする)，亡くなった動物の遺品を身に付けたり，持ち歩く(遺骨や灰の一部を持ち歩くこともある，しかし逆に亡くなった動物を思い出させるものや場所を回避

することもある），極端に活動的になる（忙しいと気分が落ち着く），ぼーっとする（正常な思考能力がないような無意味な行動をとったり，何もせず空を見つめぼーっとしたりすることがある），ため息（これは身体的感覚で見られる息切れと密接な関係があるとされている）。

(2) **身体的感覚**

胃の痛み，悪心，息切れ・息苦しさ，口渇感，体の痛み，関節のこわばり，筋肉のこりや筋力低下，疲れやすい。（私の患者さんの中に軽度の難聴になった方，尋麻疹が出た方がいらしたが，どちらも数週間で回復された）

(3) **感　情**

孤独感，怒り（時として，怒りは獣医師や動物病院のスタッフ，健康な動物と暮らしている人々，さらには動物の命を救ってくれなかった神様に対して向けられることもあるが，自分自身に対する怒りが生じることもある），罪の意識・自責（自分の管理が悪かったのではないか，もっと早く気が付いていれば，もっと大切にしておけばよかったなど），沈鬱，感情鈍麻（外界の刺激に対しての感受性が低下する，あるいは感じなくなることもある），解放感（動物が苦しんでいた場合など，あーやっと楽になれたという気持ちになる場合がある）自尊心の低下，困惑，絶望感。

(4) **認識・知的活動**

否定（動物の死を現実のものとして受け入れることができず，悪い夢でも見ているような錯覚に陥る），混乱（識別，判断能力が低下し，人の言っていることを正確に判断できないことがある），集中力の欠如，亡くなった動物に関連した幻覚・幻聴，実際にまだ動物が生きているように感じる，亡くなった動物のことばかり考える，亡くなった動物の死んだ時のことを考えたり話したりする，時間が長く感じられる，日常生活における活力低下，人に会いたくない（家に引きこもる）。

ここで挙げたこと以外にも，魂の存在や死後の世界について考えたり，動物の死に関して意義ある解釈をしようとしたりすることもある。さまざまな反応が多様な組み合わせで認められるが，基本的な生活に支障を来すようなものは比較的早期に改善傾向が見られる。しかしながら，2ヶ月以上経過しても状態が

変化しないような場合には，専門家に相談する必要がある。

2) ペットロスからの立ち直りのプロセス

次にペットロスから立ち直っていくプロセスについて少しお話しする。通常，このプロセスは次の4段階に分けられ，各段階を通過することにより，悲しみから徐々に解放されていく。

　　第1段階　ショック，事実の拒否
　　第2段階　極度の悲しみ，絶望
　　第3段階　回復期
　　第4段階　正常な生活への復帰

少し大げさに見えるかもしれないが，難しく考える必要はない。今までの自分の経験を思い出してみれば，"なるほど"と納得できる内容だと思う。悲しみから回復するためには，それぞれの段階を通過しなければならず，各段階ごとに乗り越えなければならないことがある。

第1段階では動物の死を現実のものとして受け入れるということが最も大切なことである。特に事故などのように死を全く予期していなかった場合は，"まさか，そんな"という気持ちが強く，死を素直に受け入れることがとても難しく，また，受け入れるまでに時間がかかる。

第2段階では悲しみの気持ちを素直に表現する必要がある。この段階で自分の気持ちを十分に開放することができないと立ち直りがうまくいかなくなることがある。周囲の人たちの理解がなかったり，自分はおかしいのではないかと思ったりすると，感情を押し殺してしまったり，自分の気持ちを素直に表現することをやめてしまうことがあるので要注意である。

第3段階の回復期では，動物のいない環境に適応することが課題となる。実際に動物がいなくなるまでは，その動物が果たしていた役割や自分にとってどのような存在であったのかということが十分に理解されていないのが普通である。動物がいなくなって，ぽっかりと大きな穴が開いてしまった生活を立て直していかなければならない。例えば，いつもの散歩コースを1人で歩けるように

なることがこの段階の目標である。散歩の途中で毎日出会う仲間から"あれっ，今日は1人ですか？"とか"しばらくお見かけしませんでしたね"と声をかけられるかもしれない。その時は無理のない範囲で，動物を亡くしたことを話していただきたい。少しずつ動物のいない生活を現実のものとして受け入れていくことである。

　第4段階は一歩進んで，亡くなった動物の居場所を自分の中につくることができるようになることである。つまり，亡くなった動物のことが思い出という形になっていく。この時期になると，新しい動物と暮らすことに対する罪悪感はほとんどなくなり，"次の子と一緒に暮らしてみようかな"と思えるようになる。もちろん，亡くなった動物のことを忘れるわけではない。

　ここに示した4つの段階はそれぞれを明確に分けることはできない。オーバーラップしたり，少し逆戻りしたりしながら回復していく。

　悲しみの深さとその持続期間は，動物の年齢，その動物とのつながりの強さ，一緒に暮らした期間，予期せぬ死であったのか，ある程度覚悟していたのか，安楽死であったのかなどさまざまな要因により影響を受ける。また，状況が似通っていたとしても，考え方や感じ方は各人異なるため，悲しみの深さや持続期間は人それぞれである。比較的早い時期に次の動物との生活が始められる人もいれば，1年以上経ってもペットの死を過去のこととして捉えられない人もいる。後者に属する人々も，時間はかかるが徐々に回復し，愛する動物が"死んだ"という事実よりも"生きた"という事実の方が大切であると思えるようになる。つまり，その動物と暮らしたことを良い思い出とすることができるようになる。

　ここでは動物が亡くなった後のことについてお話ししたが，愛する動物が亡くなった時，"この子と一緒に生活してよかった"と思えるように，"今"を大切に，悔いなく過ごしてほしいと思う。

3. 医療に関して後悔しないために

　獣医師の立場から，ペットロスに関して家族の方々に是非知っておいていただきたいこととターミナルケアについて述べる。ここで最も大切なことは，信頼

できる獣医師を見つけることである。つまり，病気，検査，診断，治療，予後について十分納得のいく説明をしてくれる獣医師の所へ動物を連れていくことである。獣医師との間にしっかりとした信頼関係が築かれていなかった場合には，ペットロスからの回復が非常に難しくなることがある。動物が亡くなった後で，獣医師や動物病院を責め続けたり，いつまでも自分自身を責めたり，後悔したりすることがないようにしてほしい。

1）家族は動物の代弁者

動物病院での診療をスムースにそして充実したものにするためのポイントをいくつかお示しする。動物を病院に連れていった時に，獣医師あるいは看護士の人と話をするのは家族であり，家族は動物の代弁者である。動物はすべてを家族に委ねている。したがって，できるだけ正確な情報を提供していただきたい。時には家族にとってあまり都合の良くない内容もあるかもしれないが，隠してもいいことはない。

また，すでに他の病院で何らかの検査や治療を受けているのであれば，検査結果や治療内容についても説明できるようにしてほしい。薬によってはこれから行う検査結果に大きな影響を及ぼすものもある。

2）診断および治療方針の決定

診断を進めるためにいろいろな検査が必要になるが，何のためにどのような検査をするのかを理解しておいてほしい。通常，検査を行う前に獣医師から説明があるはずだが，よくわからない場合には費用の点も含めはっきりとさせておこう。知らない間にいろいろな検査が行われ，高額な検査料を請求されたと不平を言わなくて済むようにしていただきたい。

検査を行えば，必ず結果が出る。獣医師は検査結果をもとに診断を進め，治療方針を決定する。検査結果，診断，そしてそれに基づく治療について，家族はきちんとした説明を受ける権利があり，正しく理解して動物と家族にとって最も良い選択をする義務がある。病院で内服薬をもらったけれど，一体何の薬なのかわからないというのでは困る。何のためにどのような薬が出されているのか，必ず確認してほしい。

3) インフォームド・コンセント

　最近，インフォームドコンセントという言葉をよく耳にする。インフォームド・コンセントとは何だろうか。医学領域では，"患者に対する十分な情報提供と患者による今後の治療法の選択"となるが，動物医療においては患者が家族に置き換えられるだけで，内容は全く同じだ。家族に対する十分な情報提供，つまり，正しい診断に基づいた病気の説明と治療方法に関する情報提供と家族による今後の治療法の選択である。この時，大切なことは家族も自分たちの考えを獣医師に伝えるということである。どこまでの治療を望むのか，治療のためにどれだけの時間的，経済的負担に耐えられるのか，病気の動物を介護する人手を確保できるのかなど，つまり，同じ病気で病状も全く同じ動物がいたとしても，最良の選択肢は家族ごとに異なるということだ。

　動物医療においては，家族との合意が得られてすべてが始まる。十分納得できるまで，獣医師に質問してほしい。この時点で疑問や説明不足に対する不満があったりすると，動物が亡くなった時に自分を責めたり，病院関係者を恨んだりすることになる。家族は十分説明を受ける権利があり，それに従って適切な判断をする義務がある。

　人の医療の場合には"告知"，つまり患者に癌であることを伝えるか否かということが常に問題になるようだが，動物の医療の場合には，家族に検査の結果および診断を伝えるという作業からすべてがスタートする。家族と獣医師の間のコミュニケーションがとても大切な理由はここにあるのだ。

4) ターミナルケア

　積極的な治療を行うことができない状態になった時，つまり，病気や外傷など原因は何であれ治療により動物の状態を今以上に改善させることができなくなった時，家族はどうしたらいいのだろうか。病気そのものを治療することはできなくても，できるだけその動物のクオリティー・オブ・ライフを維持，向上させるような治療を行うことは可能な場合がある。例えば，末期の癌で外科的に腫瘍を摘出したり，癌を縮小させるような治療ができない場合でも，痛みを緩和したり，体力を付けるために栄養価の高いものを食べさせたりすることはできる。

ターミナルケアをどこで行うかという問題については，動物の場合，多くの選択肢があるわけではない。家庭で面倒を見るか動物病院に依頼するかのどちらかであろう。どうしても世話ができない場合を除き，ターミナルケアは家庭で行う方が良いと思う。しかしながら，もちろん動物の状態によっては入院させざるを得ないこともある。どのような形にせよ，精一杯看病して悔いのないようにすることが大切である。動物が亡くなってから，あーしてあげればよかった，こうしていればよかったということがないようにしていただきたい。そのためには，自分はこうしたいということを獣医師にきちっと伝える必要がある。

　ここでお話ししたことはどれも極めて当たり前のことであるが，実際にはあまり実行されていないのではないだろうか。これは皆さん自身の健康管理に対する姿勢にも通じると思う。どうぞ，より良い動物医療を受けるために賢い家族になっていただきたい。これらのことは動物の最期の時が近い場合には特に重要で，ペットロスからの立ち直りにも大きく影響する。

　治療方針を決定するに当たっては，家族である自分と動物にとって最良の方法が選択されなければならない。そのためには，家族としてどこまでの治療を望むのかということを明確にしておく必要がある。最良の方法はケースごとに異なるものであり，それぞれの家族の考え方と動物のクオリティー・オブ・ライフを大切にしながら，獣医師のアドバイスをもとに最終的な結論を出すべきであろう。

第5節　犬と猫の食事と健康

時田昇臣

1. 犬と猫の栄養学

　日本で飼育されている犬の頭数は1,200万頭，猫は960万頭と推定され，種類もそれぞれ多岐に及んでいる。そして現在では，犬や猫は家族の一員として位置付けられるようになり，健康を維持して長寿を全うすることが望まれるようになってきた。また，犬や猫の栄養学分野からの生理的な特徴が解明されるようになり，両者の相違点についても明らかになってきた。さらに，肥満，糖尿病，結石などの臨床疾病に対する関心も高まっている。
　本章では犬や猫を飼育する上で必要となる栄養学の知識を整理し，解説した。

2. 栄養と栄養素

　動物の栄養とは，健全な生活を維持し，繁殖によって子孫を生み出してゆく生命活動全体を意味している。また，栄養素とはこの生命活動に必要な物質のことである。栄養素は通常，五大栄養素と呼ばれ，タンパク質，脂質，炭水化物，ビタミン，ミネラルである。これらの栄養素はフードとして摂取され，消化管内でさまざまな消化酵素により分解され，体内へと吸収される。消化吸収された栄養物質は，体成分の構成あるいは体温維持などのエネルギーの供給源となる。

1) **タンパク質，脂質，炭水化物の働き**

　この3つの栄養素は，炭素，水素および酸素という元素から構成されている点では共通している。しかし，その割合がそれぞれで異なっていることやタンパク質はさらにイオウや窒素という元素を含んでいる。また，体内での分布を

みると，タンパク質は主に，体組織（筋肉），酵素およびホルモンとして体内に存在している。脂質は皮下や腹腔内に脂肪組織として蓄えられる。炭水化物はグリコーゲンとして肝臓や筋肉に蓄えられ，グルコースとして血液中に存在している。さらに，これらの栄養素がエネルギー源として作用する場合には，タンパク質と炭水化物ではおよそ4kcal/g,脂質ではおよそ9kcal/gの熱量に相当する。

2) タンパク質

タンパク質はアミノ酸から構成されている。アミノ酸は上記の5種類の元素がいろいろな割合や構造で結合した有機化合物である。これらのアミノ酸は犬や猫の生命活動に必要であるが，その中には体内で合成できるものと合成できないものがある。このため体内で合成できないアミノ酸は体外からフードとして取り入れなければならない。このように体外から取り入れなければならないアミノ酸は必須アミノ酸あるいは不可欠アミノ酸と呼ばれる。体内で合成できるアミノ酸はフードとして摂取する必要がなく，非必須アミノ酸または可欠アミノ酸と呼ばれる。必須アミノ酸は犬と猫では異なっており，犬では成長時期によっても違いがある（表3.2）。すなわち，成犬の必須アミノ酸は9種類(幼犬では10種類)，猫では10種類が知られている。必須アミノ酸について成犬と猫での違いはアルギニンである。フードとして摂取されたタンパク質は体組織の構成成分として体内にとどまるが，一定期間経過すると新しいタンパク質によって更新される。その際，従前のタンパク質はアンモニアを経て尿素となり，尿として体外に排泄される。タンパク質の代謝更新は絶えず行われており，この代謝過程でアンモニアから尿素への反応を律則する物質として猫ではアルギニンが作用している。もちろん，このアルギニンは猫自身が体内でつくり

表3.2 動物の必須アミノ酸とタウリンの必要性

アミノ酸名	イヌ	ネコ	ヒト	ラット
グリシン	×	×	×	×
アルギニン	△	○	×	△
ヒスチジン	○	○	△	○
バリン	○	○	○	○
ロイシン	○	○	○	○
イソロイシン	○	○	○	○
リジン	○	○	○	○
メチオニン	○	○	○	○
フェニルアラニン	○	○	○	○
スレオニン	○	○	○	○
トリプトファン	○	○	○	○
タウリン	×	○	×	×

注）○:必須, △:成長期のみ必須, ×:非必須

出すことができないので，フードに由来したアルギニンに依存している。このため猫のフード中にアルギニンが不足していると，体タンパク質の分解によって生じたアンモニアは尿素へと分解されなくなる。その結果，アンモニアの血中濃度が高まり，アンモニア血症となる。

　アミノ酸の代謝に関連して，猫ではタウリンの欠乏による疾病も知られている。タウリンは胆汁酸を構成するタウロコール酸の合成にも必要な素材である。タウリンはメチオニンやシステイン（イオウを含むアミノ酸）から合成されるが，猫ではこのような代謝経路がない。このためタウリンはアルギニンと同じように，フードから直接供給されなければならない。タウリンが欠乏すると，網膜細胞の形成が不完全となり，光線に対する明暗反応に対応できなくなり，やがて失明することになる。

3) 脂　質

　脂質は，エネルギー源，脂溶性ビタミンの運搬者，そして必須脂肪酸の供給源として重要である。エネルギー源としてはタンパク質や炭水化物に比べて単位重量当たりの燃焼熱量がおよそ2倍程度ある。このためフード設計においては，体積（フードのかさ）が少なくても多量のエネルギーを提供することができる食材となる。また，体内でエネルギーを貯蔵する場合には，体積が少なくてもタンパク質や炭水化物に比べてエネルギーの蓄積効率は高くなる。

　フード中の脂質が消化されると，脂肪酸とグリセロールに分解される。脂肪酸には多くの種類があるが，アミノ酸の場合と同じように，体内で合成できるものとできないものがある。体内で合成できないものはフードから直接摂取しなければならず，必須脂肪酸と呼ばれている。また，脂肪酸は炭素原子の結合形態の違いから，飽和脂肪酸と不飽和脂肪酸に区別されている。飽和脂肪酸は，通常，炭素数が2個から30個程度で構成されているものが多い。その中でも栄養上，重要と考えられる脂肪酸は炭素原子が12個から22個のものである。代表的な飽和脂肪酸としては，ミリスチン酸，パルミチン酸，ステアリン酸，アラキジン酸などがある。

　一方，不飽和脂肪酸とは，炭素原子どうしの結合の中に二重結合と呼ばれる結合様式が1ヶ所以上ある脂肪酸である。不飽和脂肪酸を構成する炭素原子数が

飽和脂肪酸と同じであっても，この二重結合の有無によって生理的な作用は異なっている。代表的な不飽和脂肪酸としては，オレイン酸(18:1, ω9)，リノール酸(18:2, ω6)，α-リノレン酸(18:3, ω3)，γ-リノレン酸(18:3, ω6)，アラキドン酸(20:4, ω6)，エイコサペンタエン酸(EPA)(20:5, ω3)，ドコサヘキサエン酸(DHA)(22:6, ω3)などがある。

動物ではオレイン酸(ω9系)からリノール酸(ω6系)への転換，あるいはリノール酸(ω6系)からα-リノレン酸(ω3系)への転換ができないことから，リノール酸，リノレン酸，アラキドン酸の3種が必須脂肪酸と考えられている。しかし，犬ではリノール酸があればリノレン酸とアラキドン酸は合成できるが，猫ではアラキドン酸合成経路の酵素活性が低いためリノール酸とアラキドン酸を食事から摂取しなければならない。

4) 炭水化物

炭水化物は体内ではグリコーゲンやグルコースとして存在する。また，エネルギー源として重要な栄養素であり，体温維持や筋肉運動に必要なエネルギー源の大半は炭水化物から供給される。過剰に摂取された炭水化物は脂肪(中性脂肪，トリグリセリド)として体内に蓄積される。

犬や猫の炭水化物の給源としては，穀類やイモ類などの植物質に限られることが多い。これは畜肉(食肉)にはグルコースがほとんど含まれていないためである。植物は光合成によって炭水化物をつくり出すが，基本的には植物の構造をつくる炭水化物と植物自身が貯蔵するための炭水化物との2つに分けられる。前者は構造性炭水化物，後者は貯蔵性炭水化物と呼ばれる。構造性炭水化物は，茎，葉，根などの植物の構造を支持するもので，主要な化学成分としてはセルロースやリグニンである。これらの物質は犬や猫などの単胃動物は消化することができない。一方，植物がつくり出す貯蔵性炭水化物にはさまざまな種類があるが，犬や猫の炭水化物給源として利用されるものは，主にデンプンである。このデンプンは犬や猫でも，生のままでは消化することができない。このためデンプンはあらかじめ煮る，蒸す，焼く，揚げるなどの加熱調理することが必要である。この加熱作用により，デンプンはα(アルファ)型となり，単胃動物に対して高い消化性が得られるようになる。

精製したデンプンや脱穀された穀類を用いる場合を除いては，植物材料を使って炭水化物の給源とする際には，構造性炭水化物と貯蔵性炭水化物が混在することは避けられない。セルロースは基本的に消化できないが，消化管内の絨毛を発達させたり，整腸作用をもたらすなどの効果がある。このため通常の市販フードの成分組成をみると，構造性炭水化物であるセルロース(食物繊維と表示される)が3〜5％程度含まれているものがある。

5) **ビタミン**

ビタミンはタンパク質，脂質，炭水化物に比べて，量的な必要量はごくわずかであるが，代謝調節には極めて重要な機能があり，現在では水溶性ビタミンと脂溶性ビタミンに大別して扱われ，名称は生理作用を持つ物質名あるいは化学名で示される。脂溶性ビタミンはA，D，E，Kの4種類がある。また，水溶性ビタミンには，B群ビタミンやビタミンC(アスコルビン酸)などがある。本章では，ビタミンの種類や生理作用については詳述しないので，他の成書を参照願いたい。

ビタミンについて，犬と猫を比較すると，ビタミンCはどちらも体内でグルコースから合成することができる。このため人間やモルモットでは必須のビタミンであるビタミンCは，フードとして供給する必要はない。また，緑黄色野菜に多く含まれているベータカロチン(植物色素)はビタミンAの前駆体であり，犬では適度の日光浴(紫外線照射)によりビタミンAに転換することができる。しかし，猫では，このベータカロチンをビタミンAに転換することができない。

6) **ミネラル**

ミネラルは，ビタミンと同様に微量でも特異的な生理作用をもたらす栄養素であり，体液バランスの維持，神経伝達，筋肉の収縮などにもミネラルが関与している。また，特有の欠乏症あるいは過剰症を示すことでも類似している。カルシウムやリンの大部分は，骨と歯に局在している。本章では，ミネラルの種類や生理作用については詳述しないので，他の成書を参照願いたい。

犬や猫では，体重当たりのミネラル必要量は人間に比べて，数倍から数十倍高い。ミネラルの中でも必要量の多いものは，カルシウムとリンである。このため飼育者の中には，食材としてカルシウムやリンを多量に与える場合がある。

しかしその結果は，意図したこととは反対に，骨形成が不全となる骨軟症を引き起こす危険性が高くなる。フードのカルシウムとリンを有効に機能させるためには両者の比率を1:0.8程度に設定する必要がある。また，健全な骨形成を図るためにはビタミンDも関与している。リンの過剰給与は他のミネラルの吸収を阻害したり，骨からのカルシウム放出を増加させる。放出されたカルシウムは腎臓を経て，尿として排泄されるが，カルシウムの一部は腎臓内に沈着し，腎臓結石を引き起こす原因となる。同様にマグネシウムを過剰に摂取させた場合には，下痢や尿石症を発生させる危険性がある。

3. フードエネルギーのゆくえ

　ものを燃やすと煙や炎を出して燃え上がる。これは燃焼と呼ばれ，燃えた物質は熱へと姿を変える。動物の体内で起こる燃焼は，ものが燃える時のような燃焼ではではなく，酸化によって引き起こされる。また，酸化によって発生する熱エネルギーの量は燃焼させた場合と同じである。フードとして摂取された物質は消化吸収によって体内に取り入れられ，体組織の構成や生理的機能の維持に使われる。その際に体内で酸化され，熱発生にも使われる。発生した熱の大部分は体熱(体温)の維持と運動のエネルギー(筋肉の収縮運動)に使われる。

　犬や猫など動物の場合では，フードから供給されるエネルギーをすべて利用できるわけではない。第一にフードを摂取した後，しばらくすると不消化物が糞として排泄される。このことはフードが持っている熱エネルギーの一部が糞として失われてしまうことを意味している。そのためフード自体に含まれているエネルギーを総エネルギーと呼び，糞として排泄されたエネルギーを差し引いたエネルギーは可消化エネルギーとして区別される。可消化エネルギーは動物の体内に取り入れられたエネルギーと考えられ，生命維持に必要なエネルギーやさまざまな生理的作用に利用される。さらに，このような生理作用の結果，可消化エネルギーの一部は尿として体外に排泄される。したがって，可消化エネルギーもすべて利用できるわけではなく，エネルギーの一部は尿として失われることになる。このため可消化エネルギーから尿として失われたエネルギーを差し引いたものは代謝エネルギーと呼ばれる。

以上のように，フードに含まれるエネルギーは，総エネルギー，可消化エネルギーおよび代謝エネルギーにそれぞれ区別することができる。また，犬や猫に必要なエネルギーは代謝エネルギーを指標として表すことができれば，理論的な方法であると考えられる。

一方，代謝エネルギーを求めるためには，実際に犬や猫を飼育してフードを給与し，糞や尿を回収してエネルギー含量を測定しなければならない。しかし，実際にはさまざまなフードや動物の品種，成長段階などに合わせてそれぞれの代謝エネルギーを測定することは，労力，設備および費用などの点から相当困難である。犬や猫では1日に必要なエネルギーは基礎代謝量と活動（運動）に必要なエネルギーとして捉えられる。基礎代謝量は安静時の熱発生量を意味しており，一般的に体重(kg)の0.75乗という指数計算によって求められる。犬や猫の場合では，この指数として0.86を用いたり，さらには一定の係数を乗じたり，加算する方法が用いられている。また，活動（運動）量をエネルギーとして表す場合，犬や猫の事例はほとんどない。そのため現状では，定期的に動物の体重を測定することが推奨される。実際には，1週間から1ヶ月に1回程度，体重を測定し，増減が小さければエネルギーの供給量には過不足がないと判断される。雌では，妊娠や授乳によってエネルギー要求量は増加するので，体重から算定される基礎代謝量や同腹子の数，乳成分と泌乳量に基づいてエネルギー供給量を高めることになる（表3.3）。

表3.3 乳成分の比較（単位，%）

項　目	イヌ	ネコ	ウシ	ヤギ
水　分	77.2	81.5	81.6	87.0
脂　肪	9.0	5.1	3.8	4.5
乳　糖	3.1	6.9	4.8	4.0
タンパク質	8.0	8.1	3.3	3.3
カルシウム	0.3	0.0	0.1	0.1
リ　ン	0.2	0.1	0.1	0.1
全固形分	21.0	18.5	12.6	13.0
エネルギー*	135.0	97.0	61.0	65.0

*代謝エネルギー，kcal/100g

フードに由来する代謝エネルギーは，人のエネルギー代謝で使われているエネルギー換算係数(アトウォーター係数)を用いて算定される場合が多い。この係数は栄養素 1g 当たりの生理的熱量について，タンパク質 4kcal，脂質 9kcal，糖質 4kcal としている。このためフードの栄養素を分析し，その値にエネルギー換算係数を乗じることによって代謝エネルギーを算定している。また，犬や猫ではタンパク質の生理的熱量が人の場合より小さいとしてフードメーカーによってはタンパク質の換算係数を 3.5kcal として計算する場合もある。このようにフードの代謝エネルギー量が算定されれば，その数値で動物に必要な 1 日の代謝エネルギー量を除すれば，フードの給与量を求めることができる。

4. ペットフードの特徴

犬や猫を対象とした市販フードにはさまざまな種類があり，日本製だけではなく，国外の製品も多数含まれている。フードの形態は原材料の特性を活かしたもの(水分が多く，ウェットタイプと呼ばれる缶詰)や圧搾加熱して乾燥させたもの(ドライタイプと呼ばれる固形状の製品)あるいは中間的な製品(セミモイストタイプ)などがある。ドライタイプの形状は丸型粒状のものや星型など多くの種類があり，色調もさまざまである。原材料には畜肉，穀類，イモ類，野菜が使われている。用途としては動物の成長段階に合わせて幼犬(猫)，成犬(猫)，老齢犬(猫)，肥満犬(猫)などがある。これらの製品の価格やパッケージサイズもさまざまである。

犬用の市販フードについての国内事例では，製品数のおよそ 50%がドライフードで，ウェットタイプのフードは 42%を占めている。また，製品の原産国についてはドライおよびウェットタイプではアメリカが最も多く，次いで，日本およびオーストラリアである。

国内で飼育される犬や猫については，人の成人病と同様に，肥満，糖尿病，結石症などの臨床的疾患がみられるようになり，ペット用フードの中には，これらの予防や治療を目的としたフードも開発されている。また，獣医療の進展とともに，老齢期の犬や猫を対象とした栄養管理やフード設計についてもさまざまな取り組みがなされている。

日本ではペットフードの品質管理についてはペットフード公正取引協議会が設定したペットフードの表示に関する公正競争規約・施行規則による自主規制となっていた。しかし，2007年3月にカナダに本社を置くペットフード会社の製造品に対してリコール発表がなされ，アメリカでは多数の犬猫が死亡したり，健康被害が発生した。これは同社のペットフードにメラミンが混入していることが原因であった。日本ではこのペットフードのリコール問題を契機として，2008年3月に愛がん動物養飼料の安全性の確保に関する法律（通称：ペットフード安全法）が国会に提出され，同年6月には国会で成立し，施行されることになった。また，この法律は農林水産省（消費・安全局畜水産安全法管理課）と環境省（自然環境局総務課動物愛護管理室）の管轄となっている。これにより愛玩動物（犬と猫）用飼料（ペットフード）の製造および販売に関わる基準や規格は同法第5条に基づき，「愛がん動物用飼料の成分規格等に関する省令」により定められることになった。

5．健康と栄養管理

1）犬の健康と栄養管理
（1）出生から6週齢頃まで
　出生後の子犬は母乳により栄養供給を受ける。母乳には栄養素以外に免疫抗体も含まれているので，疾病予防の上でも母乳を与えることが必要である。この抗体の移行は，子犬が母乳を飲んで消化管から吸収されることによって成立する。また，この吸収能力は出生後の比較的短時間に限られる。

　子犬の哺育期間はおよそ3週間程度であり，この期間中の子犬は眠ることと母乳を飲むことが生活の中心となる。子犬の栄養については，母犬の泌乳が正常に行われていれば，それだけで十分な栄養供給を受けることができる。母犬の泌乳量も増加してくるため，成長する子犬の栄養要求量の増加と一致することになる。3週齢頃になると，市販の人工乳を使って子犬を慣らすことができるようになるが，人工乳の給与回数は，1日4～5回くらい必要である。

　母犬からの離乳は4週齢以降にすることが推奨されている。これは母犬の乳汁分泌がまだ続いていることや子犬の体重増加が十分得られるようにする

ためである。5～6週齢頃になると，子犬を母犬から離して徐々に離乳させることができる。離乳直後には子犬の体重が減ることがあるが，特に異常をきたしているというわけではない。これは母乳栄養から食餌による栄養供給へと変化したことによるものである。

　離乳した子犬どうしを一緒にして育てると，食餌を競い合って食べるので発育が早くなる。これは犬の社会化とも関係した現象で，1頭だけ単独に飼育した場合よりも食餌の摂取量や発育速度が高まる。また，複数で飼育する場合には，犬どうしの中で優劣関係が生じるので劣位の子犬への配慮が必要になってくる。

(2) **6週齢頃から3ヶ月齢頃まで**

　生後数週間は，犬種による子犬の体重増加量に違いはあまりみられない。しかし，離乳後から3ヶ月齢までの発育は，犬種によって大きく異なってくる。また，成熟時の体重に近付くまでの期間は大型犬よりも小型犬の方が早い。このように犬の発育が急速に起こる時期には栄養素の欠乏が起こりやすくなるので注意する。大型犬では成熟時の体重が出生時の50倍以上にもなるので，将来に備えて骨格づくりを考慮した栄養供給を図る必要がある。食餌回数は2～3回とし，1日分の食餌を分けて与える。骨格の形成を考えると，骨の成分は90％以上がカルシウムなので，「この時期にはフードにカルシウム剤を添加すればよい」と考えるのは大変な誤りである。骨格形成には，骨の材料となるカルシウム以外に，リンやビタミンDが関わっており，これら三者の機能が協調しあって骨格が形成されている。

(3) **4ヶ月齢から6ヶ月齢まで**

　歯が乳歯から永久歯へと変わり始める。食餌や自分で食べることに興味を持ち始めるようになる。食餌の時間や場所，食器はできるだけ一定にしておくことが大切である。食べ残したフードは食餌後には片付けてしまうことも必要となる。1回の食餌時間は10～15分程度で終えるようにする。それはフードをいつでも食べられるようにしておくと，食餌の時間が不規則になったり，1日の摂取量が大きく変動する結果となる。こうした習慣が長く続くと，栄養摂取にも偏りが生じ，犬の健康に良くない。

小型犬では 5 ヶ月齢頃から食餌のタンパク質やエネルギー量を徐々に低下させ，成犬向けの栄養供給へと切り替えていく。これは小型犬の場合には，6〜7 ヶ月齢で骨格や筋肉が十分に発達し，成犬に達する犬種が多いためである。したがって，これ以降には過剰の栄養給与は肥満の原因にもなる。食餌の回数は朝と夕方の 2 回くらいにする。中型犬では，6 ヶ月齢以降には体重の増加が少なくなってくるので，小型犬の場合と同じように食餌のタンパク質やエネルギー量を低下させる。また，食餌の回数も 1 日 3 回程度にする。大型犬では，骨格や筋肉の発達が続いているので，前月と同様の食餌内容で給与する。

(4) 7 ヶ月齢から 11 ヶ月齢まで

中型犬では，体格の進展や体重の増加が鈍化して，成犬時の大きさへと近付いてくる。そこでフードのタンパク質やエネルギー量を徐々に低下させて，成犬向けの栄養供給へと切り替えていく。大型犬の場合には 8〜9 ヶ月齢頃になると，セント・バーナードやグレート・デーンのような超大型犬の犬種でなければ，体型が充実して体重も成犬とほぼ同様な状態になるので，従前の食餌のタンパク質やエネルギー量を徐々に成犬向けの栄養供給へと切り替える。超大型犬の場合には，従前の栄養供給を継続し，さらに 6〜8 ヶ月間飼育する。

中型犬や大型犬では，運動量を増やして筋肉と体型の発達を促す。月に 3〜4 回程度，体重を測定し，その変化を観察する。体重は季節により変化するが，健康が維持され，活発な運動がみられる時の体重を知っておくことが大切である。

(5) 1 歳以降

小型犬では，すでに成犬としての体型ができあがっているので，一定した食餌時間とエネルギー過多の食餌にならないように注意する。また，飼い主に抱かれたままの時間が多くなると，犬自身の運動量が不足することになる。できるだけ歩かせるように心がける。

中型犬や大型犬でも骨格の発達や筋肉の形成ができあがるようになる。食餌の量は運動量に合わせて増減させる。また，1 回の食餌量や質にあまり神経質にならず，1 週間程度のサイクルの中で必要量に大きな不足が起こらないようにする。この時期にも定期的に体重を計り，栄養供給が適切であるかどうか確かめる。

気温が高くなる夏季には犬のフード摂取量が低下したり，体重の減少が観察されるが，フードの摂取量が低下すると必要な栄養素の絶対的な供給量が低下することになる。このため摂取量の低下に応じてタンパク質やエネルギーを高めたフード設計が必要になる。一方，冬季には体温維持のためのエネルギーが余分に必要となるので，エネルギーを高めたフードを調整して与えることになる。

(6) **老齢期**

犬の場合では，「老齢」の時期は明確に示されていない。また，体格や品種によっても2〜3年程度の幅があり，個体差も大きい。犬の年齢を人にあてはめてみると，犬の6歳が人の40歳くらいに相当し，門歯の磨耗が観察されるようになる。また，犬の10歳は人の60歳くらいで，犬では白内障などの障害が現れてくる場合がある。その後，数年の間には聴覚の低下や平常時の体温がやや低下してくることが観察されている。15歳の犬では，人の80歳以上に相当するように考えられている。このようなことから，犬の老齢期とは10歳以降に始まると考えてよいかも知れない。

成犬期に比べると，運動量が少なくなり，飼い主に対しても散歩を催促したり，自ら進んで走り回るなどの強い運動への意欲が低下してくる。フードの摂取量が少なくなり，しかも嗜好の幅も狭まってくる。老齢犬では栄養素やエネルギーの必要量は成犬期よりも少なくなるが，フードの質を低下させてよいということではない。むしろ少量の食餌からでも必要な栄養を取り込めるように工夫することが大切である。また，食餌回数を増やすなどの対応も必要である。フードに対する嗜好が低下している時は，摂取する栄養素にも偏りが生じることになる。

2) 猫の健康と栄養管理

猫の出生時体重はおよそ100g前後である。その後，体重は5ヶ月齢頃までは1週間に50〜100g程度の割合で増加する。また成長速度は個体差があるが，成熟期に達する10ヶ月齢以降には鈍化してくる。一般的に体格の大きな両親から生まれた子猫の成長速度は大きく，また雌に比べ雄の方が成長が早く，体重も大きいことが知られている。

(1) 出生時から3〜4週齢頃まで

　この時期の子猫の栄養は，母猫の母乳に依存している。出生直後に母猫から分泌される初乳にはさまざまな免疫抗体が含まれており，出生後，速やかに初乳を飲ませることによって母体の免疫を子猫に移行させることができる。授乳量が満たされているかどうかについては，子猫の行動を観察することによって判別できる。授乳は1日に数回繰り返されるが，授乳量が満たされていれば，子猫は授乳後に眠りにつくようになる。しかし母乳の分泌が少ない場合などでは，鳴き声を上げる回数や時間が長くなり，時には巣からはい出す行動をとることがある。このような時には，母猫に栄養水準の高いフードを与えて乳汁の分泌を促す必要がある。泌乳量が改善しない場合には，子猫に市販の代用乳または人工乳を与えることになる。代用乳として牛乳を使用した場合では，猫の母乳に比べ，脂質，乳糖，タンパク質およびエネルギー含量が少ないので，子猫の栄養を十分に満たすことはできない。

　生後4週齢頃になると周囲の探索行動がみられるようになり，それに伴って固形フードも食べられるようになる。しかし離乳時には水分量の多いフードを嗜好すること，摂取量が少ないことなどから，畜肉を主体としたフードが推奨される。市販の缶詰のキャット・フードを利用することもできるが，嗜好の幅が狭いのでそれぞれの製品を試行しながら選定する必要がある。

(2) 生後7〜8週齢頃

　母猫の授乳はこの頃まで続くが，子猫の体重はすでに800g程度(あるいはそれ以上)にまで増加しており，1日の運動量も旺盛になっている。このため母乳からの栄養では不足するので，栄養価の高いフードが主体となるように切り替えておくことが大切である。

(3) 離乳前後から成熟期近くまで

　子猫のエネルギー要求量は体重の大きさや運動量あるいは飼育環境によって大きく異なる。出生時には母乳によって1日当たりおよそ200kcalのエネルギーが与えられているが，離乳時にはおよそ260kcalの代謝エネルギーが必要となる。また成熟時の体重に近付く6ヶ月齢頃でも150kcal程度のエネルギー摂取を必要としている。これは成熟時に比べても約2倍に相当するエネルギー量である。

(4) 成猫の健康と栄養管理

　成熟時の猫の体重について，日本では詳細に調査された事例は少ない。しかし成猫の体重は 3～5kg 程度(雄ではこれよりも大きい)の範囲内にあるものと思われる。食餌の与え方は基本的に次の3つの方法がある。(1)完全自由摂取方式：あらかじめ1日に必要な量よりも多くのフードを用意し，猫が1日のうちでいつでも自由に摂取できるようにした給与方法。(2)時間制限による給与方法：1日に数回，給与時間を決めてフードを摂取させる方法。1回の給与時間は最大30分程度とする。(3)質的制限給与：あらかじめ決めておいたフードを一定量与える方法。給与回数は1日当たり1～3回程度。これらの方法にはいずれも一長一短がある。例えば，完全自由摂取方式では飼育者の作業労力は少ないが，猫に必要以上のフードを摂取させる機会を与えることになる。その結果，肥満を助長することになる。また時間制限給与の場合では，特定の時間内により多くのフードを摂取させる可能性があり，逆に給与時間が短いと必要な量の摂取が得られなくなる。さらに質的制限給与法では，栄養成分やエネルギーの給与量について綿密な計算が必要となり，供給量が不足することがある。

　一般的にはこれらの方法を組み合わせることにより1日数回給与する方法が多い。また食餌のメニューとしては市販の製品(缶詰やドライフードなど)や手作りによる調理品が利用されている。これは肥満防止への配慮がなされ，フードの腐敗や劣化が起こらなければ，完全自由摂取方式は簡単で扱いやすい方法である。

　完全自由摂取方式で猫の採食を観察すると，食事回数は1日のうち夜間も含めて10回以上に及ぶことも珍しくなく，1回当たりの摂取量も多くない。さらに食餌に対する嗜好あるいは選択性は小さく，しかも同一のフードを長期間にわたって採食することはあまりみられない。仮にある特定のフードに高い嗜好性がみられる場合でもそのフードのみを長期間にわたって給与することは好ましくない。これは特定の栄養素に偏った食習慣を続けることになり，臨床的な疾病をもたらす遠因となる危険性があるためである。

　室内飼育のみで，しかも食餌の給与回数を1日1回に設定している場合には，栄養要求量に見合った良質のものを十分に摂取させることが大切である。また

1回の食事当たりの採食量が少ないことを考えると，食事回数は1日2～3回とすることが推奨される。

　雌猫では妊娠および泌乳により栄養要求量は通常の3～5倍に増加する。受胎妊娠した雌では，胎児の発育に伴って，体重はほぼ直線的に増加し，栄養要求量は分娩前3～4週頃に最大となる。また食餌の採食量も妊娠前の20～30%程度多くなる。妊娠期の雌では体脂肪蓄積量が増加してくるが，これは分娩後の泌乳に必要なエネルギーをまかなう上で大変役に立っている。すなわち，泌乳初期からピーク期までのエネルギー出納はマイナスとなり，フードから摂取したエネルギーだけでは泌乳を維持することができない。このため体内に蓄積された脂肪も泌乳のためのエネルギーとして動員されることになる。

＜参考資料＞
1) 堀田三郎．1998．日本におけるペットフードの歴史と今後の展望，ペット栄養学会誌，1(1)：3-5．
2) 犬と猫の栄養学(第2版)．1990．　A. T. B. エドニー編，マスターフーズリミテッド
3) イヌの行動問題としつけ．2002．イアン・ダンバー著．尾崎敬承，時田光明，橋根理恵　訳．レッドハート（株）
4) イラストでみる犬学．2000．林　良博監修，講談社
5) イラストでみる猫学．2003．林　良博監修，講談社
6) Nutrient Requirements of Cats. 1986. National Research Council. National Academy Press.
7) Nutrient Requirements of Dogs. 1985. National Research Council. National Academy Press.
8) 尾崎敬承ほか．犬が教える子育ての本．1998．愛犬の友編集部編，誠文堂　新光社
9) ペットフード公正取引協議会．1991．ペットフードの表示に関する公正競争規約・施行規則
10) 斎藤　徹ほか監訳．猫の行動学．2009．インターズー
11) 島薗順雄．1989．栄養学の歴史，朝倉書店
12) 時田昇臣ほか．2002．　関東近県におけるイヌ用市販フードの製品特性，ペット栄養学会誌，5(2)：79-84．

第6節　動物の母性行動とホルモン

田中　実

はじめに

　哺乳動物は子を産むとミルクを与え，子が自立するまで守り育てようとする。こうした子育て本能（母性本能）は非常に強いものであり，子が外敵に襲われたり，危険な状況に面した時には親は自分の身をかえりみず子を守ろうとする。動物がこうした母性行動をとる時には，妊娠に必要な女性ホルモンや乳汁分泌に必要なホルモンが脳に作用することが明らかになっている。こうしたホルモンが母性行動を誘導させることは理にかなったことである。いくら多くの子を産みミルクを分泌したところで，そのミルクを子に与え，自立するまで守り育てなければ子孫を残すことはできない。動物（多くの場合母親）が子育てをするには強いストレスと闘わなければならないが，最近，子育てのストレスに耐えられず，子を虐待してしまう親が増えて社会問題化している。ここではストレスに打ち勝ち，子を守り育てるためにホルモンが脳にどのように働くのか，動物を用いた最近の研究で明らかになってきたことを紹介する。

1. 動物の体の調節のしくみ

　生命体の基本単位は細胞であり，われわれ人間の体は約60兆の細胞で構成されている。個々の細胞は勝手に活動しているのではなく，脳，心臓，肝臓，筋肉などの組織という集合体の中で特定の機能を果たしている。多くの細胞が1つの生命体を維持するように働くためには，個々の細胞の役割を統括することが必要であり，動物の場合脳がその役割を担っている。動物の各組織の細胞には脳を司令塔とした神経のネットワークが張りめぐらされており，脳は，眼，耳，

鼻，皮膚などの感覚器を通じて外部からの情報を取り入れ，その情報をもとにして各組織の細胞に命令を与え，体全体を外部環境に最適の状態にする。例えば，身に危険がせまれば筋肉を動かして闘うあるいは逃げるといった行動を起こさせる。また，体の内部環境の情報も脳にもたらされ，エネルギーが必要であれば，脳は食べ物を食べるという行動を起こさせる。動物の細胞の機能はこうした神経系による調節の他に，内分泌系すなわちホルモンによる調節も受けている。

2. ホルモンが働くしくみ

ホルモンとは内分泌器官と呼ばれる組織の細胞で合成され，血液中に分泌されて他の組織の細胞に作用し，その細胞の機能にさまざまな変化をもたらす物質である。ここで取り上げるプロラクチンもホルモンの一種であり，図3.1に示したように脳下垂体という組織の細胞で合成される。脳下垂体は脳の下に存在する

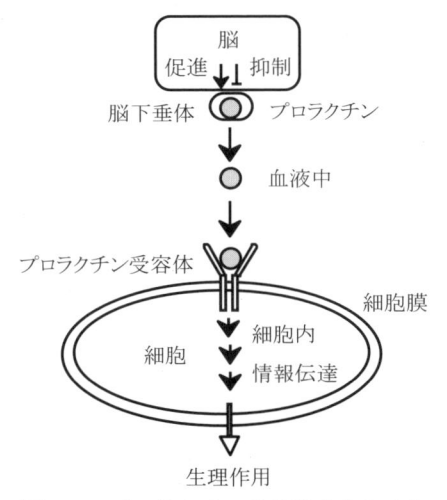

図3.1 プロラクチンが作用するしくみ

脳は状況に応じて脳下垂体にプロラクチンを合成あるいは合成停止の命令を送る。脳下垂体で合成されたプロラクチンは血液中に分泌される。プロラクチンの作用を受ける細胞には受容体が存在し，受容体にプロラクチンが結合するとそれが引き金となって幾段階もの反応(情報伝達)が起こり，最終的に例えば乳腺細胞であれば乳汁分泌，脳であれば母性行動といった生理作用が発揮される。

小さな組織であるが，プロラクチンの他に成長ホルモン，甲状腺刺激ホルモン，性腺刺激ホルモン，副腎皮質刺激ホルモンなど生体の調節に重要なホルモンを合成している。脳下垂体の細胞は脳の視床下部という領域によりそれぞれのホルモンを盛んに合成したり，または合成するのを停止したりする命令を受けている。例えば哺乳動物の雌が妊娠して子を産み，授乳する時期になると脳下垂体は脳からの命令に従ってプロラクチンを大量に合成し血液中に分泌する。分泌されたプロラクチンは乳腺の細胞に存在する受容体に結合する。プロラクチンをテレビの電波に例えれば受容体は電波を受け取るアンテナの働きをしており，プロラクチンが結合すると乳腺の細胞に乳汁を分泌するための情報が伝えられる。子が成長し授乳が必要でなくなると脳下垂体でのプロラクチンの合成量は低下し乳汁分泌も停止する。このようにホルモンは必要な時に必要な量だけ合成されるように調節されている。

3. 母性愛ホルモン：プロラクチン

　プロラクチンは乳腺を発育させ乳汁分泌を促進させるホルモンとして知られるが，乳腺に作用するだけでなく脳にも作用して子を可愛がり育てるという行動すなわち母性行動を起こさせる作用も有している。この作用は哺乳類だけでなく鳥類においても認められる。鳥類の母性行動は産んだ卵を温めて孵化させる抱卵行動から始まるが，卵を抱いているニワトリでは血液中のプロラクチン濃度が大きく上昇しており，この時には卵の代わりとしてピンポン玉を与えても卵のように抱くようになる。場合によってはピンポン玉どころか，通常は外敵であるネコの子供でさえも抱くことが観察されている。母性行動は動物の雌だけの本能的行動ではなく雄にも備わっている。例えばラットの雄の飼育ケージの中に生まれてまもない子ラットを置いてやると最初は臭いを嗅いだりするだけであるが，毎日短時間でも，そばに子を置くということを繰り返すと1週間ほどで子の上にかがみ込み，雌が母乳を与えるのと似た行動をとるようになる。また，雄にあらかじめプロラクチンを投与しておくとより早くこうした行動を起こすようになる。母性行動を起こしているラットではプロラクチンの分泌量が増加しているだけでなく，脳においてプロラクチンを受け取る受容体の量も増加してプロラクチンの脳への作用が増強され，母性行動が引き起こされる。

4. 母性愛はストレスに勝つ

　動物が子を可愛がり育てる行動は強制されて生じるものではなく，母性愛という本能により自然に生じる行動である。「母は強し」と言われるように母性愛は非常に強力なものであり，通常の状態では耐えられないようなストレスに対しても子のためであれば耐えようとする。特にニワトリなどの鳥類においては，抱卵中ほとんど動かず飢餓状態となり終了時にはかなり体重が減少してしまう。哺乳類においても母親は常に子のそばにいて可愛がり，ミルクを与え育てる。鳥類の抱卵時ほどではないにしてもかなりのストレスの伴う行為である。ヒトの場合を例にとれば，乳児期の子が泣けば夜中でも起きてあやしミルクを与えることが必要であり，子育てには大きなストレスの伴うことが理解される。しかし，ヒトを含め子育て中の動物はストレスに耐えているようには見えず，むしろ幸せそうに見える。これは母性愛がストレスにうち勝つように働いているからである。動物のストレスに対処する行動としてはまず「闘争」するか「逃走」するかの選択がある。闘って撃退するか，かなわなければ逃げてしまえばストレスから解放される。動物がストレスに直面すると副腎皮質ホルモンのグルココルチコイドが分泌され，闘争や逃走のためのエネルギー源となる血液中の糖を増加させる。また，副腎髄質からはアドレナリンが分泌され心拍数を増やしたり，胃腸の血流を減らし動きを抑えて食欲を抑制し，ストレスに対応する準備を整える。しかし子育て時のようにストレスに対してただ我慢することが要求される場合もある。特に人間社会においてはそのような場合が多い。プロラクチンの分泌量は子育て中に限らず，何らかのストレスが負荷された時にも増加し，脳神経系に作用してストレスに対する抵抗力を増強させる。すなわちプロラクチンにはストレスに対して我慢強くさせる作用がある。

5. プロラクチンをつくれないマウスはどうなったか

　プロラクチンというホルモンは母性行動中の動物において血液中の分泌量が増加しており，また，プロラクチンを動物に投与すると母性行動を起こしやすくなることがわかっていた。それではプロラクチンをつくれない動物の母性行動はどうなるであろうか。ホルモンの働きを科学的に調べる場合，そのホルモンを与えた

時の効果を調べるだけでなく、そのホルモンがない場合にどのようなことになるのかも調べる必要がある。ホルモンを与えるのは簡単であるが、もともと体内でつくられているホルモンをつくれなくするのはそう簡単ではない。しかし、現在では遺伝子工学の技術を用いてある特定の遺伝子の働きをなくすことができるようになり、哺乳類ではマウスにおいてその技術が進歩している。私たちもこの技術を用いてプロラクチンの遺伝子が働かないマウス、すなわちプロラクチンをつくれないマウスを作製した。このようなマウスはノックアウトマウスと呼ばれている。

プロラクチンのノックアウトマウスでは体の機能にどのような異常が生じたであろうか。2つの大きな異常が観察されている。1つは雌が妊娠できず不妊であること、もう1つは乳腺が発達しないという異常である。では母性行動はどうなったであろうか。プロラクチンのノックアウトマウスは雌が不妊であるため自身の子に対する母性行動は観察できない。しかし正常マウスにおいて、バージンの状態でも他のマウスの産んだ子（仮子）をケージに入れてやると子を巣に引き入れてミルクを与えるような母性行動を起こすことが知られている。そこで、プロラクチンのノックアウトマウスの雌のケージに仮子を入れてみたところ、予想に反して正常マウスと同様の母性行動が観察された。この観察結果は一見、プロラクチンが母性行動には必要ないことを示すものであった。

6. マウスが語る幼弱期の脳への作用の重要性

私たちが作成したプロラクチンのノックアウトマウスは母性行動を有していたが、奇妙なことにフランスのグループが作成したプロラクチン受容体のノックアウトマウスでは母性行動が失われてしまっていた。この2種類のマウスの母性行動の相反する結果は、母性行動にはプロラクチンの脳に作用する時期が極めて重要であることを物語っている。結論を先に言えば、プロラクチンが胎児期あるいは乳児期の脳に作用しないと、大人になってからの母性行動が失われるのではないかということである。なぜそのようなことが言えるのか以下にその理由を述べるが、少し話しが複雑になるので少し読んでみてイヤになった方はこの部分は飛ばし、次の項に進んでもらってもけっこうである。推理が好きで興味のある方は図3.2を参考にしながら読んでいただきたい。

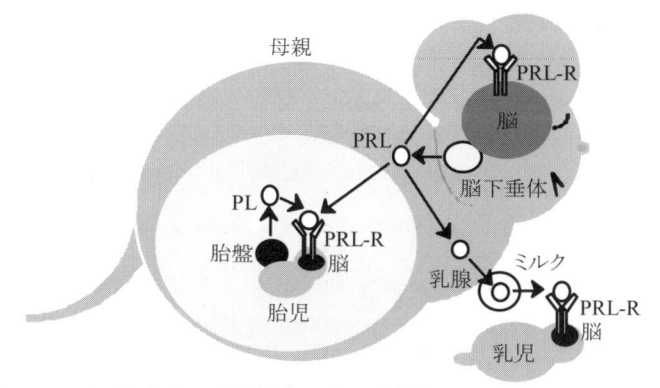

図 3.2 プロラクチンが胎児期および乳児期の脳に作用するしくみ
　胎児期においては母親のつくるプロラクチン（PRL）および胎盤でつくられるラクトゲン（PL）が脳のプロラクチン受容体（PRL-R）に作用し，また乳児期には母乳中に分泌される母親由来のプロラクチンが脳に作用する。

　まずマウスの一生においてプロラクチンの分泌される時期を考えてみる必要がある。プロラクチンは妊娠後期の母親の血中に多量に分泌されると同時に母乳中にも多量に分泌され，その一部は消化機能の未発達な乳児の腸から吸収され血中に移行することが知られている。また，胎児期には胎盤でプロラクチンと同様の作用を有する胎盤性ラクトゲンもつくられている。ここでプロラクチンノックアウトマウスの成長過程におけるプロラクチンの作用を考えてみよう。図 3.2 の胎児がノックアウトマウスであるとする。その母親は対になっているプロラクチン遺伝子の片方だけが働かなくなっているがもう一方は正常に働くタイプであるため，妊娠し，プロラクチンをつくることができる。したがってプロラクチンのノックアウトマウスは自身ではプロラクチンをつくることはできないが，胎児期あるいは乳児期には母親由来のプロラクチンおよび胎盤性ラクトゲンの作用を受けることができる。ところがプロラクチン受容体のノックアウトマウスは受容体がないので，胎児期および乳児期に母親由来のプロラクチンおよび胎盤性ラクトゲンの作用を受けることができず，そのために大人になった時の母性行動が失われていると考えられる。すなわち，胎児期あるいは乳児期にプロラクチンが脳に作用することが，大人になった時の母性行動を保証するように働いていると推論される。胎児期，乳児期におけるホルモンの

脳への作用の重要性は甲状腺ホルモンや男性ホルモンのテストステロンにおいて明らかになっている。例えば、ラットにおいて生後1週間以内に男性ホルモンであるテストステロンが脳に作用しないと体付きは雄であっても雌のように行動することが知られている。すなわち乳児期の特定の期間にテストステロンが脳に作用することにより脳が自身を雄と認識し、その期間を過ぎてしまうともう手遅れとなり、脳は自身を雌と認識してしまうのである。

7. 母性愛が子の脳を育てる

　ラットにおいて、乳児期に母親に可愛がられよく世話をされて育った子はストレスに強くなり自身も子をよく可愛がり世話するが、逆に乳児期に十分世話をされずに育った場合は自身の子に対する母性愛に欠けることが知られている。哺乳動物の場合、乳児期の子を可愛がるという行為は母乳を与える行為と一体になっており、アカゲザルやチンパンジーにおいても早期の母子分離が成長後の問題行動につながることが観察されている。ヒトにおいても乳児期における親の愛情が情緒面の精神発達に大きく影響すると言われている。乳児期における脳への刺激が成長後の母性行動に影響するならば、母乳中のプロラクチンが乳児の脳に作用し将来の母性行動に必要な脳機能の形成に働いている可能性も十分考えられる。母乳プロラクチンがヒトを含めた種々の哺乳類において、ストレス耐性や母性愛といった脳機能の発達にどの程度必要なものなのかはまだ明らかではないが、少なくとも親の愛情ある接触が大きく影響することは間違いないであろう。

おわりに

　ここでは母性行動とプロラクチンの関連を述べてきたが、母性行動という子孫の存続に必須の行動がプロラクチンだけで制御されているはずはなく、女性ホルモンのエストロゲンや黄体ホルモンのプロゲステロン、乳首から母乳を出させる作用をするオキシトシンといったホルモンと互いに協調して脳に働き、母性行動の制御を行っている。こうしたホルモンの脳への作用のしくみがさらに明らかになれば、強いストレスのもとで育てられてしまったヒトおよび動物の心のケアを行うためのより良い方法が見出されるであろう。

＜コラム＞
マンションでのペット飼育問題の解決法

井本史夫

　近年，地域差はあるだろうが，分譲型集合住宅(以下マンションという)でペット飼育を全面的に否定されることはまずないだろう。しかし，日本の社会が集合住宅においてペット飼育を受容しだしたのは，それほど遠い昔のことではない。

　1956年，日本に縦型の集合住宅が本格的に登場した。1955年に発足した日本住宅公団(現・都市再生機構)による団地建設がその始まりであるが，当初より公団団地や集合住宅でペット飼育が規制されていたわけではなかった。

　日本住宅公団の団地や集合住宅に居住した人の多くは，1950年後半の多くの日本人がそうであったように「犬や猫は外で飼育するもの」という意識下にあった。団地や集合住宅に住むからと言って，その意識が変化するものでもない。犬を飼育している人は庭に犬小屋を置きつないで飼うように，ベランダで犬を飼育した。自由に戸外を徘徊する猫は相変わらず放し飼いであった。当然のことながら，犬は鳴き猫は他家へ侵入した。そのため，公団住宅が一般化する早い段階からペット飼育に関する苦情が寄せられ，公団はその対策として「小鳥，観賞魚以外の動物の飼育を禁ずる」と管理組合の規約や賃貸契約書に明記した。それ以後，民間会社も分譲マンションを販売するに際して，規約を公団にならうか，「人に迷惑になる動物の飼育を禁止」というあいまいな規約にした。以後数十年にわたって「集合住宅ではペット飼育は禁止」をいう社会通念が形成されたのである。

　社会通念の形成と同時に，「どういう飼い方をすれば犬は鳴かなくなるか」とか「猫を家の中だけで飼うとどうなるか」といったことにも，ほとんどの飼い主も関心がなかった。「集合住宅でペット飼育をするにあたって考えるべきこと」を考えなかったのである。

　しかし，時代を経て，ペットの飼育率は増加した。当然のことながら集合住宅でも飼育する人は増加する。数が増えれば，クレームも増える。しかし，多くのところでは解決策を見つけようとするより隠れて飼育するか飼育を放棄するかの選択がされていた。

1997年，兵庫県が阪神淡路大震災からの復興事業として自治体として初めてペット飼育可の賃貸集合住宅を建設した。都市基盤整備公団（都市再生機構）で賃貸集合住宅の中に動物飼育を可能とする住宅棟を建設したのは2001年である。今よりわずか十数年前のことである。それ以前の1991年には「横浜ペット裁判」が起きており，二十数年前には集合住宅ではペット飼育はできないと考える人がほとんどであったのである。

　分譲集合住宅のペット飼育可の後を追うように民間の賃貸集合住宅でもペット飼育可の住宅が増加している。賃貸では，オーナーの意思がその契約書に反映されるのでペット飼育の可不可がはっきり書くことができ，あいまいな契約になることはまずない。ただ，ペット飼育可の物件では，床と壁の爪痕と臭いの問題で紛争になることが多い。これを防ぐには，退去時の原状回復を想定して，貸借双方が事前にどの範囲までを生活による瑕疵とするかを話し合った方がよい。以上のことは，分譲集合住宅における賃貸でも同様である。

　問題を解決するためには，何が問題となっているかを見つけそれに対する対策を立てればよいのである。集合住宅のペット飼育における苦情は，大きく分けると「犬の吠え声」「臭い」「飛んでくる毛」「屋外での不適切な排泄」の4つである。それ以外にも「規約を守っていない」「エレベーター内で怖い思いをした」ということもある。これらの苦情に対してそれぞれに対策は立てられるし，飼い主がそのことを意識しながら飼育すれば個人としては苦情の対象にはならない。しかし，集合住宅の場合，個々が対策を立てればクレームがなくなるわけではない。一般的に言って，苦情を訴える場所がなかったり，苦情が素早く解決されない場合トラブルは拡大する。マンションであれば，幸いにして管理事務所か管理組合理事会に訴えればよい。しかし，管理事務所職員はペット問題に詳しくなく，理事会の多くは月に一回の会合であることが通常である。クレームが素早く処理されなければ，その不満は同類に向けられる。つまり，一人の飼い主へのクレームと不満が集合住宅に住むペットの飼い主全員に向けられるのである。

　そういう事態に陥ることを避け，また，飼い主同士で問題を共有することにより適切で早い解決を図れるのが「飼い主の会」である。実際のところ，飼い主の会は多くのトラブルを解決し未然に防いでいる。専門家を呼ぶこともできる。「飼い主の会」がうまく機能すれば，ペットに関する苦情は数年後にはゼロに近くなる。そしてそのことは，ペット飼育がそのマンションで多くの住民に容認されたことを意味している。それはまた，そのマンションがコミュニティとして成熟していることも意味するのである。

第4章

人の医療・福祉補助としての動物

キーワード：
「セラピー」「介助」「共通感染症」

第1節 アニマル・セラピーとその周辺

横山章光

はじめに

　動物(ペット)を医療の補助として用いる「アニマル・セラピー」が次第に社会に認知されつつある。本稿では「アニマル・セラピー」を中心に，人間と動物の心の関係を追うことを目的とするが，本書において「ペットロス」「動物介在教育」は他項で解説されているため，ここでは「アニマル・セラピー」と「動物虐待」についてレビューするものとする。

1．アニマル・セラピーの概観

　動物を人間の精神・身体医療に利用する，という試みの歴史はかなり古くからあった。乗馬療法や盲導犬などは紀元前にその源が見られ，これらは近年に

至ってきちんとマニュアル化され、社会的にも認知されつつある。

　それらは「乗る」「導かせる」などの積極的な使役から発達し、特に身体疾患に寄与してきたが、普通に飼われている愛玩動物（ペット）さえわれわれに健康を与えてくれているということは、経験的にはわかっていたものの、きちんと学術的に調査されだしたのは、1950年代の欧米からであった。それ以来得られてきた知見を利用して、「意図的に」患者さんたちの治療の補助としてペットを用いる、という方向性につながり、それを総称して「アニマル・セラピー」と呼ぶようになっている。

　それでは動物との触れ合いにいったいどういう効果があるのだろうか。全世界からさまざまなデータが報告されている。

　例えば1995年にアメリカのブルックリン大学のフリードマンの研究がある[1]。彼女は、無症候性の心室性不整脈による心筋梗塞を起こした患者の1年後の経過を詳しく調査した。424人の被験者のうち、1年後もデータを取れた人は369人で、その中で112人はペットを飼っており、20人はすでに亡くなっていた。犬の飼主（87人、1人は死亡）は、犬を飼っていない人（282人、19人は死亡）と比べて、統計学的に1年以内の死亡が明らかに低かった。他のさまざまな因子も検討されたが（年齢、性別、教育、仕事など）、統計学的に優位さが出たのは、この「ペット飼育」と「社会的サポート」だけだった。つまり、ペットを飼っている人、もしくは隣人や社会からのサポートをうまく受けられている人は、心筋梗塞を起こした後も、それらがない人に比べてなぜか長生きしているのである。

　その他にも「降圧剤を飲んでいる量が少ない」「高齢者においては医療を受診する回数が少ない」「高齢者においては配偶者が亡くなった後、うつになりにくい」、また「子供においては犬を飼っているほうが共感性や社会適応が高い」「犬を飼い始めたほうが運動量が増す」「介助犬を連れている障害者のほうが周りから微笑みや言葉をかけられやすい」などの報告が積み重ねられている。

　これらの膨大な論文や報告の切り口は多様であり、分類してみると、生理的効果、心理的効果、社会的効果の3つに分けて考えるとわかりやすい（表4.1）。これら3つの効果が無理なく簡単に現れるのが、アニマル・セラピーの特長である。

表 4.1 アニマル・セラピーの効果

「人間関係とは異なる軸」であり,「刺激」「安定」「絆」「緩衝」作用が中心となる。

生理的利点
1) 病気の回復・適応の補助
2) 刺激やリラックス効果
3) 血圧やコレステロール値の低下
4) 活動機会の増加
5) 神経筋肉組織のリハビリ

心理的利点
1) 元気付け,動機の増加,活動性（多忙）
2) 感覚刺激
3) リラックス・くつろぎ作用
4) 自尊心・有用感・達成感・責任感などの肯定的感情,心理的自立を促す
5) ユーモアや遊びの提供
6) 親密な感情,無条件の許容,他者に受け入れられている感じの促進
7) 感情表出（言語的・非言語的）,カタルシス作用
8) 教育的効果（子供に対して）
9) 注意持続時間の延長,反応までの時間の短縮
10) 回想作用

社会的利点
1) 社会的交互作用・人間関係を結ぶ「触媒効果・社会的潤滑油」
2) 言語活性化作用（スタッフや仲間との）
3) 団体のまとまり,協力関係
4) 身体的,経済的な独立を促進する（盲導犬・介助犬・聴導犬など）
5) スタッフや家族への協力を促す

　どういった患者さんにアニマル・セラピーの効果があるのだろうか。私自身はそれは適応次第で,ありとあらゆる患者さんに応用できる,と答えたい。例えば糖尿病で運動が必要な人なら,犬と散歩したら散歩がぐっと楽しくなる。ホスピスで死を迎えている患者さんの心の慰めに活用している,という報告もある。医療のメニューの1つにこれが加わることで,使えるケースがいくらでもあるのである。

言葉を変えれば，このセラピーは「刺激性」と「安定性」の交わりと言える．「刺激」というのは動物がいるだけでなんとなくうきうきしたり動き出したり撫でたりしたくなる効果．「安定」というのは何も考えずに膝の上で撫でているだけでリラックスできるという効果．この2つの効果が矛盾なくかみ合っているのがアニマル・セラピーとも言える．そういう意味から言うと，一番効果が顕著に現れる科としては，リハビリ科，小児科，精神科，そして高齢者疾患などが挙げられるであろう．

実践分類としては，動物の所属（所有）によって，「訪問型」「飼育型」に分けられ，また行う場所によって「施設型」「在宅型」に分けられる．それ以外に中間施設で行う乗馬療法なども存在する．

また，さまざまな動物が用いられているが，最も効果を上げる動物としては，犬，猫，馬が筆頭のようである．

2. 実際の活動から

神奈川県のある老人ホームではゴールデンレトリーバーを飼育して老人とともに生活しており効果を上げている．これは「施設飼育型」である．

われわれは立川共済病院にて日本動物病院福祉協会（厚生省老人福祉局福祉計画課所管）の協力を得て，1994年から2000年まで精神科病棟において，ボランティアに連れられた犬や猫に訪問してもらったが，これは「施設訪問型」であった．この活動を少し説明する[2]．

活動は月に1回，ボランティアの参加しやすい日曜日に病棟にて行われた．参加者は獣医師，ボランティアが中心であり，精神科医師，看護婦も付き添う．参加する動物は犬が小型から大型のものまで約10頭，猫が約5匹，その他モルモット，ウサギなどである．それらの動物は獣畜共通感染症の検査をしており，よく訓練されていて人間には絶対服従であり，吠えることや噛むことは絶対にない．

セラピーの流れはまず病棟の外に参加者と動物が集まり，注意事項などの打ち合わせを行う．その間に病棟内のホールに，動物と触れ合いたいという希望を持つ患者たちを集め，大きく円形に着席させる．その円の中に動物を連れた

ボランティアが入っていき，ゆっくりと患者たちとの触れ合いを開始する。患者たちの希望に応じて動物たちを患者に撫でさせたり，小型のものは膝の上に置いたりしながら，動物の名前や種類などをセラピストが患者に説明する。その際に動物1匹には必ず最低限1人のボランティアが付き添い，動物たちと同じ視線で患者と動物を取り持つ。患者には撫でるなどの行為は強要せず，患者の自主性にまかせることが多いが，自発性の乏しい患者に対しては，患者の反応を見ながらボランティアの方から話題提供することもある。動物に芸をさせたり走らせたりすることはなく，あくまでも触れ合うことが中心となる。始めは整然と円になっていた患者の輪も，次第にセラピストや動物と混じり合うようになる。

また同時に数人の手馴れたボランティアたちは数匹の動物を連れて医師の指導のもとに寝たきりの患者や動けない患者のために直接病室を訪問する。もちろん免疫不全症や手術直後など医師が病室訪問に不適応と判断した患者は避ける。

活動は1回につき45分程度であるが，これは無抵抗に触られる動物自身のストレスを考慮してのことである。

セラピーが終わった後は，ガムテープで患者から動物の体毛を取り除き，手をアルコール綿で拭いてもらい，ホールの掃除を協力して行い，ボランティアと動物，医師，看護婦は控え室で動物を休ませながらミーティングを行う。この時動物をしっかりと誉めることが，その後の活動の動物の動機付けとなる。ミーティングではその日の反省などが話し合われる。獣医師から動物の扱い方の留意点が示されることもあるし，医療側から患者への対応や簡単な疾患のレクチャーが行われることもある。訪問活動は最後まで無事故で，懸念されたアレルギーや感染症の問題も全く起きなかった。

実際の患者の反応であるが，極めて良好であった。犬や猫やボランティアへの反応は，それまで据え置きで飼っていた金魚やハムスターのものとは全く異なっていた。驚かされるのはそれまでの病棟生活において全く見られなかった患者の表情や行動であった。特に分裂病の欠陥・固定状態の患者，痴呆患者が抱き上げる，撫でるなどのポジティブな反応を示すことが多い。寝たきりの患者が動物に会いたいと自ら車椅子に乗ることを希望したり，女性患者では化粧をして動物を待つものもいる。

感情障害や妄想症状が中心の患者の反応も，抑うつが強くなったり，このセラピーに基づく被害妄想が萌出するなどのネガティブなものはなかった。

この活動での注意点は「人畜共通感染症」と「噛み付きやひっかき事故」ということになろうが，現実では清潔に気を付けきちんとしつけをしていればまず心配はない。しかし日本人の動物観から，動物を病院に持ち込むのは非常に難しく，それを解決する手段として，中間施設での取り組みがある。つまり病院の近くの場所に患者さんに来てもらい，動物との触れ合い活動を行うのである。福岡県のある病院ではそのやり方で取り組んでいる。

特筆されるのは，ニューヨークの郊外にあるグリーン・チムニーズという施設の活動である。ここは虐待を受けた子供たちの施設で，約100人の子供たちが入寮しているのだが，さまざまなプログラムの中にアニマル・セラピーが存在する。その規模は半端でなく，学校の中に農場がある，と言ってもよい。そこにいる何十種を超える動物たちは(畜産・愛玩・野生動物など多種)捨てられたり拾われたりしたものが持ち込まれたものが大半で，子供たちがそれと関わり育てながら，虐待された心のケアがなされていくのである。ただし，ただ単に動物を子供にあてがう，というのではなく，何人もいる教師，精神科医，心理療法士，ケースワーカー，獣医たちが何度も話し合いを重ねながら子供たちと動物の関わりを見守り，アドバイスをしていく。この独特な取り組みは世界中から注目されており，現在のところその報告は挿話的なものがほとんどであるが，かなりの効果が出ているようである。

3. 開始する際の注意点

医療の中でペットを活用していくこと自体は，マンパワーとやる気があれば決して不可能ではない。しかし，それにはいくつか注意点がある。

まず，事故が起こらないように細心の注意を払うこと。これは噛み付きなどの物理的なものやアレルギー，感染症まで幅広い。

同時に動物へのストレスにもいつも気を配らねばならない。黙って撫でられている動物も長時間になるとストレスがたまり，不機嫌な動物からはセラピー効果は得られず，むしろ事故の危険性も増すからである。

次に，導入までに時間をかけることである。その際に動物側，人間側，ボランティア側の立場の人たちが話し合いを重ね，あらゆる事態を想定してチームワークを堅実なものにしておかなくてはならない。私は導入までの部分が最も重要だと思っている。

 そして，日本人の動物観を常日頃から頭に入れておかなくてはならない。動物好きな者には楽しい活動も，動物嫌いの患者やその家族には不快なものにしかならないからである。しかし彼らの不快さもじつは「犬は噛むものだ」「猫はひっかくものだ」と根強く染み付いている日本人の動物観からであることが多い。よって，地道な活動を続けることで，次第に動物たちが安全で触れ合うことが楽しいことである，と気付いていく人たちも多いと実感している。

 この実感が，日本人の動物観をポジティブに変容させ，しいてはアニマル・セラピーを徐々に医療へ応用できる場が広がるのではないか，と期待している。

4. 動物虐待

 特異な青少年犯罪が増える中で動物虐待が取りざたされることも多いが，精神医学において例えばアメリカ精神医学会の精神障害の診断・統計マニュアルである DSM－Ⅳの中で，動物虐待に触れられているのは行為障害(Conduct Disorder)で「動物に対して身体的に残酷であったことがある」と，特定不能の性嗜好障害(Paraphilia Not Otherwise Specified)に「獣愛(動物)」という言葉が見られるのみである。この分野はまだ日本ではほとんど研究されていないが，欧米ではかなり調査が進んでいる。

 キーワードはいくつかあるが，まずは小児虐待や家庭内暴力との関係である。例えば1983年の調査では[3]，ニュージャージー州で小児虐待のあった53家庭を調査したところ，これらの家庭でペットも虐待されている比率は60%と高かった。また2000年の調査では[4]，サウスキャロライナ州の家庭内暴力から避難した女性たちのうちペットを飼っている者43人について，46.5%がパートナーのペットについて脅迫したり危害を加えたと答えた。

 さらに，動物虐待者のその後起こす行動についての調査も増えてきている。1999年の調査で[5]，153人の動物虐待を犯した者が他にどういう犯罪行為を

犯したかを調べたところ，コントロール群と比べて違法薬物使用が約3倍，公共物破損が約4倍，そして対人暴力が約5倍の高率を示した。FBIの調査では性犯罪殺人者28人において，36%が少年期に，46%は青年期に，36%が成人期に動物虐待を行っていた[6]。

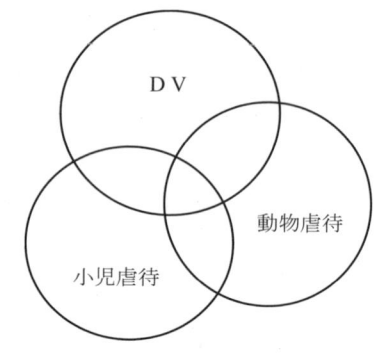

図4.1 動物虐待，DV，小児虐待の重なり

これらの結果を総合して，ユタ州立大学のAscioneは，動物虐待と，小児虐待やDVがリンクしている（図4.1）と提唱した[7]。さらに彼は動物虐待の評価と治療，そして専門家のトレーニングや各専門家の連携が重要課題であると説いている[8]。

もう1つ，虐待にからむ問題には，アニマル・ホーディングがある。もともとは「コレクター」「多頭飼育」と呼ばれていたものであるが，最近は[hoard]（ため込む）という単語を用いてマイナス部分を強調する呼び方になっている。例えば新聞を時々騒がす「捨て犬を50頭飼って近所から苦情」「動物愛護団体が犬猫30頭を飼い主から救出」というような見出しがそれである。悪臭や騒音などで近所とトラブルを起こしているにもかかわらず，近年までこれらの行為は「善意から」行われると考えるむきもあった。ところがこの問題は全世界に存在しており，各国でも問題となっており，ある種の同じ特徴があることが次第に明らかになってきた。

54ケースのアニマル・ホーダーの分析を行った論文[9]によると，アメリカでは年間700〜2,000件が報告され，半数以上で同じ人が繰り返している。苦情元は半数以上が隣人であり，その理由は不衛生，過剰な動物数，動物の病気，悪臭などである。ホーディングを行っている者の性別は，女性が男性の3倍以上に及び，40歳以上，無職，そして独居がほとんどである。飼っている動物は犬猫がほとんどで，4ケースでは100匹以上を保持していた。動物が増えた理由は，無計画な繁殖と拾得が多く，8割では死んだ動物や酷い状態の動物が含まれている。家の中は糞尿で汚染されるなど極度に不衛生であり，風呂場や台所，電気や冷蔵庫などが使えないことも多い。問題は長期化し，周りが動物を回収

しても再開されることが多い。あまりに汚染されているためにその家はその後廃棄処分になることも少なくない。

　ホーディングも含めた動物虐待のデータは動物愛護が進んでいる（法的対処ができる）アメリカだからまとめることができたと言える。日本でも同様な問題は山積されているようであるが，頻度や傾向がアメリカと同じものなのかはまだ皆目わかっていない。

おわりに

　少子化，機械化，晩婚化，核家族化，都市化，欧米化などが進み，ペットの役割は大きくなってきている。われわれの調査ではこの10年だけでも日本人のペットに対する家族的な考えが増している[10]。そして文中では触れなかったが，ペットのクローン技術も可能となっており，それはペットロスに対する考え方を変化させていくかもしれないし，またペットの代わりにペット・ロボットを医療に導入できないかという研究[11]も始まっている。さまざまなものが流動的であり，それに適応しようとするわれわれの心の研究を継続する必要がある。

　ただ有史以来，自然とわれわれは深く結び付いている。その中の動物，そしてその中のペットとのつながりも長い歴史があり，同時に何らかの必然性がある。「食べる」「乗る」「競わせる」だけでない時代を越えた何らかの「癒し」の力があることをわれわれは経験的にわかってはいるが，それが学問となってきたのは極めて最近のことである。また，そのつながりは上記のようにポジティブだけのものではなく，ネガティブさも含んでおり，それは決して一方向で絶対的なものではなく，われわれがいかにそれらを認識し，配慮していくかが大切なことになるであろう。

　医療現場に動物を導入する「アニマル・セラピー」は，それが独自で存在しているのではなく，社会の中で動物がどう考えられ，どう位置付けられているかが，導入の可否に大きく影響する。ゆえに，「ペットロス」「動物虐待」「動物介在教育」「動物観」，そして食や法律などあらゆるものを考えていく動きも「アニマル・セラピー」には欠かすことができず，それらすべての人間と動物の関係をすべて追い求めていくことこそ，広義的な「アニマル・セラピー」であると，個人的には考えている。

<参考図書>
・「動物と子どもの関係学」ゲイル・F・メルスン(ビイング・ネット・プレス社)
・「子どもが動物をいじめるとき」フランク・R・アシオーン(ビイング・ネット・プレス社)
・「アニマル・セラピーとは何か」横山章光(NHKブックス)

<参考文献>
1). Erika Friedmann, Sue A. Thomas: Pet Ownership, Social Support, and One-Year Survival After Acute Myocardial Infarction in the Cardiac Arrhythmia Suppression Trial(CAST). The American Journal of Cardiology76:1213-1217, 1995
2). 横山章光: アニマル・セラピー. 臨床精神医学 29:359-363, 2000
3). DeViney E., Dicket J., Lockwood R.: The care of pets within child abusing families. international Journal for the Study of Animal Problems 4: p321-329, 1983
4). Flynn C.: Woman's best friend:Pet abuse and the role of companion animals in the lives of battered women. Violence against Women 6:162-177, 2000
5). Arluke A., Levin J., Luke C., Ascione F.: The relationship of animal abuse to violence and other forms of antisocial behavior. Journal of Interpersonal Violence 14:p963-975, 1999
6). Ressler R., Burgess A.W., Douglas J.E.: Sexual homicide:Patterns and motives. Lexington, MA:Lexington Books., 1988
7). Ascione F.R., Arkow P.: The Interlocking Circles of Domestic Violence, Animal Abuse, and Child Maltreatment. Child Abuse, Domestic Violence, and Animal Abuse. West Lafayette, IN:Purdue University Press:xvii, 1999
8). Ascione F.R.: Children & Animals:Exploring the Roots of Kindness & Cruelty. West Lafayette, Indiana. Purdue University Press, 2005
9). Patronek G.J.: Hoarding of animals : An under-recognized public health problem in a difficult-to-study population. Public health reports 114:81-87, 1999
10). 石田おさむ, 横山章光, 上條雅子, 赤見朋晃, 赤見理恵, 若生謙二: 日本人の動物観 ―この10年間の推移―. 動物観研究 8:17-32, 2004
11). 横山章光: ロボット・セラピー. 心療内科 9(3):213-217, 2005

第2節　障がい者乗馬

太田恵美子

はじめに

　日本にいる家畜化された大型動物の中でも馬は，使役用（輸送，農耕），食用，原料用，愛玩用，スポーツ用として多様な有用性を持っている。
　しかし，現代の日本では馬という動物を考えると競馬場を疾走する競走馬を思い浮かべる人が多いかと思う。それだけ日本は，競走馬―サラブレッドが多い特殊な国である。
　「障がい者乗馬」は，日本ではまだ一部の人の間にしか知られていないが欧米では障害を持つ人たちのリハビリとして定着をしている国もある。それは競走馬よりも乗用馬（スポーツ乗馬）が多いという環境にもあるかもしれない。
　また後にも記すが，この数年で障がい者乗馬に関する世界通念は少し変化を見せている。

1. なぜ馬が良いのだろうか

　障がい者乗馬について説明する前に人と馬との関係を考えてみよう。
　障がい者乗馬の効果を取り沙汰する前に，まず馬からの恩恵は障害がなくてもすべての人が受けているという大前提がある。健常者と呼ばれている人にはその効果について目立って現れないことが多いのである。まずその説明をしよう。
　馬は人が乗ることのできる数少ない動物であり，その歩法は人の歩行と同じく斜対の運動が基本となっている。
　また馬に乗るということは，持続性のある関係を築くための前提となる対話能力と行動力を向上させることにある。これは障害があろうとなかろうと人と

馬との間にある重要な関係である。

現在のようにコンピュータがますます生活の中に入り込んでくる社会では,対話能力が以前にも増して必要になっている。この能力を持たずして健康で社会的に成熟した人間は育たない。古から家畜化された馬は群れの動物であり,少しではあるが言葉を理解し非言語でのコミュニケーションが可能である。これは障害児教育の現場のみならず青少年教育,最近は社会人のため人材育成プログラムとして企業が馬との活動を取り入れている理由でもある。行動障害は対話の不足を意味するサインとして捉えることができると一般的に考えられている。

2. 障がい者乗馬の歴史

古くは紀元前400年頃のギリシャで負傷した兵士を移動するのに馬を利用したところ,思いもかけず治療効果が上がり,精神的にも癒されたと言われていたそうだ。

しかし1900年の初めに,イギリスの理学療法士が自分の馬を使って治療を行った記録が残されているものの,近代における障がい者乗馬の本格的導入は1950年代まで待たなくてはならない。

1952年に行われたヘルシンキオリンピックで,ポリオ(小児麻痺)の後遺症で車椅子を使っていたリズ・ハーテルがオリンピックの馬場馬術で健常者と競い銀メダルを受賞したことは,障害を持つ人に大きな希望を与えた。その後,治療室で行われるリハビリよりも屋外で馬とともに行う乗馬訓練は,障害を持つ子供たちに大きなモチベーションを与え治療効果が上がったと言われている。

1964年にイギリスで初めて障がい者乗馬の全国組織がつくられ,それを追うようにアメリカ,ドイツにも全国組織が組成された。

発足当時,イギリスでは乗馬による治療効果よりも障害者の社会参加,レクリエーション,QOL(Quality of Life)の向上のための慈善活動として捉えられていた。

しかし,ここ近年,馬と触れ合うことによる効果についての科学的な実証が,少しずつ進んでくるうちに世界的にチャリティーとしてだけではなく,身体的,精神的治療として,障害者を対象とするだけではなく青少年,成人の教育プログラムとしてプロの仕事となりうる可能性が出てきたようである。

国際的な組織としては FRDI (the federation of riding for the disabled international) が組織され，障がい者乗馬の科学的な実証に努め，3 年に 1 回の世界会議を行っていた。日本を含む 46 の国や地域が加盟していたが (2005 年)，障害を持つ人だけでなく馬から人が受ける恩恵，馬との目的を持った（ゴールを設定した）活動への注目と，乗馬のみならず馬と行うグラウンドでの活動にも焦点があてられるようになった。競技スポーツとしての障がい者乗馬がパラエクストリアンとして国際馬術連盟の直轄になったこともあり，数回の会議と討論を経て FRDI という組織の名称を HETI－The Federation of Horse in Education and Therapy International A. I. S. B. L. と改名し，現在 50 あまりの加盟国がある。障害者，乗馬という言葉が名称から抜けてしまったことは，今後の馬と行う福祉，セラピーの方向性を示唆することだろう。

3. 障がい者乗馬に関する形態の違い

世界における障がい者乗馬に関する形態は，3 種類に大別されている。

その違いは指導者と実施方法であり，時には方法や効果が重複し騎乗者にとって効果があればすべて役に立つ。また大別されているが，効果を求める方法は細分化されてきている。

1) ヒポセラピー（特に医療の分野）

患者の治療のために馬を用いる。この場合，騎乗者ではなく「患者」と呼ばれ馬を患者自身がコントロールすることはない。

馬の動きは左右対称のバランス，神経系統，骨格筋の発達促進などのために確立された特別な理学療法の手法として利用される。

理学療法士がプログラムの責任者であり，治療に必要な馬について精通していなければならない。

インストラクターは馬を選択，調教し，馬を扱う人を訓練する。ヒポセラピーの治療範囲は，ドイツでは理学療法に限られ，アメリカでは理学療法に加え作業療法，言語療法が含まれ，国により，その範囲は異なっているが，医療従事者が責任を持って行っている。

理学療法として行われる場合は，中枢神経系および支持・運動器官の特定の疾病や損傷（特に神経的機能障害）の場合に行われる。ヒポセラピーは子供や大人を対象に，専門的な教育を受けた理学療法士によって実施される。

特別に調教された馬が与える多次元の運動刺激は，馬の背を通じて乗り手に振動刺激として伝わる。乗り手は能動的に馬の動きに反応する。ヒポセラピストは，馬の動きをコントロールし，クライアントの運動反応を分析しながら，必要に応じて馬が与える刺激を調整する。ヒポセラピーの目標は，姿勢，平衡感覚，支持反応の向上と筋トーン（筋緊張）の調整である。

これまでに実証された効果は次の通りである。
- 胴体バランスと座位の向上
- 筋トーンの調整
- 歩行訓練（歩行能力の強化）
- 対称性の練習
- 脊柱の起立（姿勢保持訓練）
- 知覚と運動器官の協調性向上
- 長期治療でも興味持続

2) セラピューティックライディング（身体的　教育的　心理的）

騎乗者の能力を進歩させ，喜びや楽しさを与えるために乗馬指導を行う。

副産物として，身体的，精神的，心理的および社会的な改善をもたらす。

インストラクターがプログラムの責任者であり，理学療法士や教師などは，騎乗者の能力を最大限に進歩させるために支援する。

ヒポセラピーと治療教育的軽乗と乗馬の違いは，一方は馬の運動による多次元の振動刺激を利用して運動機能を改善するのを目的とし，他方は馬上の運動ダイアローグによる対話と関係性の改善を目指す。

騎乗者はこの運動ダイアローグから逃れることはできない。これは，ワツラヴィックが唱えた「人はコミュニケーションしないわけにはいかない」という事実に似ている。

これまでに実証された効果は次の通りである。
(1) **短期的には**
- バランス反応の向上
- ボディイメージ・身体経験の向上（心理運動的）
- 精神状態と覚醒度の向上（心理的）
- 循環器系，呼吸器系，筋トーンの向上（生理的）

(2) **長期的には**
- コミュニケーション能力と関係性の向上による社会性の向上
- 学習の前提となる集中力，動機付け，知覚・位置感覚，自己評価，欲求不満耐性などの向上による学習能力の向上
- 知覚運動的統合の全体的な促進による運動制御と運動全体の改善（心理運動的）

3) **レクリクリエーションとしての乗馬**

　健康な生活を豊かにするための楽しみや運動，社会参加を目指した乗馬である。
　生活スタイルや行動範囲が限られてしまいがちな障害者たちにとって大きな効果をもたらす。
　最大の効果は，すべての人が願う健康維持である。
　またスポーツとして最近のトピックとしては，パラリンピックの正式種目である馬場馬術はパラエクエストリアンとして，国際馬術連盟の主管の元に入りパラリンピックも，世界選手権も健常者の競技会と同時開会催の方向へ向かっている。また知的障害者の国際的スポーツの祭典，インターナショナル　スペシャルオリンピックスでも馬術競技は催され日本でも数年前から馬術プログラムが，SON 岡山，SON 熊本，SON 神奈川で行われている。
　しかし，国内全国大会の開催はされておらずインターナショナルへの参加はまだないが，今後国際競技会参加に向けての準備が進められている。
また乗馬キャンプ，外乗などは家族も含め楽しめ QOL を高めることができる。
　最近の世界での流れは FRDI の名称変更に見られるように，「障害者」，「馬に乗ること」に限らず，広義に Equine facilitated /assisted　プログラム／活動に注目が集まっている。もちろん，馬に乗ることでしか得られない効果もあるが，

それ以外，乗馬せずに馬という動物の周りで行われるグラウンドワーク，馬のリアクションから得られる心理的刺激を利用したプログラム，また対象者も障害者に限られなくなってきている。障がい者乗馬と同様に実際にセッションを行う人の専門性により呼ばれる名称は異なってくる。

　馬の特性，例えば群れを形成する，独自のわかりやすいコミュニケーションスキルと，感情の表出方法，個々の性格や行動パターンの違い，大きさ美しさ，年齢の違いなどがある。外見は人間とは全く異なる馬たちを見て，それを自分や人間社会に置き換えてみたり共感することができる。また，馬は言葉で人を傷付けたりしないので，馬との活動は感情のコントロールの難しい人，自信を失った人には良いカンフル剤となる。

　このような乗馬をしない活動では，後で述べている「障がい者乗馬に適する馬」の基準には反して高齢馬，健康に問題のある馬，ミニチュアポニーなど乗馬に適さない馬にも仕事が提供できることもある。

4. 障がい者乗馬の効用は？

　特に治療，セラピーをうたわない場合（RDA など）はボランティアの多大な熱意と献身的な活動を基盤にしているため，前面的には療法効果をうたわないことにしている。

　しかし，実際には多くの理学療法士，作業療法士，医師，特殊教育者などの支援を受け大きな効果を上げている。

　その理由は，乗馬は老若男女，ハンディのあるなしにかかわらず，誰にでも楽しめるスポーツでありレクリエーションだからである。

　日本ではまだ特別なスポーツと考えられているが，英国の養護学校では水泳と乗馬を選択できるほど一般的に受け入れられている。

　この場合も利点としては身体的，心理教育的，社会的なものが挙げられる。

　乗馬は脳幹を刺激する良い形の知覚刺激であり，効果があることがわかっている。

　馬は10分間に1,000回にも及ぶ三次元運動を行うと言われている。馬の歩いている姿をよく観察すると，筋肉が多方面に動いていることがわかる。

この動きが騎乗者に伝わり，騎乗者はバランスを維持するためにこれらの振動を全身を使って吸収しているのである。つまり，馬の動作を認識して，正しい反応をしなければ落馬をしてしまうのである。

パートナーとして馬を使うことにより，あらゆるレベルの障害や能力に応じ，ゴールを細かく分けて設定することができる。それにより，騎乗者は自信を持ち，それが動機となって，身体的，精神的，知的能力を伸ばすことができる。

1) **身体的**

馬が前進すれば身体は前後・左右・上下に揺れる。

この揺れと馬の体温が適度の緊張とリラックスを生み，騎乗者は自然に馬の動きに合わせてバランスをとろうとする。これが脳幹を刺激し，筋肉の発達や血液の循環を助け肺活量も増すなど，健康全般の促進につながる。

2) **心理教育的**

身体的リハビリ効果に限らず，心理教育的な効果もある。

大動物と触れ合いながら今まで体験したことのない高い視野，スピード感を味わい，「馬に乗った」という満足感，「自分の何倍もある大きな馬を操れた」という自信が生まれる。

(1) **個人に関する目標**

- 信頼関係形成のための助け(馬を，教育者を，自分を信頼する)
- 自分の活動に他者(馬，グループの仲間)を加える
- 協力する意識(互いに助け合う)を呼び起こし育む
- いろいろな感情を経験し区別する
- 攻撃性に対する適切な対応を見つける
- 知覚運動的トレーニングによる運動の調和
- 知覚統合の活性化による感受性の強化(異なる運動リズム，相手が満足している状態を感じ取り，その状態を楽しむ)
- 安定した自尊心を固めることで全体的なモチベーションを高める。現実的な(正しい)自己評価の仕方を学ぶ。(自己を過小評価したり過大評価したりしない。他者(馬)が行ってくれるので自己の可能性を自分で全く評価しない)

3) 社会的

　障害を持っていると外出する機会，目的が限られてしまいがちである。また，そのために社会経験が少なくなる。

　「馬に乗りに行く」という目的があると，公共交通手段を使う理由になったり，天候が少々悪くても外出しなければならなくなる。また，ヘルパーたちとの交流が人間関係を豊かにする楽しみの場となる。

　どの騎乗者も馬場を一周する間に緊張した顔が，素晴らしい笑顔に変わることであろう。

　1つの例として，日本国内の大学では，数年前から地域の障害を持つ人や子供たちを対象にした乗馬会を行っていることが挙げられるだろう。主に畜産系大学ではあるがこの催しは，地域の乗り手には数少ない乗馬を体験できる場となっている。

　学生たちの催しで特にセラピーをうたっているわけではないが，一回馬に乗る楽しみを覚えた乗り手にとっては，心待ちにしている催しで，リピーターが減らないのがそれを証明しているだろう。

　この乗馬会で，乗り手たちは馬に乗ることだけではなく，普段入る機会のない大学の構内に入ること，多くの学生と楽しい時間を共有すること，牧場からのいろいろな動物に触れ合えることなど，乗馬以外の多くの楽しみがある。障害児の兄弟たちも一緒にこのイベントを楽しめ，家族皆で馬のいる空間を楽しむことができる。

　また乗り手だけでなく，迎え入れの準備をする学生にも大きな良い影響を与えてきた。

　馬を借りること，学校との交渉，乗り手への告知，会場の設営，ボランティアの募集確保，教育，保険など通常の学生生活では起こらない社会との接点となった。

　また，準備はとても大変だが，参加した乗り手の笑顔，家族からのねぎらいの言葉をもらえたことは素晴らしい体験となったことだろう。

　社会の中で自分のアイデンティティを強く感じた学生も多かったのではないだろうか。

今後，畜産系大学だけでなく，教育，医療系の大学でも取り入れられるようになり，課題，効果の測定などをより明確にし，国内での科学的立証が容易になることが望まれる。

5. 障がい者乗馬に適している馬は？

動物の福祉保護のためにも健康な馬が使われることは大前提である。

運動内容としては軽いように思われる障がい者乗馬ではあるが，乗り手のアンバランス，突然の動きや奇声など騎乗者から受けるダメージは少なくない。また課題により静止状態の長さ，歩度の変換，運動軌跡の急な変化などが必要で，馬の受ける精神的，肉体的ストレスはかなり高いと理解しなくてはいけない。

1) 構造・体型

馬の運動能力は生まれ付きのものもあるが，調教によって改良できることが多いものである。ストライドが大きくリズミカルで細い馬は，痙攣を和らげるのに使うことができる。

また，胴が太くてストライドは短くても反撞（はんどう）のない馬は，下半身麻痺の人のバランスと体幹のコントロールの発達に役立つ。

短節で，反動刺激のある馬は集中力の乏しい乗り手，刺激を求める自閉的傾向を持つ乗り手に望ましい。

首が短すぎたり位置の低い馬は，前方に何もないように感じられ不安感の高い乗り手は嫌うことがある。また背中の短い馬は背が強く体重のある乗り手には適しているが，数人が騎乗することもある軽乗には適さないし，運動内容のクオリティーは低くなる。

馬に乗る障害者のサポートには小型馬が容易であり，障がい者乗馬に使いやすい馬は貴重である。

騎乗者の安全のためにくれぐれも体重のある騎乗者を乗せる馬の負担を忘れないようにしなければならない。馬は危険から逃げようとする性質があり，あまりに負担が大きいと動けなくなるか，走り去りたくなることを忘れないようにするべきである。

2) 気質・気性

気質・気性は，その馬の動きに反映される。

神経質で急激な動きや素早い反応をする馬から，鈍重な動きや明らかに反応のない馬まで多様である。

最悪な人馬の組み合わせが偶然にもあらゆる法則に逆らって，注目すべき結果を生む場合がある。

まれに，騎乗者の発達に役立てるために，意図的にこうした組み合わせをする場合もある。

敏感な馬であれ，鈍重な馬であれ，人と一緒に仕事をすることを好む馬が適しており，その馬の気質に合った内容のセッションを安全に計画するのがインストラクターの仕事である。

3) 乗馬には老齢馬あるいは不健康な馬は適さない

老齢であるがゆえの動きは人の場合と同様である。

明らかにコンディションの悪い馬や病気の馬は，無気力で反応が悪い傾向を示す。

また障害者が安全に乗馬したりセラピーに長年功労した馬を引退させる時期や健康でも生まれ付き鈍重な馬や怠け癖が付いた馬と，一見大人しく見える不健康な馬を見分けるには経験と調教眼を持った人の助言やサポートが必要となる。

しかし，人を乗せることを仕事としない心理的グランドワークなどの活動は高齢馬にも人が提供できる仕事である。

6. 馬の動きの違いはどんな変化をもたらすのだろうか？

1) 歩様・ペース

騎乗者は，馬という「生きた動きをする土台」の上でバランスを維持することが求められる。そして，馬のペースによって生じるさまざまな動きによって，適応能力の発達が促進される。

この点で，馬は他の手法に比べて有用と言えるだろう。

介助付きで座るだけの常歩（なみあし）運動から駈歩（かけあし）や障害飛越（ひえつ）まで，乗馬の目標（課題）を次第に細かく段階化する。

それぞれの段階においても求められるリラクゼーション，バランス，筋肉運動の整合，姿勢のコントロールなどを達成するための意欲が増進する。

2) 常 歩（なみあし）

四拍子のペースが骨盤の突き出し，交互の横屈曲，垂直方向への回転など三次元的な動きを生み出す。これは私たち人間の歩行と同じ斜体の運動パターンであり，これが馬の背中を通して騎乗者の骨盤に伝えられる。

この動きを吸収するためには，騎乗者は脚をリラックスさせてくつろいだ状態で，体重が座骨上に均等に分配されるように真っ直ぐ座らなければならない。

また，裸馬あるいは馬の背にムートンを付けると騎乗者が馬体に直接的にコンタクトでき，暖かい馬の体温の助けも借り，より効果的に馬の動きを感じられる。

例えば過緊張の騎乗者の場合は，リラックスできるように彼らのポジションを整え，ポジションの維持を補助する必要がある。騎乗者の姿勢が正しくないと馬の滑らかな動きが妨げられ，好ましくないパターンが増幅することにもなる。

反対に低緊張の騎乗者の場合，ある程度の刺激は体幹の緊張（強化）に貢献できるが，個々により時間，強さを加減しなければならない。

気分が高潮してやまない乗り手の場合は，同じリズムを正確に刻む馬の動きを利用して精神的なリラックスと落ち着きを導く場合もある。

3) 速 歩（はやあし）

二拍子の歩法である。馬は対角線上の前後肢に交互に体重移動し，弾力性に富む速歩は騎乗者の上下運動に役立つ。

騎乗者は，反撞を吸収し尻が跳ねないように，骨盤の柔軟さとリラックスした脚，安定した上体が求められる。

ストライドは馬ごとに異なり，ストライドが短く反撞の高い馬からストライドが大きくほとんど反撞のない馬まで多様である。

刺激を求める騎乗者は，よりスピードのある動きを求める。

4) 駈 歩（かけあし）

馬の頭の動きと連動して馬体が前後に揺れる三拍子の歩法である。

騎乗者の腕と肩は，馬の頭の動きに合わせ，手綱での均等なコンタクトを維持するために，受動的に動く。騎乗者が馬体とのコンタクトを維持するために，

腰椎の柔軟性によってもたらせる良いバランスと筋肉運動の整合性が必要となる。

下脚部の筋トーンの低い騎乗者にとっては，軽速歩よりも駈歩が容易な場合もある。

過緊張の騎乗者の場合，突き上げられることが多く見られる。

騎乗者が初めて駈歩を試みる時は，インストラクターの指示に従いゆっくりとしたリズミカルな駈歩のできるバランスの良い馬が必要である。

駈歩の歩様が性急であったり不規則であったりすると騎乗者の安定性を損ない，恐怖心を抱かせたり緊張を強いることがよくあるからだ。

5) 襲　歩（しゅうほ）

速い四拍子の歩法である。騎乗者は，両拳と下脚を使って馬のスピードと進行方向をコントロールしながら，かつ，両膝で体重バランスをとるのに十分な体力と筋肉運動の整合が必要だ。そして，馬のスピードをコントロールできる高度な能力を持ち，各個乗りのできる騎乗者にのみ課すことができる歩法である。通常馬場内では行われず，外乗などで行われるであろう。

7. どんな馬具と馬装の方法があるのだろうか

慎重に選ばれた特別な馬具は，騎乗者と指導者にとって有効である。

騎乗者の身体，馬，そしてヘルパーにとって，快適で安全なものでなくてはならない。大切なのは，騎乗者と馬に合った馬具を考案して使用することだ。

特別な道具はいろいろあるが，騎乗者の自立を助けるもの，重度肢体不自由の乗り手をサポートする人の負担を軽減するものであって"便利用品"になってはいけない。

通常の乗馬スタイルで乗れることが一番なのだから。

8. 障がい者乗馬はチームで行うものである

障害者に安全で効果的なレッスンを行うためには，チームワークが不可欠である。

実際に障害者が馬に乗るためには，初めは多くの人の助けが必要だ。

それによって，狭くなりがちな人間関係が広がり，多くの人と馬に触れ合うチャンスが生まれる。実際のセッションに参加する人以外にも乗り手には，家族，医療，教育関係者との連携が望まれ，使用する馬には獣医，装蹄師，飼育管理，トレーナーとの連携が望まれる。

9. 騎乗者の姿勢

　人は誰でも正しい姿勢で騎乗するために体験を重ねることが必要である。例えば，拳や膝が上がってしまったり体に力が入るなど自然に出る反応を良い反応動作につくり替えることである。

　そのためには，正しい騎乗姿勢を理論的にも納得し，理解する必要がある。

　馬上での姿勢は，「外見上美しい」ということだけはなく，揺れ動く馬の上に体を安定させ，思い通りに自由に身体の各部分を使えるような姿勢でなければならない。それは，馬のためにも重要なことである。

　良い姿勢は，上達するための重要な条件の1つである。また，正しい乗馬姿勢を求める練習は，理学療法的訓練とも重なっている。

　重度の発達障害を持つ乗り手が目を見張るように上達するのは，正しい乗馬姿勢こそ馬上での安定，馬をコントロールするのに効率的であり「快」の感覚を受けられそれは人から教わるのでなく，経験の中で馬から教えられ自分で得ることのできる技術だからである。

10. 馬のコントロールの方法

　馬に対して明確な指示や扶助を与えると同時に，まず必要とされるのは「自分で馬を動かす」という意識である。

　その上で，馬の的確なコントロールとは，バランスのとれた姿勢でありながらリラックスしていて，しかも，馬の動きに順応するといった細かな動きの複合化を意味する。バランスを維持し，円滑に反応できるためには，騎乗者の筋肉運動の整合と発達をさせる必要がある。

　互いの動きに対する人馬の相互的反応は，騎乗者と馬の調和を育む。この人馬の調和は騎乗者と馬との触れ合い，そして，馬場馬術競技や馬上でのゲーム

などといった共同作業などで得る喜びに大いに寄与する。

馬のコントロールは乗り手の能力，課題により方法が変わる。

1) 引き馬

初心者また重度の障害を持つ騎乗者の場合は，安全のため，また効果的なセッションを進めるためにリーダーと呼ばれるヘルパーが馬を曳くことになる。

馬の動きのクオリティーは，リーダーの取り扱い方や騎乗者によって与えられる明確な指示によって，改善されたり阻害されたりするものである。

(1) リーダー（馬を曳く人）のペース

リズムを失うことなく安定したストライドやその場に応じたペース（歩度），明確な方向を指示できるリーダーなら馬はよく動き，この組み合わせによって騎乗者は最大限の利益を得ることができる。

一定した運動を維持ができなかったり急回転や急停止をしてしまうリーダーでは，馬と騎乗者のバランスが損なわれ，騎乗者か馬のどちらか一方あるいは双方とも緊張や不快を感じることになる。

騎乗者がリラックスできなければ馬の動きの価値は失われる。極端に悪いケースではバランスを崩したり，痙攣性麻痺，その他の問題を引き起こし危険なものにもなりかねない。

馬の動きは騎乗者のバランスに左右される。リーダーが直進しようとしても乗り手がアンバランスであると馬は2つの要素から自分の運動方向を選ばなければならない。セッション中に馬の速度が遅くなったり，動かなくなったり，停止中に動いてしまうような場合は乗り手の姿勢をインストラクターがチェックし，直さなければならない。リーダーは馬の動きを感じインストラクターに伝えることが乗り手の安全と馬の福祉となる。

2) 調馬索

中央に立ったランジャーが馬のコントロールを調馬索を通して行う。

馬はランジャーの声，身振り，鞭によりコントロールされる。馬のペースは乗り手に関係なくランジャーによりコントロールされなくてはいけない。

他に馬の群れの持つ追従性を利用し，オブザーバーとして馬を保定しないで馬をコントロールすること，フリーリードなども行われる。

おわりに

　「障害者」という代わりに，違う言葉が使われるようになっているこの時代で，取り立てて「障がい者乗馬」という言葉を使うには少し違和感を感じるこの頃である。
　時代の変化とともに，人々の意識やニーズが変化し，それに伴って馬を使った活動やセラピーの方法や意義も広がり，変化してきているが，馬の持つさまざまな特性が人に与えてくれるものは普遍であり，人々はそれを求め続けるのだろう。
　また，地球上で数少ない大型動物であり，人とともに文化をつくってくれた馬である。過去の存在価値を失った今，教育，福祉という新しい分野の仕事を人が提供することで，家畜-馬という経済動物に価値が見出せると，馬信者としては嬉しい限りである。

第3節　障害者福祉と介助動物

水越美奈

1. 身体障害者補助犬とは

　身体障害者補助犬とは 2002 年 5 月 22 日に成立し，同年 10 月 1 日に施行された「身体障害者補助犬法(以降，補助犬法)」に定義される盲導犬，介助犬，聴導犬を指す。これら 3 種の補助犬の共通点は障害者福祉に寄与する犬であり，ペット以上に社会的な関わり，つまり公的な関わりを持つ動物と言うことができる。

　補助犬法が成立するまでは，盲導犬については視覚障害者が道路を通行する時には白い杖を携帯するか，あるいは盲導犬を同伴することを義務付けた道路交通法と，障害者福祉の観点から訓練施設の在り方の定義などについて社会福祉法と身体障害者福祉法にいくつかの規定があり，盲導犬を使用する障害者の社会へのアクセスについては飲食店や公共交通機関に受け入れられたい旨の通達が旧厚生省や旧運輸省などからされていたが。しかし，アクセスを保証する法律はなく，アクセスを拒否する事例は数多く見られた。一方，介助犬や聴導犬では，障害者福祉，アクセスのいずれの観点からも法的な規定も通達も全くなかった。すでにアメリカでは盲導犬，介助犬，聴導犬を含む障害者のための介助動物一般について公共施設へのアクセスが保証されていたのを始め，オーストラリア，フランス，韓国では身体障害者を補助する犬について，スペイン，ニュージーランド，イギリスでは盲導犬についてアクセスを保証する法律を有しており，先進諸国の中で補助犬同伴による社会参加に対する差別を禁止した法律が 2002 年までなかったのは日本だけであった。つまり，この法律ができたことで日本はようやく「補助犬との自立と社会参加」を認めた国になったと言えるのである。

2. 身体障害者補助犬法とは

　身体障害者補助犬法における2本の政策的な柱は，1) 良質な身体障害者補助犬の育成，2) 身体障害者補助犬を利用する身体障害者の社会へのアクセス保障である。

1) 良質な身体障害者補助犬の育成

　第2章3条から5条がこれにあたる。3条においては「適性を有する犬を選択するとともに，必要に応じ医療を提供する者，獣医師などとの連携を確保しつつ，これを使用とする各身体障害者に必要とされる補助を適確に把握し，その身体障害者の状況に応じた訓練を行うことにより，良質な身体障害者補助犬を育成しなければならない。」とし，4条においては補助犬を育成した訓練事業者に使用開始後の状況調査と必要な場合には再訓練を行う義務を課し，5条では補助犬の訓練に関し必要な事項を厚生労働省令で定める旨を規定している。

2) 身体障害者補助犬を利用する身体障害者の社会へのアクセス保障

　7条から11条がこれにあたる。法律では，国や地方公共団体，独立行政法人，特殊法人が管理する施設や住宅，公共交通機関，不特定かつ多数のものが利用する施設，障害者の雇用の促進などに関する法律により定める一定規模（従業員56人以上）の民間事業所などにおいて受け入れが義務付けられている。受け入れ義務を負う場合においても著しい損害を受ける恐れがある場合，その他のやむを得ない理由がある場合は受け入れを拒否できるとされている。具体的には，(1) 犬が著しく不衛生である場合，(2) 犬が攻撃的な態度を見せている場合，(3) 犬アレルギーの者がおり，補助犬の同伴を拒んでいる場合が該当する。

　アクセス保障の規定を置くにあたり，どのような犬について認めるかということについても補助犬法で定められている。第5章では，補助犬の認定についての規定が，補助犬の衛生の確保については第6章の22条で「体を清潔に保つとともに，予防接種および検診を受けさせることにより，公衆衛生上の危害を生じないように努めること」と公衆衛生の観点から，そして21条では「犬の保健衛生に関し獣医師の行う指導を受けるとともに，犬を苦しめることなく愛情を持って接すること」と犬の福祉の観点からの記述がある。規定されている。さらに13条では使用者に対して「他人に迷惑を及ぼすことがないよう補助犬の行動を十分に管理しなければ

ならない」、12条では「その者のために訓練された補助犬である旨を明らかにするための表示をしなければならない」とアクセスの保障に対する使用者の義務も明記している。つまり、「身体障害者補助犬は身体障害者の自立と社会参加を促進するための生きた自助具であり、アクセスを保証するためには生きた自助具としての能力と公衆衛生上の管理が要求され、かつ障害者は生きた自助具を使用することに伴う責任を果たさなければならない」、と法律は明記しているのである。

諸外国の補助犬に関する法律や規定のほとんどが『障害者の差別の禁止』の観点から障害者差別禁止法などに含まれ、補助犬と補助犬使用者のアクセスの保障のみを規定しているのに対し、我が国の法律は補助犬に対するものであり、良質な補助犬の育成や認定、さらには訓練事業者の規定や使用者の義務についても明記された非常にユニークな法律であると言うことができる。

3. 補助犬の役割と歴史

1) 盲導犬の役割

盲導犬は視覚に障害がある人が単独で歩行する際に、使用者の傍らを歩き、安全な歩行を助ける。具体的には、① 原則的に左側の道路の端を歩く、② 電柱や自転車、看板といった歩行の妨げになる障害物を避ける、③ 交差点の角や段差で止まる、④ 近くにあるドアなどの目標物まで誘導するなどを行うことで視覚障害者の歩行を助けている。犬自身が使用者を行きたい場所に連れて行くのではなく、歩行上の地図は使用者が考え、決定する。すなわち、犬は単に使用者に対して安全な歩行を提供しているに過ぎない。

道路交通法では目が見えないものは白杖を持つか盲導犬を連れていなければならないとある。我が国の視覚障害の原因の第一位は糖尿病で、視覚障害者の73%が60歳以上であり、高齢になってからの中途失明が多くの割合を占めている[1]。高齢になってから白杖で歩行すること、つまり新しい歩行技術を習得することは困難であり、そういった意味でも盲導犬のニーズは高まっていると言えるかもしれない。盲導犬を持たない視覚障害者の7割は日常的に外出することがなく、視覚障害者の半数は道路上で障害を負う経験をしていると言う[2]。つまり、盲導犬は視覚障害者の安全な歩行を助けることで、視覚障害者の外出頻度や行動範囲を

広げる。また白杖による単独歩行は晴眼者（目が見える人）の歩行と比べて一般的に時間がかかるが，視覚障害者が盲導犬を使用すると晴眼者と同様な速度で歩行することが可能になる[3]。

2）盲導犬の歴史

1819年ウィーンの神父が訓練したのが最初と言われているが，組織だった育成は第一次世界大戦後に戦盲者の社会復帰のために1916年にドイツで開始されている。日本では1938年にアメリカ人が盲導犬を伴って来日したことで初めて盲導犬が紹介された。翌年，ドイツから4頭の盲導犬が輸入されたが継続して盲導犬が育成されることはなかった。国産の盲導犬の第1号は1957年に塩屋賢一氏が育てたチャンピィ号である。現在，日本には10の盲導犬育成団体があり，全国で年間120～150頭の盲導犬が育成されている。盲導犬は10～12歳で引退するため，引退する犬の使用者にはその代替となる盲導犬が必要となるため，新規使用者の劇的な増加は望めない。2012年4月1日現在，全国で1,043頭の盲導犬が活躍する[4]。

3）介助犬の役割

介助犬は肢体不自由者の補助を行う犬を指す。肢体不自由には脊髄損傷，筋ジストロフィー，多発性硬化症，リウマチなど，さまざまな疾患が含まれるために，使用者の各々の障害やその程度により介助作業の内容がさまざまである点が特徴である。主な動作は，落下物の拾い上げと受け渡し，引き出しやドアなどの開閉，中からのものの取り出し，スイッチ操作などの上肢機能の代償であるが，ニーズに応じて体位の交換や手足の移動，起き上がりや立ち上がりの介助，段差を越える車椅子操作補助などを行う。転倒や車椅子が段差にはまり込み動けなくなるなどの緊急事態は車椅子を使用する障害者にとって大きな不安となり，社会参加の妨げになることも多い。段差を越える車椅子操作補助や車椅子への移乗の補助はそのような時の危険回避の補助にもなりえるが，それ以上にそのような緊急時に電話の子機や携帯電話を手元に持ってくる，緊急通報システムのスイッチ操作をするなどといった緊急時連絡手段の確保といった役割を介助犬が担うことができることは介助犬使用者の大きな安心感となる。このような安心感は障害者の自信につながり，新たな社会参加を導くきっかけになることができると言われている。

4) 介助犬の歴史

　世界初の介助犬は1975年頃アメリカで作出されたと言われている。国内での歴史は1992年頃に1人の女性がアメリカに渡り，介助犬を連れて帰ってきたことから始まる。その後1995年に国産の介助犬が育成されている。2012年7月現在，28団体の育成団体があり，59頭の介助犬が活躍している[4]。

5) 聴導犬の役割

　聴導犬は聴覚障害者の聴覚の代行手段となって特定の音が発生したことを知らせたり，音源まで誘導する。その音源とは，玄関のチャイムやドアノック，お湯が沸く音，電子レンジ，目覚まし時計やファックス，携帯メールの着信などがある。従来から光やバイブレータで聴覚補助を行う機器はあるが，光での確認は常に目をそこに向けていなければならず，バイブレータは常に体に密着しておかなければならない。聴導犬は聴覚障害者が常に「いつ起こるかわからない音」に注意を払うことなく，使用者のもとに音の存在を知らせに行く。外出時においては銀行などの窓口で名前を呼ぶ声，背後から鳴るクラクション，緊急避難ベルの音なども教えられている。またもう1つの効果として，他の人に気付かれにくい「見えない障害」である聴覚障害を，聴導犬を連れていることで周囲に知らせることができると言われている。聴導犬を連れていることで最初から周囲に手話や筆談で話しかけられてとてもうれしかったという聴導犬使用者の声は多い。つまり聴導犬は聴覚障害者に音の情報をもたらすだけでなく，必要なコミュニケーションを引き出すことができると言える。

6) 聴導犬の歴史

　1968年にアメリカで個人的に訓練されたSkippyという犬が公的に認知されたのが初，と言われている。アメリカで育成団体が訓練を開始したのは1975年である。国内では1981年の国際障害者年に(社)日本小動物獣医師会の申し出を受けて埼玉県の警察犬訓練所が聴導犬訓練を始め，1983年に第1号が育成されている。2012年5月現在，23の育成団体があり，39頭の聴導犬が活躍している[4]。

4．補助犬の効果

　1993年に国連により発表された「国際障害分類(ICIDH；International

Classification of Impairments, Disabilities, and Handicaps)」では，障害を機能障害（Impairments），能力障害（Disabilities），社会的不利（Handicaps）として捉えている。機能障害とは欠損または心理的・精神的・身体的あるいは解剖学的機能構造の異変，すなわち医学的事実としての障害を意味し，能力障害とは機能障害の結果，行動する能力が制限されたり欠如すること，社会的不利とは前述2つの障害の結果，個人が社会的に制限された状態に置かれることにより，正常な社会的な営みができなくなることを指している。その後2001年に，この「国際障害分類」は「国際生活機能分類（ICF；International Classification of Functioning, Disability and Health)」と改定され，機能障害は「機能・構造障害」，能力障害は「活動制限」，社会的不利は「参加制約」と書き換えられるようになった[5]。身体障害者は補助犬を使用することにより，より自立した社会生活を営めるようになると言われている。つまり補助犬は，解剖学的な「機能・構造障害」を補えるものではないが，身体障害者の能力障害（disability）による「活動制限」や，社会的不利（handicap）による「参加制約」を解消する手立てになると考えられている。さらにこのような機能的効果の他，精神的な効果としての自立心，自尊心の向上，安心感の獲得，社会的効果としての犬を介した周囲からの使用者に対する働きかけの増加も挙げられている。

　これまでの研究からも，盲導犬は人と人の関わりを促進させ[6]，介助犬の使用者は介助犬と外出すると他者との会話や他者から微笑みを受ける回数が増える[7〜9]ということから，補助犬は障害者と健常者の間の「心のバリア」を減らすことにも貢献していることが知られている。また，盲導犬は歩行という作業をともにこなし，ともに生活する中で情緒的なつながりが生まれ，使用者の孤独感が軽減する[10]。さらに介助犬や聴導犬の使用者も，補助犬は孤独感やストレスを軽減し，安心感を増す仲間であり，他者との関わり方を変えていると報告している[11〜13]。犬を世話することが障害者にとって負担になると考える場合が多いが，常に他人からの介助を受け，「介助される」側ばかりになりがちな障害者にとって，自らが主人になり，責任者となって世話をする対象があることは，精神的な負担だけ背負うのではなく，自尊心の向上につながると考えられている。さらに犬との会話，犬に指示を出すこと，撫でる行為，食事を与えること，ブラッシングなどの犬の世話や散歩などは，

物理的なリハビリテーション効果をもたらすとも考えられている。実際に介助犬使用者の多くが，人と話すこと，人と知り合う機会，外出する機会が増加し「体力が付いた」「明るくなった」と効果を報告している[14]。

Allenらの報告では，介助犬によって障害者の自尊心，自制力の向上が見られただけでなく，人的介助時間および費用の削減が認められたとある[15]。障害者のほとんどは介助者が家族であり，介助者，すなわち家族の負担軽減を補助犬の希望動機として挙げている。つまり介助者が家族であるからこそ生じる精神的負担は介助者にも被介助者にもあり，精神的負担の軽減は補助犬使用者だけでなく家族である介助者にも認められる効果となっていると考えられている[16]。

5. 公衆衛生と補助犬

補助犬は上記のように身体障害者補助犬法により社会参加を保証された動物である。社会参加をする動物に実際の社会が課する要件は，補助犬の有効性でも確実性でもなく，社会に対して安全か否かの1点である。つまり，感染症の予防対策がとられ，かつ他人に迷惑をかけないなど，行動上も公衆衛生上に不利益をもたらさないことである。動物はきちんと管理されていなければ，感染症やアレルギー，咬傷など，人に対して危険なものにもなりうる。このようなリスクが補助犬からもたらされることは社会的に決して許されない。

補助犬のアクセスを拒否することは，その補助犬の使用者自身のアクセスを拒否することである。つまり補助犬へのアクセス拒否は，家庭犬などのその他の犬を拒否することとは全く意味が異なる。しかし今後，我が国に補助犬をより普及させていくためには，上記のように行動上や公衆衛生上の社会的なリスクをできるだけ少なくする配慮も必要であり，補助犬法にもこれらについての使用者の義務規定が明記されているのである。

6. 人獣共通感染症

狂犬病のように犬から人，人から犬に感染する可能性がある感染症を人獣共通感染症，あるいは動物由来感染症と呼ぶ。国内では，家畜や野生動物に直接あるいは間接的に関係がある人獣共通感染症は約120から150種存在すると言われるが，

そのうち犬に関するものは約30種と言われている。病原体は，狂犬病のようなウイルス，食中毒や皮膚病などを起こす細菌，真菌，そして内部・外部寄生虫など多彩である。人獣共通感染症の特徴はすべての病気はどの動物からもうつるわけではないということ，特に犬などの家畜動物の場合は，野生動物とは異なり，感染経路や予防対策が明らかになっているものがほとんどである。犬からの人獣共通感染症の人への感染は，① 犬にとっても病原性がある病原体による人への感染(狂犬病など)，② 病原体を持った節足動物を介した感染(ライム病，Q熱など)，③ 犬の常在菌による人への感染の3種類に分類することができる[17]。①や②による人への発症はワクチンや予防薬，獣医師の診断と治療により予防管理が可能であるが，③においてはその予防管理は難しいと言えるかもしれない。しかし健康な人では，動物を触った後は手を洗うなどの一般的措置を行えば決して問題につながらないだろう。免疫機能が低下したり，易感染状態にある場合では注意が必要になる。

一般的にはこれらの人獣共通感染症についての正しい知識はまだ浸透していないので，犬はむやみに汚いものとしての扱いを受けることもある。身体障害者補助犬法では，厚生労働省令で犬が公衆衛生上の不利益をもたらさない旨を証明する書類を持つことを規定しているが，それだけではなく人獣共通感染症に対する正しい知識をいっそう普及していくことが，逆に人獣共通感染症を恐れずに対応することができるようになるのではないだろうか。

7. 犬であることの意義

米国のADA法(障害を持つアメリカ人法)では，補助犬(service dog)ではなく補助動物(service animal)として，あらゆる障害について補助をする動物を使用する障害者の権利を保護している。我が国においても一部のマスコミなどでは，かつて器用にボタンをはめたり，缶切りで缶を開けたり，使用者の食事を介助する「介助ザル」や，寿命が犬より長い「盲導馬」が話題になった。サルは人獣共通感染症上，最も危険な動物の1つであるばかりでなく，知能や情緒が豊かであるだけに行動管理は容易でなく，欧米で使用されている介助ザルのほとんどが全抜歯されていることが動物福祉上問題になったこともある。またサルは樹上動物であるがゆえに排泄管理(排泄のしつけ)が困難で，常時おむつをしていなければならない。

また「馬」も排泄管理ができない動物で，これでは公共の場所に気軽に出かけることが困難であることが容易に予想される。さらに馬は身体的構造から幅が狭い階段や滑る床などを歩くようにはできていないし，我が国の道路交通法では馬は軽車両であるため，歩道を歩くことは許されていない。さらに馬は飼養管理(食事)や運動，ひづめの手入れなども特殊であり，都会では現実的に飼育が困難であるに違いない。補助動物としては有効性や話題性以前に安全性を重視しなければならず，常に行動管理も含めた公衆衛生管理を考慮しておく必要がある。犬は以上のように公衆衛生上の安全確保のためにも合理的な動物と言うことができるだろう[18]。

8. 補助犬と動物福祉

　身体障害者補助犬は障害者福祉に資する犬である。動物を活用するからこそ動物福祉は非常に重要なものとなる。動物福祉とは，虐待や飼育放棄(ネグレクト)をしないことを意味するものではない。動物福祉の概念は，当初，英国の農用動物福祉委員会(Farm Animal Welfare Council)によって家畜福祉の目標として提唱された「動物福祉のための5つの自由(5 freedoms)」が，飼育動物全般にあてはまる理念として広まっているが，もちろん補助犬に対してもこの基準があてはまらなければならない[19]。

　　動物福祉のための5つの自由(5 freedoms)
　　1. 飢えと渇きからの自由(Freedom from Hunger and Thirst)
　　2. 不快からの自由(Freedom from Discomfort)
　　3. 痛みや怪我，病気からの自由(Freedom from Pain, Injury and Disease)
　　4. 恐れや不安からの自由(Freedom from Fear and Distress)
　　5. 正常な行動を示す自由(Freedom to express Normal Behavior)

　動物福祉は先に述べた公衆衛生にも密接に関わる。犬の健康管理は，犬自身の健康だけの問題ではなく，適切な飼育環境と獣医療の提供，身体を清潔に保つことは人獣共通感染症の予防に役立つ。補助犬法は，動物の福祉を目的とした法律ではないので動物福祉についての直接的な記述はないが，使用者の義務

として公衆衛生上の管理義務(22条)や動物福祉的観点からの健康管理や犬の取扱いに関する記述(21条)が存在する。つまり補助犬使用者は補助犬からさまざまなサポートを受ける立場であるが，同時に犬の飼養者として動物福祉と公衆衛生の両面において適切な管理を行う者として，何よりも犬の保護者としての役割を果たさなければいけない。

上記の「5つの自由」での『痛みや怪我，病気からの自由』，『恐れや不安からの自由』は，痛みや不安，恐怖を感じることは著しいストレスになる，と読み替えることができる。つまり動物に過度なストレスがかかることは動物福祉に反すると言っているのである。ストレスレベルの客観的な評価は難しいかもしれないが，過度のストレスを受けた動物は，排泄や脱毛，よだれを流す，さらに逃避行動や防御的な反応としての攻撃行動を示す。これらの行動は動物福祉上の問題だけでなく，いずれも社会に対して公衆衛生上の多大なリスクとなりうる。これらの理由からも，補助犬を育成する上で適切に適性がある犬を選択することは非常に重要であると言える。つまり補助犬の適性とは，決して補助犬の作業能力の良し悪しだけではなく，普段と違う環境や状況，他人や他動物と一緒にいることに対して過剰な反応をとらず，普段と同様に落ち着いて行動できる犬である。このような行動は後天性の学習や訓練のみで獲得することは難しく，そういう意味でも補助犬では適性ある犬の繁殖と育成，および選択がとても重要なものとなるのである。

人間が動物をさまざまな方向に利用する限り，人間だけでなく利用される動物も幸せであることが確保されなければならない。確かにその動物が幸せかどうかを客観的に測ることは困難であるかもしれないが，可能な限り動物の福祉を保つことは必ず約束されるべきである。

9. 今後の課題

日本の盲導犬数は1,043頭[4]，人口100万人当たり7.5頭の盲導犬が活躍する。年間育成頭数は120〜140頭で，その半数以上は代替(先代の盲導犬を引退させ，次の盲導犬を受けること)の盲導犬となり，新規使用者の平均待機年数は欧米に比較して長い(平均1年6ヶ月)[20]。アメリカでは約8,000頭，イギリスでは4,656頭の盲導犬が活躍しており，人口100万人当たりの頭数はそれぞれ28.4頭，79.2頭

である。また待機期間も日本に比べて短い（平均 3 ヶ月）[21]。これらを考えると，さらなる育成頭数の増加が望まれていると言えるだろう。またアンケート調査によると補助犬法の内容を知らない事業主が約 4 割いることが示され [22]，補助犬法成立後 10 年経つ今でもアクセスの拒否事例を多く聞くことができる。アメリカやイギリスのような権限のある救済機関も罰則規定もないために補助犬法の実効性が乏しいという意見も聞くことがある。さらに現在の補助犬法では 56 人以下の民間の事業所や住宅では受け入れ義務ではなく，努力規定にとどまっていることは，障害者の人権問題にも関わる問題にもなりうるという意見もある [23]。現在は補助犬の中に組み込まれていないが，アメリカなどで活躍するてんかんなどの発作を予知する犬や，情緒障害などに対する補助犬をどのように取り扱っていくかなども課題の 1 つかもしれない。今後，補助犬法の改正も望まれるが，まずはわれわれ国民が「盲導犬などの補助犬は自分にはあまり関係ない」と考えずに，誰もが身近な存在に思い，考えるようになること，知ろうとすることが大切なのではないだろうか。

＜参考文献＞

1) 厚生労働省社会援護局障害保健福祉部(2002)．平成 13 年度身体障害児・者実態調査 厚生労働省
2) 石井勇(1982)．わが国の交通環境と視覚障害者－視覚障害者の立場からみた交通システムの問題点－ 国際交通安全学会 Vol. 7 No. 3 ： 160-168
3) Clark-Carter D.D., Heyes A.D., Howarth C.I. (1986). The efficiency and walking speed of visually impaired people. Ergonomics 29 ： 776-789
4) http://www.mhlw.go.jp/topics/bukyoku/syakai/hojyoken/html/b04.html
5) 上田敏(2005)．ICF(国際生活機能分類)の理解と活用－人が「生きること」「生きることの困難(障害)」をどうとらえるか きょうされん
6) Hoyt L. L., Hudson J. W. (1980). Dog guides or Canes: Effects on social interaction between sighted and unsighted individuals. International Journal of Rehabilitation Research 3 : 252-254
7) Hart L. A., Hart B. L., Bergin B. (1987). Socializing effects of service dogs for people with disabilities. Anthorozoo 1: 41-44
8) Eddy J, Hart LA, Bolz RP. (1988). The effects of service dogs on social acknowledgements of people in wheelchair. J Psycol. 122(1) 39-45

9) Marder B, Hart LA, Bergin B. (1989). Social acknowledgements for children with disabilities effects of service dog. Child Dev. 60(6) 1529-34
10) 盲導犬に関する調査委員会 (2000). 盲導犬に関する調査報告書. 日本財団公益福祉部
11) Lane D. R., McNicholas J., Collis G. M. (1998). Dogs for the disabled: benefits to recipients and welfare of the dog. Applied Animal Behaviour Science 59: 49-60
12) Hart L. A., Zasloff R. L., Benfatto A. M. (1995). The pleasures and problems of hearing dog ownership. Psychological Reports 77: 969-970
13) Hart L. A., Zasloff R. L., Benfatto A. M. (1996). The socializing role of hearing dogs. Applied Animal Behaviour Science 47: 7-15
14) 高柳友子(1998). 介助犬－適応と効果－ 臨床リハビリテーション 7(2): 187-192
15) Allen K. & Blascovich J. (1996). The Value of Service Dogs for People With Severe Ambulatory Disabilities: A Randomized Controlled Trial. JAMA, 275(13), 1001-1006
16) 高柳哲也, 他(2000). 平成 11 年度厚生科学研究障害福祉総合研究事業 介助犬の基礎的調査研究報告集
17) 赤尾信明, 高柳友子, 藤田紘一郎(2003). 身体障害者補助犬が罹患し得る動物由来感染症～その予防と対応の確立に向けた検討～ 平成 14 年度厚生労働科学研究障害保健福祉総合研究事業 総括分担研究報告書 26-29
18) 高柳友子(2002). V-2 介助犬の安全性と人畜共通感染症 高柳哲也編 介助犬を知る～肢体不自由者の自立のために～ 名古屋大学出版会 238-243
19) http://fawc.org.uk/freedoms.htm
20) (社)日本盲人社会福祉施設協議会リハビリテーション部会盲導犬委員会調べ(2006).
21) 福井良太(2008). 世界からみた日本の盲導犬育成事業 日本補助犬科学研究 2(1) 22-25
22) 盲導犬に関する調査委員会(2004).「身体障害者補助犬法の周知状況に関するアンケート調査」
23) 竹前栄治(2007). 世界の補助犬法令と現状 日本補助犬科学研究 1(1) 2-8

第4節 人獣共通寄生虫病

今井壯一

1. 日本の人獣共通寄生虫

　ヒトと動物の関係を考える上で，さまざまなプラス面と同時に，マイナスな面もあることを認識しなければならない。そのうちの1つとして，動物と接することで，動物体内に存在していた病原体がヒトに感染するリスクを負うことがある。脊椎動物とヒトとの間で相互に自然感染が起こり得る疾病を人獣共通感染症 zoonoses という(WHO)。この原因となる病原体には，ウイルス，細菌，真菌，寄生虫など多くのものが含まれるが，人獣共通寄生虫症は言うまでもなく寄生虫の

表 4.2　我が国に見られる主な人獣共通寄生虫 (1)

寄生虫名	本来の宿主	その他の宿主 (中間宿主を含む)	ヒトへの感染ルート
赤痢アメーバ	サル	ヒト, イヌ	経口感染
トキソプラズマ*	ネコ	ヒトを含む多くの動物	経口感染・経皮感染
クリプトスポリジウム*	哺乳類	―	経口感染
サルコシスティス	ヒト	ウシ, ブタ	経口感染
バランチジウム	ブタ	ヒト, イヌ	経口感染
犬回虫*	イヌ	ヒト	経口感染
猫回虫*	ネコ	ヒト	経口感染
アニサキス	海棲哺乳類	ヒト, タラなど	経口感染
糞線虫*	イヌ	ヒト, サル	経口感染
有棘顎口虫	イヌ, ネコ	ヒト, ライギョ	経口感染
剛棘顎口虫	ブタ	ヒト, ドジョウ	経口感染
日本顎口虫	イタチ	ヒト, ドジョウ	経口感染
東洋眼虫	イヌ	ヒト, メマトイ	経皮感染
犬糸状虫	イヌ	ヒト, 蚊類	経皮感染

*イヌ・ネコを取り扱う際に注意を要するもの

第 4 章　人の医療・福祉補助としての動物

表 4.2　我が国に見られる主な人獣共通寄生虫 (2)

寄生虫名	本来の宿主	その他の宿主 (中間宿主を含む)	ヒトへの感染ルート
旋毛虫	哺乳類	—	経口感染
肝吸虫	ヒト, イヌ, ネコ	淡水魚	経口感染
肺吸虫	ヒト, イヌ, ネコ	サワガニなど	経口感染
横川吸虫	ヒト, イヌ, ネコ	アユ	経口感染
肝蛭	ウシ, ヒツジ	ヒト	経口感染
日本住血吸虫	ヒト, ウシ, ネコ	ミヤイリガイ	経皮感染
ムクドリ住血吸虫	ムクドリ	ヒト, 哺乳類	経皮感染
日本海裂頭条虫	ヒト, イヌ, ネコ	サクラマス, サケ	経口感染
大複殖門条虫	海棲哺乳類	イワシ	経口感染
マンソン裂頭条虫	イヌ, ネコ	ヒト, ヘビなど	経口感染
無鉤条虫	ヒト	ウシ	経口感染
有鉤条虫	ヒト	ブタ	経口感染
瓜実条虫	イヌ, ネコ	ヒト, ノミ	経口感染
多包条虫*	イヌ, キツネ	ヒト, ネズミ	経口感染
単包条虫	イヌ	ヒト, ウシ	経口感染

*イヌ・ネコを取り扱う際に注意を要するもの

感染によって起こる疾病のことをいう。我が国においても表 4.2 に示すような多くの寄生虫がこれに該当することが知られている。表に見られるように，ヒトへの感染は多くのものが中間宿主を食物として摂取することによる経口感染が主な感染ルートであるが，イヌやネコから直接感染する危険性を持つものも少なくない。ここでは，これらによって起こる寄生虫病のうち，特にイヌやネコなどの小動物を扱うに当たって当事者にも感染する危険性を持つ人獣共通寄生虫について概説し，それらの感染を防ぐにはどうしたらよいかについて紹介したい。

2. イヌ・ネコと接することにより感染の可能性がある寄生虫

1) トキソプラズマ

　トキソプラズマ *Toxoplasma gondii* は原生動物と呼ばれる単細胞の生物で(写真 4.1)，我が国における最も主要な人獣共通寄生虫であろう。本来はネコの寄生虫であるが，中間宿主としてヒトを含むさまざまな哺乳類や鳥類をとることが知られている。ヒトへの感染は感染猫が排出するオーシストと呼ばれる発育ステージの

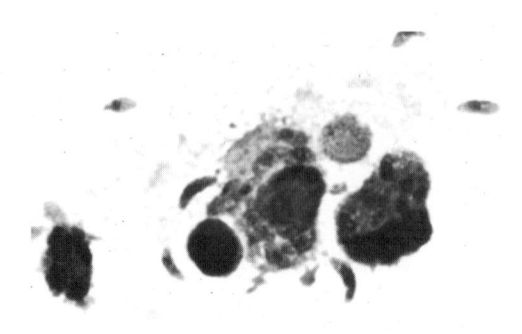

写真4.1 トキソプラズマ（三日月形の虫体）

虫体の摂取，ならびに中間宿主の筋肉中にいるシストと呼ばれる発育ステージの虫体を食べることによって起こる。特に妊娠初期の妊婦が感染すると，虫が胎児に入り込み，脳症状を中心とする重い感染症を引き起こすことがある。トキソプラズマの生活環が自然界で回るためには，原則的にネコと中間宿主動物（ネズミ，ブタ，ヤギ，ヒツジ，ニワトリなど）の両方を必要とする。したがって，一生を屋内で過ごすネコでは，トキソプラズマに感染するチャンスは低いと考えられるが，屋外を徘徊するネコや野良猫ではそのチャンスは多く，特に人家の近隣にネズミなど中間宿主となる動物が多い場合にはその危険性は増大する。また，ブタもトキソプラズマの好適な中間宿主になるため，ブタの生肉片が散乱しているような食堂が多い地域では，野良猫やネズミがこれを食べて感染するチャンスが増加する。

　ネコがトキソプラズマに感染すると，5日前後で糞便中にオーシストを排泄し始め，これがヒトやその他の動物への感染源となるが，注意するべきは，ネコの新鮮糞便中に排泄されるものは感染性のない未成熟なオーシストである，ということである。このオーシストが感染力を持つようになるには，外界で最低2日ないし3日を要する。すなわち，飼い主が常に糞便が新しいうちに処理するように気を付ければ，ネコからのトキソプラズマの感染はほとんど防ぐことができる。また，ネコの糞便中にオーシストが排泄される期間は通常長くて3週間くらいであるが，この時期の前半には血液中の免疫抗体は上昇していない。ネコのトキソプラズマ感染を調べるため，ラテックス凝集反応などの免疫学的診断が用いられるが，本法で最も注意しなければならないのは，抗体価が高いからといって必ずしも虫が体内で増殖しているわけではなく，むしろ多くの場合，体内のトキソプラズマ虫体はすでにシスト化しており，もはやそのネコからの感染の危険性はほとんどないと言ってもよいことである。この場合，抗体が陰性のネコのほうが，近い将来トキソプラズマに感染し，オーシストを排泄するリスクを有していることになる。

いったんオーシストを排泄したネコはそれ以後再びオーシストを排泄することはほとんどないことが知られている。

イヌでのトキソプラズマ症の発生はほとんどないが，ジステンパーにかかり，免疫機構が低下したものでは発症が報告されている。

2）クリプトスポリジウム

クリプトスポリジウム *Cryptosporidium parvum* は最近注目されてきた原虫で，宿主に対する特異性が低く，哺乳動物に感染するものは共通の種であると考えられている。決して珍しい種ではなく，多くの動物が感染していると考えられているが，通常は宿主の免疫に抑えられ，ヒトが発症することはあまりないと考えられてきた。しかし，種々の原因で免疫力が抑えられると自家感染により増殖を繰り返し，長期の下痢をきたして衰弱し，場合によっては死に至る例が報告されている。さらに最近では遺伝子的にヒト型と呼ばれるものが見つかり，これは健康なヒトにも重度の下痢を起こさせる。ただし，通常のヒトでは死ぬようなことはない。主に水系(飲料水)の汚染による感染が我が国でも報告されている。また，牛のクリプトスポリジウム(ウシ型)が健康な人体に感染し，発症した例があるが，イヌやネコからのこのような例は現在のところ知られていない。今後注意すべきものかもしれない。糞便の迅速かつ確実な処理が予防上最も効果的であろう。

3）イヌ・ネコの回虫

イヌ，ネコにはヒトにも感染する2種類の回虫が寄生する(写真4.2)。

(1) 犬回虫

犬回虫は我が国のイヌにも極めて普通に見られる線虫で，本来の宿主はもちろんイヌであるが，その他の多くの動物にも感染し，最近人獣共通寄生虫病としても注目されてきている。我が国では現在までに100例以上の人体感染例が報告されている。

イヌへの感染ルートとしては，胎子のうちに母犬から感染する胎盤感染

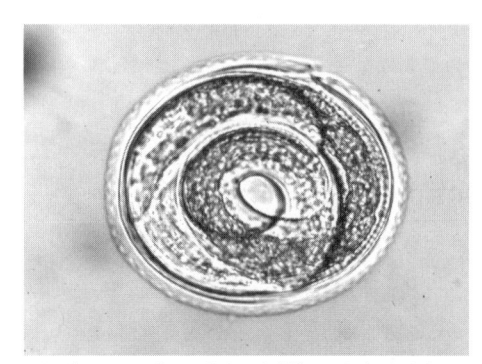

写真4.2 犬回虫卵 (感染子虫含有卵)

が最も主要なものである。この他に，乳汁による感染，虫卵を摂取することによる感染，ネズミなどにいる幼虫をネズミごと捕食することによる感染がある。感染犬の糞便中に排泄された虫卵はそのままでは感染力がないが，2〜3週間外界で発育すると，感染力を持つようになる。これを3ヶ月齢より若いイヌが摂取すると，多くの幼虫は感染後約4週間で成熟し，虫卵を排泄するようになる。しかし，3ヶ月齢以上のイヌが感染した場合には幼虫の多くは成虫にならず，全身へ運ばれ筋肉中や腎で被嚢してしまい，被嚢した幼虫は，そこで1年以上生存する。この発育パターンの変更時期は必ずしも3ヶ月齢前後というわけではなく，イヌの性や品種，1回の虫卵摂取数，犬回虫の以前の感染経験などによってかなり広い幅で動くことが知られている。したがって，かなり高齢の成犬でも虫卵を排泄することがある。

雌犬が妊娠すると，組織内に被嚢していた幼虫は，胎盤に向かって動き出し，胎子の肝臓へ移行して胎子に感染を起こす。一部の幼虫は移行を起こさず，次の妊娠が起こるまでそのまま留まっているものがあるので，母犬は一度犬回虫の感染を受けると，次々と回虫感染子犬を産む可能性がある。

胎子の肝臓内に移行した幼虫は，子犬の誕生とともに肺，気管を経て腸管で成虫となる。このようなルートで成熟した回虫は，子犬の誕生後約3週間で産卵を始める。妊娠後期，授乳初期にも組織内の幼虫が動き出し，これらは乳腺に移行する。子犬がこれを乳汁とともに取り込むと，幼虫は子犬の腸管内で成虫となる。

これらの他，動物（待機宿主）の捕食によっても感染が起こる。犬回虫がイヌ以外のさまざまな動物に感染すると，幼虫がそれらの体内で被嚢することが知られており，特に齧歯類では感染を受けると幼虫が脳内に被嚢しやすいため，正常な運動ができなくなり，イヌに捕食されやすくなる。ネズミの多い田園地帯や山間部では注意が必要であろう。理論的には，ミミズーニワトリーネズミーイヌというような食物連鎖に伴う子虫の運搬も起こり得る。

ヒトへの感染は土壌中の虫卵を摂取することによる感染ルートと，別の幼虫保有動物を食べる（例えば牛レバ刺，トリのレバ刺など）ことによって感染するルートがある。

成虫が体内にいるイヌでの診断は糞便検査で虫卵を検出することにより簡単に行うことができるが，幼虫を保有している宿主での検査は困難である。最近，免疫学的診断法が検討されている。

治療薬として，腸管内の成虫に対しては種々の抗線虫剤が適用できるが，体内の幼虫に対しては，フェンベンダゾール50mg/kgを妊娠40日目から産後14日目までの期間連日母犬に投与することにより，回虫のいない子犬が産まれたとの報告がある。ただし，被囊したままで残っている幼虫および胎子に入り込んでしまった幼虫に対しては効果がない。

(2) 猫回虫

猫回虫は主にネコに寄生する。イヌにも感染するが多くない。犬回虫と同様，比較的複雑な発育環をとるが，犬回虫とは，① 胎盤感染ルートがない。② 成虫になる発育ルートはより高い年齢のネコでも起こる。③ イヌに比べて捕食行動が活発なので，幼虫保有動物（待機宿主）からの感染ルートが重要である。などの違いがある。

ネコに摂取された虫卵は胃あるいは十二指腸で孵化し，腸管壁，肝臓，肺を経て，再び腸管に戻ったのち，感染28日目には成虫となり，約2ヶ月で糞便に虫卵が見られるようになる。感染した虫卵のうち，一部は幼虫が発育することなく組織中に被囊してしまい，これらの幼虫に起因する乳汁感染が普通に起こることが知られている。待機宿主からの感染，乳汁による感染ともに新しい宿主に入った幼虫は，腸管で直接成虫に発育する。

猫回虫の駆虫においても，フェンベンダゾールの50mg/kg，1日1回3日間の投与が効果が高いことが報告されている。

犬回虫・猫回虫ともに，ヒトに幼線虫移行症（VLM）を起こす寄生虫として近年我が国でも注目されてきている。重感染例では，発熱，肝脾腫大，肺炎，脳炎などが見られる。また，時に眼幼虫移行症（OLM）を起こし，失明した例も知られている。これに関連して，最近，公園の砂場からの回虫感染の危険性が社会問題となってきており，実際に各地の公園砂場の回虫卵の検出率を見ると，いずれもかなり高いことが明らかになっている。しかしながら，重要なことは，感染が起こらないことによるものか，感染してもほとんど症状が現れないことによるものかについては明らかではないが，砂場での高い汚染率にもかかわらず，ヒトでの患者数の報告は非常に少ない点である。排泄された糞便中の虫卵が感染力を持つようになるまでには2～3週間を要すること，小児でも糞便を直接触った手でお菓子などを食べることはそれほど起こらないことなどはこのことと関連しているかもしれない。

それでも，飼い主がイヌの糞便を放置し，2〜3週間が経過すれば虫卵は感染力を持つようになるので，糞便の始末はヒトへの感染という観点からも重要である。また，イヌ・ネコの皮膚や毛に回虫卵を含む種々の寄生虫卵が付着していることが知られているので，動物を触った後には必ず手を洗うようにすることと，シャンプーの励行が大切である。

なお，アライグマに寄生するアライグマ回虫はヒトに重篤な症状を起こすことが知られているので，糞便の処理や素手で体に触れることについてはイヌ，ネコ以上の注意が必要である。

4) エキノコッカス

エキノコッカスは条虫(サナダムシ)の仲間で，単包条虫と多包条虫の2種類がある(写真4.3)。現在我が国で問題となっているのは多包条虫で，分布地域は主として北海道全域である。これらの条虫の幼虫が中間宿主内の肝臓などでつくる囊胞(包虫と呼ばれる)内では，幼虫が増殖して巨大化し，中間宿主に重篤な症状を及ぼす。通常はキタキツネ(終宿主)とエゾヤチネズミ(中間宿主)の間で発育環が回っているが，ここにヒトやイヌが介在してくると問題になる。ヒトは中間宿主としての立場に，イヌは終宿主としての立場になり得るので，エキノコッカスに感染しているキタキツネやイヌが排出した糞便の中に含まれる虫卵をヒトが誤って摂取すると肝臓で包虫が発育し，いわゆるエキノコッカス症になる。終宿主であるキツネやイヌでは成虫が寄生するが，成虫は極めて小型で，全長が2〜7mm程度しかないため，これらの動物ではほとんど症状が出ない。これに対して，エゾヤチネズミの肝臓で形成される包虫は数cmの塊となり，その中には数万〜数十万の頭節が含まれている。したがって，終宿主は1匹のネズミを食べただけでも数万匹の成虫が寄生することになり，それに伴って，糞便中に排出される虫卵数も極めて多数にのぼる。ヒトが終宿主の糞便中に含まれる虫卵を

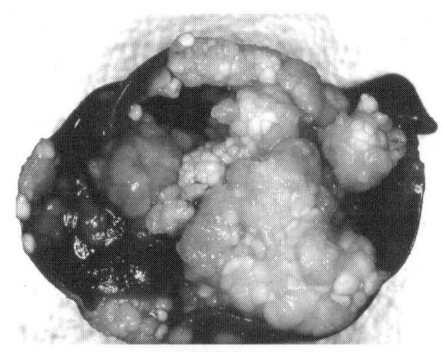

写真4.3　ネズミ肝臓に見られるエキノコッカス

摂取するチャンスとしては，イヌでは糞便の不十分な処理，キツネでは野外で排泄された虫卵が水系を汚染し，その水を生で飲むことなどが挙げられる。さらに注意しなければならないのは，これらの終宿主の被毛に付着している虫卵である。イヌはともかく，キツネは野生動物なので，風呂にも入らなければシャンプーをされることもない。あのフサフサの毛皮には相当数の虫卵が付着していると考えなければならない。近年，北海道を旅行すると，キタキツネが親しげに寄ってくる光景が増えてきた。餌をもらうためである。食べかけのお菓子をキツネに与え，ついでに頭を撫でて，そのままお菓子を食べ続ける，という行為は極めて危険であると言える。

一方，青函トンネルの開通とともに，キタキツネが本州に侵入したのではないか，と思われる報告が次々となされるようになり，1999年には秋田県内に住む60歳代の主婦での感染が見つかっている。エキノコッカス症は今や北海道だけの病気ではなく，日本全国の病気として捉えなければならないのかもしれない。なお，エキノコッカスはネコにも感染して虫卵を排出することが知られており，2007年には北海道のネコでも報告された。イヌ，ネコに感染させないためには，これらの動物がネズミを摂取しないようにすることが重要である。

5) その他の人獣共通寄生虫病

その他，身近なところからヒトに感染してくる可能性のある寄生虫病にはアニサキス，顎口虫，日本海裂頭条虫，マンソン裂頭条虫などがあるが，これらはいずれも生の食物を摂取することによるものである。特にアニサキスはアジやサバ，スルメイカなどから感染するので，刺身を好物とする日本人では感染者は少なくない。

これらとは別に，現在しばしば問題となるものにノミがある。最近はさまざまなノミ用の薬剤が開発，販売されているので，一時期に比べると少なくなってきた傾向は認められるが，なくなってはいない。これは，ノミが動物に寄生する時期が成虫だけで，卵，幼虫，蛹の3つの発育段階は動物の体以外の場所にいるためである。動物の体に寄生している成虫の20倍の数の予備軍(卵，幼虫，蛹)が周囲に存在していると考えられている。特に蛹は繭の中で生活し，羽化して成虫となっても宿主に寄生するまでは繭の中に待機しているので，このような場所にヒトが足を踏み入れるとヒトも刺されることになる。動物のノミ駆除とともに周囲環境の対策(清掃，IGR剤の投与など)が非常に重要である。また，最近都市部でのマダニ寄生も問題

になってきている。この原因として，都市部に数多くある小さな土と草のある公園が繁殖場所になっていることが考えられる。マダニの中のフタトゲチマダニはイヌにバベシア病と呼ばれる原虫病を媒介するため，注意が必要である。フタトゲチマダニは本来山地性のマダニで，平野にはいないと考えられてきたが，最近では東京都を含む関東平野でも存在が確認されている。

おわりに

　これまで見てきたように，人獣共通寄生虫病は決して新しい種類のものが増加しているわけではないが，動物の飼育環境の変化や飼育頭数の増加に伴って古くから知られていた寄生虫が再び流行してくる現象が見られている。寄生虫病はおおむね慢性経過をとるものが多いため，軽視されがちであるが，特に人獣共通寄生虫については，飼い主自身の感染をも防ぐため，積極的な診断と治療が必要であろうと思われる。

　最近のペット飼育熱の増大によって，イヌ，ネコの飼育頭数は飛躍的に増加しており，小鳥類，魚類，その他のいわゆるエキゾチックアニマルの飼育も盛んになってきた。その一方で，首都圏などでは，人口の増大とともに，住宅はますます山間部に広がりつつある。また，生活環境が向上したのに伴い，冬季でもエアコンディションによって快適な生活が営めるようになってきている。このような状況は，これまで都市部や，冬の間には見られなかったさまざまな寄生虫病の発生を生み出す温床となり，以前にはあまり見られなかった寄生虫病の発生と，人獣共通寄生虫病の増加の危険性が指摘されてきているが，一方ではそれらに対して過剰な不安が持たれてきている実状も否定できない。このような不安に対しては，該当する寄生虫についての正しい知識を持つことが何よりも大切であろうと考えられる。

　現在参考になると思われる人獣共通寄生虫学書には以下のようなものがある。
　　1) 図説人体寄生虫学，第 7 版，吉田幸雄・有園直樹，南山堂(2006).
　　2) 人畜共通感染症，長谷川篤彦(監修)，学窓社(1998).
　　3) 新版獣医臨床寄生虫学(小動物編・産業動物編)，同編集委員会，文永堂(1995).
　　4) 臨床寄生虫病，板垣博(監修)，学窓社(1998).
　　5) 改訂獣医寄生虫学・寄生虫病学(1・2)，石井俊雄，講談社(2007).
　　6) 暮らしのなかの死に至る毒物・毒虫 60，唐木英明(監修)，講談社(2000).

第5節　さかなと人間

和田新平

　「さかな」すなわち魚介類は人間とさまざまな接点で関係している。われわれの食料資源として重要なのはもちろんのこと，魚油や魚粉として他の生物を飼育・栽培するための飼料や添加物にも利用され，遊漁の対象として重要な魚種も多い。ニシキゴイやキンギョを始めとする観賞魚はアジア圏の文化財であり，地域によっては観賞魚関連産業が基幹産業となっている場合もある。一方，コイヘルペスウイルス病のような疾病が社会的および経済的打撃を与えることもあり，遊漁対象として密放流されたブラックバスやブルーギルのような外来魚が我が国の淡水生態系を高度に撹乱させた事実も知られている。本節では，魚類をめぐるいくつかの話題を通して，「さかなと人間」との関係について考えてゆくためのアウトラインを示したいと考える。

1. 持続的利用可能な水産資源の問題

　本来は哺乳類であるはずのクジラ類までが魚の一種として取り扱われ，その肉が精肉店ではなく鮮魚店で販売されているくらい，日本人は多種多様な水棲生物，殊に魚介類を食料として重要視してきた。もちろん諸外国でも魚介類を食べる文化風習は存在するが，それらに比べても日本の魚食文化は多彩である。しかも，なるべく新鮮なものを生食，つまり刺身で食することを何より重視する傾向にある点で，他の魚食民族とは大きく異なっている。近所の回転寿司に行けばいかに多くの魚介類を利用しているのかがよく理解できる。それらの中には養殖魚も多いが，マグロ類を始めとして諸外国より冷凍状態で輸入された天然魚も多く含まれている。一方，我が国で漁獲された天然魚介類の代表と考え

られるのは，イワシ類やサンマなどのプランクトン食性の表層魚である。これらの表層魚には旬と呼ばれる最も味の良い，しかも大量に漁獲される時期があり，それ以外の時期には姿を見ないこともある。これに対して，輸入魚介類，殊にマグロ類は1年を通して途切れることなく，回転ベルトの上を赤身だトロだと看板かかげて巡回している。量販店の食料品売り場の鮮魚コーナーに行けば，近海ものとしてさまざまな魚介類が並べられているが，それらを丸々1尾購入してゆく人は少なく，サクと呼ばれる肉塊の状態ないしすでに刺身になって売られているマグロ類の売り場にはいつも数名のお客さんを見ることができる。しかしながら，天然水域の魚介類を食料資源として考えた場合，この状況には少々ややこしい問題が隠されている。

　近年，生物多様性の重要さが強調されるようになり，その理由としてかつては多様なほうが生態系が安定するからだとされてきた。しかしながら，熱帯雨林のような多様で複雑な生態系も定常状態にあるわけではなく，かなりダイナミックに変動しつつ存在し続けていることがわかってきた。生態系が絶えず変動を繰り返しながらも破綻することがないのは，それを構成する生物種が多様であることに支えられているという概念は，ごく最近になってようやく多くの生態学者の間で定説となりつつある。海の中にも同様な生物多様性に支えられつつ変動する系が存在する。その代表がプランクトン食性の表層魚たちの資源変動であるが，この変動は人為的に引き起こされたものではなく，数十年単位で変動する海洋環境に関連すると考えられる自然現象とみなされている。しかしながら，海洋環境中の生物多様性が大幅に失われつつあることも事実である。国際自然保護連合(IUCN)は絶滅危惧種の目録であるレッドリストを作成したが，その中には日本人が大好きなマグロ類も指定されている。マグロ類は海洋生態系ではかなり上位の捕食者であり，彼らの数が激減することは下位にある生物種の異常な増殖を促し，最終的には海洋生態系の多様性を損なってしまう可能性が高くなる。よって，マグロ類にやや偏重した魚食指向によってマグロ類資源が枯渇するよりは，プランクトン食性表層魚種を始めとする，海洋環境中の生態学的地位が下位の魚介類を多く消費する方が，海洋環境中の生物多様性を保持しつつ，資源を持続的に利用できる方策であるという考え方もある。

近年はクロマグロの完全養殖にも成功し，商業ベースで安定した数量が流通するようになれば，漁獲過剰による天然資源へのダメージも和らぐのではと期待されている。しかしながら，消費者がマグロ類に強い嗜好を示す現在の我が国で，表層魚を含むより多様な魚介類の消費を拡大させるには，食をめぐる教育にまで及ぶ長い時間をかけた努力が必要であろう。しかし，利用可能な資源を次世代に残すためにも，また世界に類を見ない多彩な魚食文化を残すためにも，少しずつでも改善させなければならない課題であろう。

2. ブラックバス問題

　子供の頃からとにかく釣り好きだった。色々な釣りを経験したが，やはり格好の良いルアーフィッシングが大好きになり，ブラックバスやブルーギルを地元の池などで釣っていた。ブラックバス（以下は"バス"）とはサンフィッシュ科のオオクチバス属の魚種の総称であるが，日本ではラージマウスバス（オオクチバス），フロリダバス，スモールマウスバス（コクチバス）を示す。ラージマウスバスは1925年に神奈川県の芦ノ湖に放流され，ブルーギルは1960年に現在の天皇が皇太子時代に訪米の際のお土産として持ち帰り，水産庁を通じて日本各地の水産試験場に分与された。ブルーギルは皇太子が持ち帰った「おめでたい魚」ということで，各地で放流された記録も残っているが，最も有名なのは静岡県の一碧湖に放流された事例である。自分がルアーを始めた頃の釣り雑誌によると，ラージマウスバスは芦ノ湖，相模湖，津久井湖にしかおらず，ブルーギルは一碧湖でだけ釣れることになっていた。それが，1970年代に入ると自分の住む城下町のお城の堀にも出現し始めたのである。その後のこの2魚種の棲息域は徐々に各地へと拡大してゆく。ラージマウスバス釣り場としてまず有名になったのは千葉の雄蛇が池，富士五湖，そして琵琶湖であるが，その後日本各地のほとんどの湖沼河川へ続々と「ゲリラ放流」され，短い期間で全国に拡散していった。1991年には長野県の野尻湖でスモールマウスバスが確認され，その後比較的冷涼な止水域へと拡散していった。これもまた「ゲリラ放流」の結果である。しかし，それでもまだ当時のバス釣りは一部愛好家の趣味であり，釣り産業全体の中に占める経済的影響も小さかったと推測される。1990年代後半に

事態は大きく変化した。有名な芸能人の趣味がバス釣りであることが判明し、それに付随する形でバス釣りも一般に認知され始め、特に若い女性が気軽に始められるおしゃれなアウトドアスポーツとして流行するに至ったようである。書店に行けばバス釣り関係の雑誌が 5 種類以上も並び、そのいずれもがファッション雑誌と見まがうばかりの装丁になっていた。当然、バス釣り産業は巨大になり、経済全体に与える影響も徐々に大きくなっていった。

そんな中にあって、バスとブルーギルの棲息域の拡散に警鐘を鳴らす人々も現れ始めた。これら 2 魚種によって、我が国在来の魚種が絶滅の危機に曝される恐れがあるというのが主な論旨であった。現に、琵琶湖ではかつて沿岸域に多数棲息していたスジエビ、タナゴ類、ホンモロコ、およびワタカがほとんど見当たらなくなり、そこには無数のブルーギルが棲息しているだけである。琵琶湖は世界的に見ても大変長い歴史を持つ古代湖であり、多くの固有魚種が棲息する遺伝子資源の宝庫であった。それがたかだか 30 年間でその生物多様性が大きく劣化してしまった。すでに山梨県の河口湖町のようにバスを使って町興しした自治体もあり、在来魚への影響についても一時はバスを擁護するかのような学説が登場したこともあったが、琵琶湖の惨状を見ればバスとブルーギルの在来魚種への生態的圧力は強烈なものであると認めざるを得ず、特定外来種に指定されたのも無理はないと思われる。生態的圧力に加えて、バスやブルーギルのような外来魚は、国内に存在しなかった魚類病原体を運んでくる可能性をも持っており、今後は国内に突然出現したかのように見える魚類感染症と、これら外来魚の移入との因果関係を詳細に検討する必要があるだろう。

現在、日本のバス釣り愛好家は 300 万人に達するとの試算もあり、釣り業界では最大のマーケットとなっている。2012 年に開催された国際フィッシングショーを覗いてみると、ほとんどのブースにはバス向けの釣り具が並び、「バスプロ」と呼ばれるバス釣りを生業とする方々が「実践的なタクティクス」を熱心に解説し、その周りには少なからぬ人垣ができていた。このバス釣り人気を裏付けるように、バスの棲息域はさらに拡大を続け、東京と神奈川の境を流れる多摩川ではラージマウスもスモールマウスも棲息している。多摩川中流域の上河原堰下とその下の二ケ領堰下では自分もこの目で確認した。ところで、

例えば多摩川でスモールマウスを釣ったらどうすればよいのだろうか。電話で直に質問したところ、環境省の見解は「生きたまま移動させることは禁止。その場で〆て（殺して）持ち帰って食用とするのは良い。生きたまま川へ戻す（再放流つまり"リリース"）も構わない。」だが、右岸側の神奈川県では「外来魚はリリース禁止なので〆て欲しい」だし、左岸の東京都は「再放流を禁止する都条例はない」とのこと。われわれ釣師は岸からだけ釣るのではなく、例えば中洲に渡って釣ることもあり、多摩川のどこで釣ったらリリース禁止なのか教えて欲しいと神奈川県に質問を投げかけているが、現時点ではご回答戴いていない。ちなみに、アメリカに留学していた時期に何度かバスを食べる機会があったが、独特の臭いを牛乳に浸して抜けばフライでもムニエルでも食べられる。バスは美味しい魚だと申し上げたい。ただし、バス（および多くの淡水魚）は寄生虫の中間宿主となっている可能性が高いので生食は厳禁である。

3. コイヘルペス問題

　コイは中央アジア原産であると考えられており、世界で最も古い養殖魚種とされている。日本でも約2000年前から飼育されており、岐阜県、長野県、群馬県といった動物性タンパク質に乏しい内陸部において、農家の副業として稲田などを利用して養殖されてきた。第二次大戦後、潅漑用溜池養殖や河川水を導入した小型コンクリート水槽での高密度飼育による流水養殖が行われるようになり、1960年代には人工飼料が開発され、霞ヶ浦で網生簀養殖技術が開発されるとさらに増産が加速した。1977年のピーク時には年間30,000トンが生産されていたが、2011年には3,148トンにまで落ち込んでいる。長らくコイ養殖生産量の52%、放流用種苗の17%は霞ヶ浦周辺に依存してきた。ニシキゴイは今から約300年前に、現在の新潟県小千谷市でマゴイから偶然生まれた浅黄という品種が元となり、品種改良を重ねて現在に至る我が国原産の観賞魚種である。ニシキゴイの養殖経営体の48%は新潟県に集中し、岐阜県（8%）、広島県（6.5%）と続いている。

　コイヘルペスウイルス病（以下KHVDと略記）は、1997年にドイツで開催された小規模な研究会で謎の疾病として報告され、翌1998年にイスラエルとアメリカで

発生した事例が論文として公表されている。以上の他に，オランダ，イギリス，ベルギー，南アフリカ，インドネシア，台湾および日本で発生したことが報告されている。これらの中で，その流行様式が最初からはっきりとしているのはインドネシアの事例だけである。インドネシアでは，中国本土から輸入したコイが感染流行の起点となったことが明確になっており，多くの魚病研究者は中国本土が KHVD に汚染されていた可能性を疑っている。しかしながら，2003年に横浜で開催された KHVD に関する国際シンポジウムに招聘された中国の研究者は，中国本土にはコイのウイルス感染症は存在しないと明言している。

KHVD は幼魚から成魚までのマゴイ，ニシキゴイに発症し，短期間で大量の死亡を引き起こす。水温が 13～27℃で発病するが，22～27℃で死亡率が最大となる。この範囲外の水温では発病しないか，仮に発病しても死亡率は低い。しかしながら保菌魚となる可能性がある。KHVD はコイ特有の疾病であり，コイ以外の魚種およびヒトを含めた哺乳類での発病は知られていない。イスラエルでは KHVD に対する生ワクチンを開発し，一定の成績を上げたことを報告しているが，我が国では水産動物に対する生ワクチンの使用が認められておらず，有効なワクチンの開発には至っていないのが現状である。前述したように，KHVD は 27℃以上では発病せずに耐過して保菌魚となるが，これを利用して 32℃の高水温に暴露することで発病させない手法が一部のニシキゴイ業者でとられていたが，これは保菌魚を生み出すことにつながり，その保菌魚を販売して被害が拡大し，さらに日本のニシキゴイへの信用を失墜させる結果を招くことから，実施しないように全日本錦鯉振興会より厳重な注意が出されている。

日本では 2003 年 10 月初旬に，茨城県霞ヶ浦の網生簀養殖場で大量に死亡したコイから，コイヘルペスウイルス（KHV）の遺伝子が検出され，KHVD の侵入が確認された。病魚は水面近くを不活発に遊泳し，体表粘液の過剰分泌，鰓の糜爛や鰓腐れ症状を呈するものも観察された（写真 4.4）が，全く無症状で死亡する個体も少なからず存在した。霞ヶ浦で KHVD が発生した時の水温は 16～18℃であり，比較的大型の魚の死亡が目立ったとされている。その後，岡山県で冷凍保存されていた，2003 年 5 月に県内河川に棲息していたコイの大量死亡事例の死亡魚からも KHVD の遺伝子が見つかったが，この事例は霞ヶ浦との

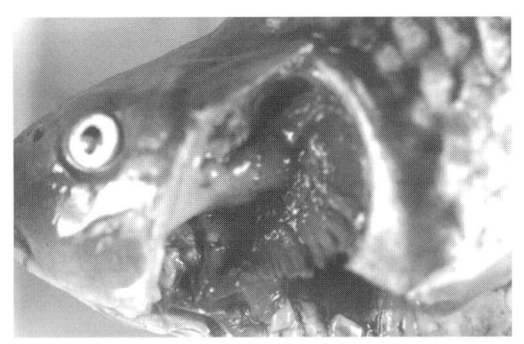

写真 4.4 霞ヶ浦で 2003 年 10 月に発生した KHVD の罹病魚。鰓組織が壊死している。

接点は明らかではなかった。霞ヶ浦で最初の事例が発生して以来，霞ヶ浦からコイを移動させた先の各自治体において KHVD が発生し始めた。幸いに水温下降期であったので発生はいったん止んだが，翌 2004 年の春からは全国的な広がりを見せ始め，2005 年 2 月現在で四国の 4 県，広島県，山口県，長崎県および沖縄県を除くすべての都道府県で発生が確認されている。殊に，琵琶湖ではコイの資源量が KHVD によって激減したと報告されている。余談だが，琵琶湖で KHVD が猛威を振るっていた時，琵琶湖の漁業関係者から「バスヘルペスとかギルヘルペスはないのか」と聞かれたことがある。これまでに国内で分離された KHV の遺伝子の塩基配列はすべて同一であり，同じ系統のウイルスによる感染流行であると判断される。

コイに代表されるコイ科魚類には，KHV 以外にも 2 種類のヘルペスウイルスが感染することが知られている。鯉痘 (carp pox) を引き起こす Cyprinid Herpesvirus-1 (CyHV-1) およびキンギョに造血器壊死症を引き起こす Cyprinid Herpesvirus-2 (CyHV-2) である。これら 2 つのヘルペスウイルスと KHV(CyHV-3) とは，ウナギ，チョウザメ，マス類およびカエル類から分離されたヘルペスウイルスと遺伝的に同じグループに属すると考えられ，哺乳類，鳥類，爬虫類から分離されたヘルペスウイルスとは DNA の相同性が全く異なることが知られている。よって，魚類ヘルペスウイルスを従来のヘルペスウイルス科から切り離し，アロヘルペスウイルス科という新しい分類群に再編成されている。

前述したように，KHVD には有効なワクチンが存在しない。しかしながら，高水温処理を行えば発症を抑えられることから，外国へ輸出することのない食用のマゴイについては，高水温処理を施して発症を抑えた魚を KHVD 発生地域間で流通させることは可能である。ただし，後述するように KHVD に関する法的規制とどう摺り合わせるのかが問題であり，また KHVD が未発生の地域にそれらの魚が流通することは絶対に避けねばならない。これに対して，ニシキゴイは国内だけでなく外国へも流通しており，それがニシキゴイ業界にとって大きな収入源であることから，絶対的に KHV に罹患していないことを確認できる生産・流通システムを構築しなければならない。現在，ニシキゴイ業界は以下のような対策を講じている。

1. 飼育水には河川水を使用せず，KHV に汚染されていないことを確認できる地下水ないし湧水だけを使用する。
2. 飼育に使用する網などの器具機材は塩素剤ないし市販の消毒用アルコールか 70％ に調整したエタノールで消毒する。飼育場への出入りの際は長靴や手指，雨合羽などを上述のアルコールで消毒する。飼育水の排水にも同様の消毒処置を行う。塩素剤はチオ硫酸ナトリウムで中和してから排水する。
3. 飼育管理記録を徹底し，養殖場への出入りをできる限り制限する。やむを得ず出入りする際には上記の方法で消毒を行う。
4. ニシキゴイを移入した場合，移入した魚をむやみに移動せず，専用の検疫用飼育室で 20～27℃ で 3 週間の隔離飼育を行って経過を観察する。この期間に発症しなければ KHV には罹患していないとみなすことができる。

　1999 年 5 月に公布・施行された「持続的養殖生産確保法」では KHVD を特定疾病としており，以下のような規程が設けられている。

1. 都道府県知事はKHVが蔓延する恐れがあると認める時は，蔓延を防止するために必要な限度において次のことを命ずることができる。
1-a. KHVに罹患していたり，罹患している疑いのあるマゴイ，ニシキゴイの移動の制限や禁止(罰則は3年以下の懲役または100万円以下の罰金)。
1-b. 病魚，死魚の焼却 and/or 埋却(罰則は1年以下の懲役または50万円以下の罰金)。
1-c. KHVが付着，または付着している恐れのある漁網，生簀，飼育器具機材などの消毒(罰則は30万円以下の罰金)。
2. 都道府県知事は，KHVを予防するため立ち入り検査など(現場の検査，質問，マゴイ，ニシキゴイなどの収取)を行うことができる。
3. 都道府県知事は，マゴイ，ニシキゴイなどを所有，管理している者に報告を求めることができる。

　この規程が存在することにより，KHVD発生地域でのマゴイ養殖は消滅の危機に瀕している。KHVDに罹患している可能性のある魚は原則的に移動が禁止されているため，これまでのような流通ができないからである。日本人にとって代表的なハレの日のお祝い魚はマダイであるが，長野県や岐阜県などの内陸部ではマゴイが祝い魚として重用されてきた。マゴイを用いた伝統食文化も代々伝わっており，それを支えてきたのがマゴイ養殖であることを考えると，持続的養殖生産確保法にKHVDが特定疾病として入っていることは，1つの伝統食文化の危機をも意味していると言える。よって，これまでにKHVDが発生した地域のマゴイ生産者はKHVDの特定疾病解除を求めているが，未発生地域の生産者およびニシキゴイ関係者は特性疾病解除に強硬に反対していると聞き及ぶ。未発生地域の生産者は自身の生産地をKHVD汚染から守るためであり，ニシキゴイ関係者は，厳格な法規制の元で自主的な感染予防措置を実施していることをアピールすることで，諸外国への輸出体制を死守するためである。
　現行の法規制ではマゴイとニシキゴイとを分けて規制することは困難であるが，この2品種はその目的が全く異なるために本来は分けて考えなければならないものと思われる。自国内での流通消費のみを目的とした食用マゴイに関しては，

少なくとも高水温処理した後には発生地域間の流通を解除し，国外へ決して流通しないようなシステムを構築する。観賞用のニシキゴイに関しては，前述したような自主的感染防除措置を法規制によって裏打ちすることで，諸外国からの信用を勝ちえるよう配慮する。こういった柔軟な対策こそが現場では求められており，魚病研究者間では活発な議論が交わされている。今後，行政レベルでも同様な議論が高まることに期待したい。

4. 水圏由来ヒト感染症の問題

陸棲動物からヒトへと感染する疾病は，一般に動物由来ヒト感染症と呼ばれており，中でもヒトも動物も感染発症するものが人獣共通感染症(zoonosis)とされる。一方，水環境ないし魚介類を介してヒトに感染する疾病群(多くは食中毒や寄生虫感染)も存在し，水圏由来ヒト感染症と呼ばれることがある。これらの中に，人獣共通感染症のようにヒトと魚介類の両者が感染発症する「人魚共通感染症(aquatic zoonosis)」が存在するか否かについてはいまだに確定されていないが，その可能性がある疾病として非結核性抗酸菌症が挙げられる。ここでは水棲動物の非結核性抗酸菌症について概説し，ヒトにおける非結核性抗酸菌症との関係について詳しく述べることとする。

抗酸菌症の原因菌は，特殊な染色を施した後に酸の処理をしても染色性が変化しないことから，酸に抵抗するという意味で「抗酸菌」と呼ばれ，結核菌(*Mycobacterium tuberculosis*)がその代表である。ヒトに結核を引き起こす結核菌群というグループ(*M. tuberculosis*など5菌種)以外の，比較的病原性が弱いとされる抗酸菌を総称して非結核性抗酸菌(Non-tuberculous mycobacteria，以下NTMと略する)と呼ぶ。水棲動物におけるNTM感染症として，鯨類(シロイルカ，バンドウイルカ)，海牛類(アマゾンマナティ，フロリダマナティ)，鰭脚類(ハイイロアザラシ，ゼニガタアザラシ，カリフォルニアアシカなど)，水禽類(フェアリーペンギン，サギ科およびトキ科の水禽)より9菌種のNTMによる感染症が報告されている。さらに，爬虫類(アオウミガメ，ケンプヒメウミガメ，アリゲーター)，両生類(ヒキガエル類など数種)および魚類(150種を超える海水・汽水・淡水魚)からも12菌種以上のNTMによる疾病が報告されている。

以上は脊椎動物であるが，NTM は淡水性巻貝，海水性甲殻類(オニテナガエビ，バナナエビ)および海綿類からも分離報告がある。中でも海水性甲殻類は単に分離されただけではなく，NTM による疾病例として報告されている。このように，水圏は重要な NTM のリザーバーである可能性が考えられる。

　魚類における NTM 感染症は慢性的に進行し，しばしば加齢などによる抵抗力の減弱に伴って発症する。原因菌として *Mycobacterium marinum, M. salmoniphillum, M. fortuitum, M. chelonae, M. abscessus, M. shottsii, M. pseudoshottsii* が報告されている。眼球突出(写真 4.5)および腹部膨大(写真 4.6)が最も代表的な外観症状であるが，全く外観症状を示さずに死亡する例も多く知られている。体内の主要臓器には大小の結節が形成され(写真 4.7)，それらの中には大量の抗酸菌が観察される(写真 4.8)。熱帯性淡水魚では古くより報告も多く，近年では殊にベタのような魚種で多発することが知られている。さらに，本症がニホンバラタナゴや

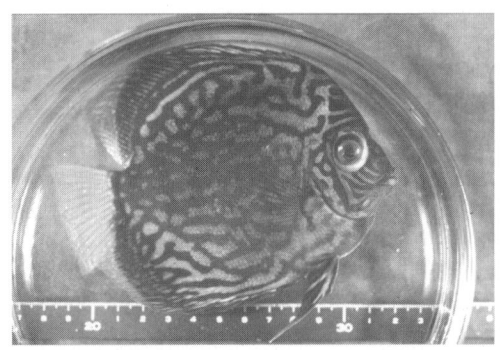

写真 4.5　抗酸菌症に罹患したディスカス。眼球が突出している。

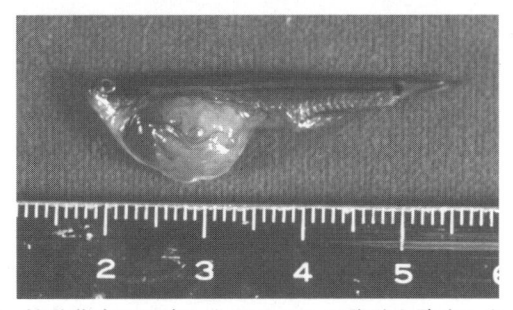

写真 4.6　抗酸菌症に罹患したアカヒレの腹壁を除去したところ。
　　　　　腹腔内は大きな肉芽腫性病変によって占められ，腹部は膨大している。

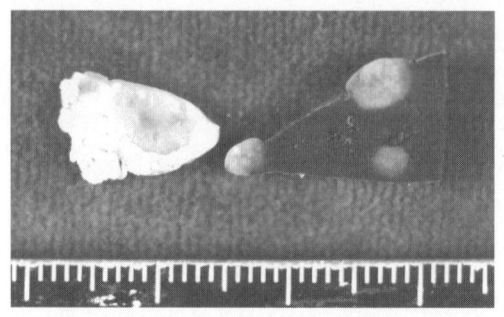

写真 4.7　抗酸菌症に罹患したナポレオンフィッシュの肝臓(左)
　　　　 および脾臓(右)に見られた大型の結節を示す。

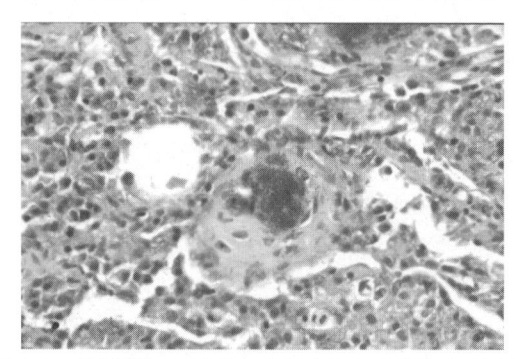

写真 4.8　抗酸菌症に罹患したアカヒレの肝臓に見られた
　　　　 抗酸菌性病変の病理組織像。赤く染まっているのが原因菌。
　　　　 チールネルゼン染色(抗酸菌染色)高倍像。

　リュウキュウアユのような希少魚種がNTM感染症で大量に死亡した事例も報告されており，それらの病魚からはヒト由来基準株と極めて類似した M. marinum が分離されている。

　ヒトにおけるNTM感染症は，そのほとんどが皮膚への感染例であり，皮膚の上に硬結感のある結節状患部が形成され，しばしば痛みを伴う。深部組織に感染することは極めて稀とされている。我が国における皮膚の抗酸菌症のほとんどはNTMによるものとなっている。我が国における皮膚NTM感染症は，1964年〜1989年末までに180例の報告があり，その原因菌は M. marinum が132例，M. chelonae が15例，M. fortuitum が13例，その他が20例であった。最も代表的な原因菌である M. marinum は1926年に魚類から初めて分離・命名され，

本来的には自然界，殊に水中に棲息するとされている。ヒトの皮膚 NTM 感染症は，過去に欧米において自然水域を利用した水泳プールの利用者で多数の感染者が流行性に発生したため，swimming pool granuloma（水泳プール肉芽腫）と呼ばれたこともある。この感染様式は，人工プールの増加と塩素滅菌処理の普及によりほとんど消滅したが，それと前後して fish tank granuloma（水槽肉芽腫）と呼ばれる，魚類飼育水槽を介したと考えられる感染例が多数報告されるようになった。ただし，自然水域での感染例は依然として報告されている。

1989 年までに報告された 132 例のヒトの皮膚における *M. marinum* 感染症例を分析してみると以下のような特徴が認められた。

1. 全国各地に見られ，男性に多く（男 9：女 4），発症年齢は平均 39 歳で青壮年層に多い。
2. 発症の季節は秋から冬にかけてが多く，夏にはむしろ少ない傾向があり，*M. marinum* の発育至適温度（22〜33℃）と関係があるものと思われる。
3. 魚を扱う職業（熱帯魚生産・販売業，水族館飼育員，調理師，鮮魚商，漁師）が 38％を占めていた。同一水族館や熱帯魚店での多発例もあり，全国の水族館飼育者の本症発生頻度は約 5.9％と推察される。
4. 趣味で熱帯魚などを飼育している人が 41％を占めており，前述の魚を扱う職種，釣り，鮮魚店の前での転倒例など，大多数（83％）の症例に魚との関連性が認められている。
5. 魚類の飼育水槽から本菌を分離した報告は 6 件ある。

以上のように，ヒトの皮膚 NTM 感染症の背景には水環境が関係している可能性が高く，実際に医学領域ではヒトの NTM 感染症の感染源はヒトそのものよりも水環境であると理解されている。また，ヒトの皮膚 NTM 感染症と水棲動物，殊に魚類の NTM 感染症とは，分離される NTM に類似性が高く，これらの点から NTM 感染症が「人魚共通感染症」ではないかと疑われている。しかしながら，例えば魚類由来の *M. marinum* を哺乳類に接種してその影響を確認した報告は見当たらず，NTM が「人魚共通感染症」であるとは言い難いのが現状である。さらに，例えばヒトの皮膚 NTM 感染症や水棲動物の NTM 感染症から最も頻繁に

分離される *M. marinum* は，その性状が *M. ulcerans*, *M. pseudoshottsii*, *M. lifandii* などと類似しており，通常の同定手技ではこれらすべての菌が *M. marinum* と同定されてしまう傾向が見られる．NTM 感染症が本当に「人魚共通感染症」であるのかを検証するためにも，詳細な遺伝子検査に基づく NTM の同定基準をより広く浸透させる必要があるだろう．

幸いなことに，ヒトの皮膚 NTM 感染症は抗生物質を適正に使用することで容易に治療可能である．しかしながら，乳幼児，高齢者あるいは HIV 感染者のような感染に対する抵抗性が低いと考えられる人々には，依然として十分な注意が必要な疾病である．加えて，2012 年には免疫不全の背景を持たないヒトにおける *M. marinum* による肺感染症例も報告されている．水棲動物の NTM 感染症について，その疫学や分離菌株の詳細な同定，薬剤感受性，さらには水圏における生態学を検討することは，水棲動物および水圏と関わるヒトの健康管理上，重要な検討事項と考えられる．

おわりに

人間と魚介類を始めとする水棲動物とをめぐる問題は，ここに記してきたものだけでは到底カバーしきれないほど広大である．水圏に関わる基礎教育や観賞魚による癒し効果の研究，厳密な意味での魚類ではないが同じ水生動物のイルカを用いた動物介在療法の是非など，検討していかねばならない課題はあまりにも多い．お読み下さった皆さんが，本文を契機としてご自身の切り口で水棲動物ないしそれに代表される水圏と人間との関わりについてお考えいただけるようになれば，微力ながら健全な水圏と人間社会との橋渡しを目指す筆者としては幸いである．

< コラム >
人の生活と実験動物

東さちこ

　人と動物の関係の中でも，医学や科学のために犠牲となる実験動物の問題は，一段と大きな意見の対立を呼ぶ。基礎医学，獣医学，心理学などの科学研究や，製品開発における安全性試験などにおいて，動物実験が必要不可欠とされる一方で，毒物を投与された動物が苦しむ様子などは，動物虐待と変わらぬものがあるからだ。
　もちろん，そこには「人のため」「科学のため」という目的が介在する。しかし，人が動物に対して苦痛を一方的・意図的に与える関係については，常に疑問が呈されてきた。

1. 実験医学の誕生と動物実験反対運動

　近代科学における動物実験の開祖は，19世紀のフランスの生理学者，クロード・ベルナールとされる。実験によって仮説を確かめる科学的立証法を提唱したのがベルナールであり，その理論の礎には，数々の残酷な動物実験が存在した。
　そして，それらの実験に耐え切れず動物実験反対運動を興したのは，ベルナールの妻と二人の娘だったのである。フランスでは1883年に作家のヴィクトル・ユゴーを会長とする動物実験反対連盟がつくられ，以後，西洋社会は動物実験の是非をめぐる激しい論争を経て，1876年に，イギリスが世界で初めて「動物虐待防止法」に動物実験規制を盛り込むことになる。

2. アニマルライツ運動の広がり

　20世紀は，石油化学産業の発達とともに動物実験も隆盛する。欧米各国で動物実験への法規制が進む中，動物実験反対運動が再び盛り上がるのは，化粧品の動物実験廃止を求める消費者運動が広がった1980年代だった。
　「Cruelty-Free（残酷さのない美しさを）」をスローガンに，ドレイズテスト（ウサギを用いる眼刺激性試験）や，LD_{50}（半数致死量試験）がターゲットにされ，動物実験をしないことをポリシーとする化粧品会社も登場した。この運動の影響は大きく，EUでは1993年に段階的な化粧品の動物実験禁止が合意され，2009年から域内での化粧品の動物実験は禁じられている。
　1980年代は，哲学の分野に，トム・リーガンの動物の権利論や，ピーター・シンガーの『動物

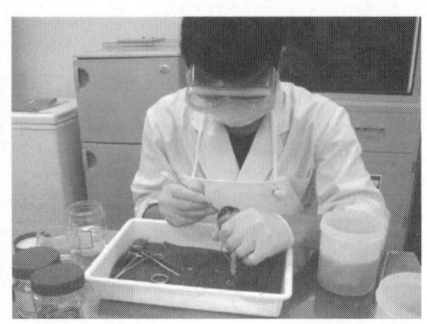

ドレイズテスト　（© PETA）　　　動物実験代替法　（化合物安全性研究所）

の解放』が登場し，その影響を受けたアニマルライツの運動が広がりを見せた時期でもある。「奴隷が解放され，女性に権利が与えられたように，人と動物との間にある『種差別』もなくすべきだ」という主張が，動物実験や工場畜産の過酷な実態によって力を得たのである。

3．科学的解決の道と社会的議論の必要性

　動物実験には，そういった倫理的批判とは別に，科学的批判も当初から存在した。人と動物の間には，種差が存在するからである。

　これらの根本的な対立の解決を科学技術によって図ろうとするのが，いわゆる動物実験代替法だ。培養細胞を用いる *in vitro* 試験など，動物を用いない方法，もしくは動物の数や苦痛を減らす方法を指し，現在は *in silico*（コンピュータ上）の時代を迎えている。

　2005年に日本の動物愛護法にも盛り込まれた「3Rの原則」も，代替（Replacement）が第一選択肢であり，それが不可能なときに使用数の削減（Reduction）と苦痛の軽減（Refinement）を行うというのが，本来の考えだ。

　しかし，その原点である『人道的な実験技術の原理』（1959年，ラッセル ＆ バーチ）が日本で紹介される際，肝心の3Rについて触れられてこなかった点は興味深い。法規制についても，日本の科学界は受け入れず，あくまで自主規制を主張している。環境エンリッチメントなどの実験動物福祉も，日本は後追いだ。

　残念ながら日本では，普段目にすることのない実験動物に対する一般社会の関心も低い。しかし，遺伝子操作による動物のヒト化など，新たな生命倫理問題も生まれる中，より良い人と動物の関係を模索するためには，実験動物の問題こそ避けて通れないものがあるはずだ。科学と市民の対話によって，「犠牲は仕方ない」だけではない社会を構築していく必要があるのではないだろうか。

第 5 章

日本人と動物文化

キーワード：
「動物観」「文化伝承」「社会的規範」

第 1 節　日本人の動物観

石田　戩

はじめに

　人にとって動物とはどんな存在なのであろうか。動物がそこにいて，彼らを食べたり，愛したりさまざまな行為をする時，何を考えてそれらの行為を行うのだろうか。その時，その人の頭に去来する観念には，社会とか宗教，民族，歴史などはどういう影響を及ぼすのであろうか。もちろん，個人の個性によって影響を受ける内容は異なるだろうが，これらの社会的要因に応じた共通性はあるのではないか。動物観研究とは民族とは世代とかがつくり出している共通の観念を探し出すことにある。

　日本人の動物観は，歴史学や民俗学，文化人類学などの分野において，主にこれまでの文献をもとに，明らかにされてきた。したがって，その結果は日本人の

伝統的な動物観への探求の道であった。

エール大学のケラートは，動物への行動や思考の総体を 9～12 種類の態度に類型化して，その類型化された態度を基本に現代のアメリカ人，ドイツ人，日本人の動物観を社会学的に分析した。

筆者らは，こうした動物観研究の状況を踏まえ，現代日本人の動物観を探求することを中心とした。それは，一方で，伝統的な動物観を踏まえ，文明開化という明治の大変革期を通過した日本人が，動物観をどのように変容させてきたか，過去との比較にとって考察された。そこで明らかにされてきたことは，これまでの伝統的な動物観に多くは少なくとも表面的には消え去っているが，いくつかの点において根強く残存しているものがあることである。他方，ケラートの類型化による研究との比較においては，日本人特有の態度類型があることがわかってきている。

言い換えれば，歴史的，国際的比較の観点から現代日本人の動物観を見てきたと言えよう。

1. 国際的な比較

10 年ほど前のことであるが，ケラートによる日米独の動物観の調査と筆者らの調査を比較する中で，一番はっきりと区別されたのは，自然物に魂のようなものが宿るというと考え，行動する人たちの存在である。これを「宿神論的態度」と命名したが，ものが神に宿るということに限らず，むしろものや動物に何かしらの恐れやおののきを感じ，それが人に対して何らかの作用をするという側面のほうが強い。また，神という外在＝内在している固定的な概念よりもっと茫漠とした作用主体が，日本人の意識の中に埋まっているということである。こうした態度は，現代人にあるとともに，意外に若い人たちにもあることがわかってきた。

次に，審美的態度だが，例えば風景であれば，風景を外部の美しいものと捉えるだけではなく，心の中にある心象風景と外側に現れた風景とを強く結び付ける傾向にあり，いつもそれが時間の推移とともにパターン化される傾向が見られている。その点で，同じ審美的態度と言っても，アメリカ人のそれとはいささか異なっていることがわかった。

第三には，倫理的態度である。ケラート氏は，倫理的態度を動物や自然に対する人間の責任を強調しているが，日本人の倫理性は，動物に対するさまざまな行為へ，後ろめたさを感じつつ実施しているところにある。その観点からも倫理を捉えず，ただ単に「動物への責任」といった観点からだけで見ていくと，日本人の倫理性は全くと言っていいほど見えてこない。

　さらに日本人の「自然」概念を，二次的自然であることを理解できないままに，自然主義的態度を分析していることから，その態度にズレが生じていると思われた。

　以上に見られるように，態度を類型化する作業の過程から，すでに両者の違いやズレが生じていたと言えるし，このズレは比較する上での障害にはなるものの，この点を無修正のままでは，日本人の態度類型の分析はできないと判断して，ケラート氏と私たちの態度類型を相対的に違ったものとして分析することにした。

　その結果をかいつまんで挙げると，「季節感と動物への感受性」といった審美的な態度，「自然物に神性が宿っているのではないか」といった宿神的態度が私たちの研究では見つかり，倫理的態度もケラートでは日本人には極めて薄いとされているが，絶対的な倫理を持たないだけであって，動物を取り扱うことに対する何らかの後ろめたさを感じ，反省する倫理性があることを明らかにしてきた。

2．10年後の変化

　日本人の動物観についての第一回の調査（1992）を行ってから，ほぼ10年後（2003）に第二回の調査を行った。前回とほとんど同じ内容で，前回をフォローし比較する観点から実施したところ，ほとんど変化していなかった。宿神的態度にかかる設問ではむしろ若い人たちが何かしら因果応報的で，漠然とした自然の力を感じることが増えていたのが特徴の1つであった。

　全体としては変化が少ないが家族的態度，つまりコンパニオン・アニマル（以下「ペット」と呼ぶ）に関する設問では著しい違いが見られた。ペットを家族同様に思うか，という設問には，83%の人がそう思うと答え，前回よりほぼ

38%増えていた。ペットは家族の一員と把握されるようになってきている。これには家族の定義が，これまでの同居親族という限定された規定から拡大されてきていることなどから，「主観的家族」と定義することもできる。また，犬・猫などが，室内飼いされるようになってきて，親密度が高まっていること，もちろんこうしたことが絡んで，ペット飼育が大きく変わってきていることも指摘される。ペットと一緒にいると心が和むという設問にも賛同者が大幅に増えている。ペットは，現代人の近くになり，心に入り込む存在となっている。ただ，これが「動物観」の変化と言い切ってしまっていいのかは疑問が残る。しかしとりあえずは，ペットと人との関係が極めて親密になってきていると言える。

トピック的な設問では，「鯨を食べる」ことへの肯定者が著しく増大していて，捕鯨問題が社会的に認知されてきたことの証拠と言える。

3. 伝統的な動物観

日本人の伝統的な動物観については，多くの先行研究がある。歴史学，民俗学，人類学の先人たちが著書，論文を発表しているが，その中でいくつか気になるポイントを挙げてみよう。

第一には，人と動物の「距離」とか「断絶—連続」に関わることである。西洋と比べて日本では動物と人との距離が近く，断絶しているよりむしろ連続関係にあることが多くの先人たちの研究では述べられている。中村禎里の動物と人との通婚や変身譚の研究では，人から動物，動物から人への変身する場合に，日本では自在な変身が見られるが，西洋では動物から人への変身は少なく，本来は「人」であって，特定の誰かの仕業によって動物に変身させられている例が多いと指摘されている。キリスト教—ユダヤ教の体系では，教義上，人と動物の間に歴然とした区切りがある。一神教の場合，判断するのは最終的に神であり，それが普遍性を持たなければならないから，神が裁断してしまった定義が残るので，物事を二分法で裁断されてしまう傾向にある。人にかかる事柄は，宗教の本質にかかることであるから，ここが明確になっていないと教義として成り立たなくなるのであろう。「神は動物を支配するものとして人をつくった」のだ。

そこでは，人は何らかの罰として動物に変身させられ，それが解けると人に戻るということになる。日本人でも，動物と人との距離や断絶はあるが，例えば鶴の恩返しや他の動物の報恩譚でも，正体がわかると別離がくる。通婚では，動物の血が混じると強力な人間になる。動物の不思議な力，言い換えれば普通でない力を持った人間は，何らかの形で動物に力を与えられていると考えられる。この点を区別しておかねばならない。

　第二には，日本人のアニミズム性である。言うまでもなくアニミズムとは，あらゆるものに神性があると考えることにある。「石にも生命を感じるか？」という設問を，上記の調査でしたところ，24％の人が，「そう思う」と答えているが，自然に何らかの力を感じるかというのと，生命が宿るかといった設問では，違った回答になってくると思われる。つまり，自然に力を感じる人は多いけれども，生命が宿っているとは考えにくいということである。日本人のアニミズム性はそれほど高くなく，むしろ何か不可思議なことが起きると，自分の中でそれを消化できなくて，自然に力があると何となく思うことにしてお祓いやお参りをするといった感性が高いと思われる。あくまでも，対象を1度自分の心にいれて，その上で心的な操作をしているとも言える。

　第三には，野生動物と飼育動物それぞれに対する取り扱いが異なることである。また山の動物と里の動物でも異なる。有名な天武の食肉禁止令にしても野生動物への禁止は弱いし，ほとんどの人が食べていたことは多くの研究者の指摘するところである。しかし，その後ゆっくりと日本人の中に，肉食の忌避が浸透していったことは間違いない。身近な犬とか馬，牛は余程のことがなければ食べなかったし，彼らは使役動物で，食肉専門とも言える豚文化がほとんど発達しなかったことは，それを物語っている。総じて動物を改良する，変化を加えることに興味を持っていない。変化を加えない代表が野生動物であるが，野生動物には神秘感を抱きつつ，精を付けるべき時には食べていたのである。野生動物は計画的に捕らえることが難しいし，そもそも山にいかなければ捕れないから，偶発的に食べるにとどまっていた。日本沿岸は魚の豊富なところであるから，魚食文化が発達していて，そこからタンパクを摂取していたことも関係している。

食肉に関しては，習慣が定着するには，長い時間がかかっている。じっくりと定着していったわけで，これは日本人の1つの特性である。熱狂的に受け入れる場合は，ある程度時間が経つと，フィルターがかかって，消えていってしまう場合があり，むしろ長い時間をかけて習慣化していく場合も少なく，こちらのほうがずっと定着する習慣である。

4. 動物に対する行動から日本人の動物観を見る

　日本人の動物観は，明治維新と西洋文化の導入とともに大きく変化する。西洋人のバイタリティに圧倒され，肉食を受け入れるなど動物に対する取り扱いと観念は変わる。現代日本人の動物観を探るには，こうした大変化にもかかわらず，執拗低音のごとく居座っている観念を抽出することにある。また伝統的な動物観が，西洋文化の氾濫の中でどのように変容してきたかを探ることでもある。

　また，先に述べたように，欧米人の動物観を抽出するのと少し違った見方が必要なことに気付いたこともあり，少し観点を変えて現代人の動物に対する行動上に現れた特徴を分析することにより，動物観を把握することを試みた。

　動物に対する行動・行為は多様で，食べるというごく基本的行為から，異界へいざなうなどといった非日常的な心理まで，人は動物と関係している。

1) **肉　食**

　明治維新以後，少なからぬ抵抗の末，食肉は全く解禁された。そればかりかむしろ奨励されるようになった。政府が肝いりとなって畜産振興を図り，西洋料理を勧奨する。その結果，現在に至ってはまず日本人の食べない動物は皆無と言っていい。例外は犬，猫のようなペットなど飼育した動物である。飼育した牛や馬を自ら食べるという行為も，少なからず後ろめたい行為になっている。客人が来るともてなしに鶏を絞めて，みんなに振舞うあたりが限界で，これも最近では見ることがなくなった。他方，屠畜や解体は避けられている。食べるためにはどこかで殺しているはずなのに，こんな当たり前の行為について，忌避感がある。

　牛乳は，江戸時代まではほとんど行われていなかったが，明治以後積極的に導入され，今では何の抵抗もない。搾乳に対する忌避感も全くない。

2）利用する

　テレビが始まった初期の頃に，「笛吹童子」という番組があった。主人公の少年がいて，数々の困難を乗り越えて姫君を助けるというストーリーであるが，そこに典型的な悪者が登場する。悪者ですから髭面のおじさんで，いかにも悪い面相をしているが，毛皮のチョッキをまとっていた。悪者のコスチュームは，毛皮が似合うというわけだ。

　皮製品は，肉食をすると否とにかかわらず，製作されてきた。布と比べて丈夫で強い力が加わってもちぎれないため，武具には欠かせなかった。戦国時代が終わり，平和な鎖国の時代には需要は減少するが，完全にはなくならない。動物の利用は食肉や羊毛，実験，皮革製品，象牙から薬品など多様である。鯨などは，全身が活用される。海産物食を好む日本人から見ると海の生き物は動物利用という観念が薄いが，この点も特徴である。

　いずれの場合でも供養などが行われていて，殺して利用したものを供養は，それへの感謝の気持ちがこめられていると言われるが，加えて利用したことへのある種の後ろめたさを解消する儀式としての意味が高いのである。

　これらの供養は，極めて現代的でもある。もちろん，江戸時代やそれ以前にさかのぼる行事も多く見られるが，明治以後や戦後の経済成長の時代に始まった供養も多い。動物への利用が増えた事実はないので，生命を奪うことへの忌避感が高まっている反面の行為と考えられる。現代人は供養して自分の感情を鎮めていく作業を行わないと動物を殺して利用することに耐えられなくなってきているのではないか。

3）愛でる

　近年のペット（コンパニオンアニマル）は，数としてはそれほどの増加をしていない。ただその内容は，全くと言っていいほど変化している。戦後からだけで見ても，鳥の飼育が全くと言っていいほどなくなった。今や，鳥を飼う人は絶滅危惧種である。魚も少なくなっている。その代わり，犬と猫は全盛だ。特に犬飼育は増加の一途である。犬はこれまで室外で飼育されていたが，ここ10年くらいで室内飼育に転換してきている。室内飼育になってから接触の密度と時間が全く変わることから，動物との関係が大きく変化したと考えてよい。

上記の家族同様という主観的家族関係は，室内飼いから発生していると考えてよいのではないか。猫の室内飼いも増えているから，この傾向はますます進むと思われる。戦後の動物飼育史を考えてみると，鳥，魚から犬へと変化しているが，これはほぼ経済的な安定と心理的な問題とが重なり合ってきた結果と判断できる。仮説的に言うと，イギリスの動物福祉制度の発達などは，女性の社会進出などとも対比的な関係が見られるが，日本におけるペットとの親密感も女性の感性と関係が強く，女性の社会的地位との関係に注目すべきであろう。付け加えると，筆者らの調査では，現在鳥を飼っている人は，あくまでも少数であるが，他とは少し違った反応が見られ，支配者的態度の傾向が強い。

5. 現代日本人の動物観の特徴

ベストセラー作家村上春樹はさまざまな側面から注目を浴びており，著書はもちろん，何冊も解説本が出されているが，動物を主題にし，小道具として使うケースが非常に多いことには触れられていない。村上の小説では，動物が出現すると何かフェーズが変化する。そしてまた，次に何が起きてもおかしくない状況がかもし出される。壁を抜けるなど異界との出入りなどが，動物の出現により容易になる。宮崎駿の世界でも類似の状況が出てきて，鳥が鳴いて，トンネルをくぐれば，そこは異界で，異界になってしまえば何が起きても納得することを強要されている。動物は異界へいざなう誘導者なのである。

このことは，動物の存在の重要な意味を示唆している。何をするかわからない，何かを起こす存在なのである。伝統的な動物観では，異様な力の持ち主は，動物との通婚によって生まれたとされる例が少なからずいて，動物は日本人にとって不思議な力と状況変化をもたらす存在である。動物を利用し，動物に何かの行為をすることに漠然とした不安や恐れを抱き，その後で何らかの事件が起きると，両者を簡単に結び付けるのが日本人の第一の特徴と言えるであろう。それゆえ，お祓いとか供養が必要になるわけである。

現代日本社会においては，動物を直接，神や仏の使いとして崇めたり尊重したりすることはほとんどない。稲荷神社や御岳信仰にしても，心の底から動物たちが主人公になっていると考えられていない。動物，特に野生動物がこの分野に

占めている位置は，興味深い。私たちは多くの野生動物を何気なしに見ていて，都会でもスズメやカラスはもちろん，ツバメやコウモリ，多様な小鳥も少しその気になれば見るのは容易である。しかしタヌキやハクビシンが暗闇に出現して，目を光らせれば異様な感覚に襲われる。相手が何だかわからない時は，何らかの異界性を感じてしまう。ゲンを担ぐとか，よりどころを求めるのは，状況に対する不透明性，自己の心理的不安，こうしたものが時に容易に動物と結び付く。野生動物に対する過小評価と過大評価がない交ぜになっているのが，現代の動物観である。

　このように考えると，日本人と動物の境界線があいまいということには必ずしもならない。境界は，ある。ただし，その間の溝，壁は低いということが第二の特徴であろう。一神教の世界では，理論と観念として絶対的な違いが存在すると考えられるが，それとはまた違った壁があると考えてよいのではないか。その意味では，西欧キリスト教の中に紛れ込んでいる古代ケルトや古代ゲルマンの精神も類似の傾向があるかもしれない。ただし決定的に違うのは，西洋にはそのような一神教的な壁と思想的に闘ってきた歴史があり，その否定にやっきになった結果，理論の逆転は起きることがあるが，多様な動物観を持ちにくいのである。

　第三には，動物がかわいそうという言葉に表現されるように，動物に対して変化を加え，利用することに後ろめたさを感じていることである。動物園でも，狭いところに持ってきてかわいそうという言葉をよく聞くことがある。ペットや家畜に関しても，つないでおくとかわいそうになるが，彼らは元来自然の存在ではなく，人がつくり出してきたものであっても，その点は無視して，直接的にかわいそうという動物への共感，同情といった心情的な反応が出てくるのであって，これは動物に対して自身の思いを投影しているのではないか。

　現代日本人は，こころ過剰であるとされるが，動物観においてもそう考えられる。その意味では，動物観というよりは，動物「感」と言っても過言ではないだろう。

<参考文献>

1) 中村禎里,「日本人の動物観」, 海鳴社, 1984
2) 塚本学,「江戸時代人と動物」, 日本エディタースクール出版部, 1995
3) Stephen Kellert, From Kinship to Mastery, 1984
4) 金児恵,「ソーシャル・サポート・ネットワーク成員としてのコンパニオンアニマル」, 博士論文
5) 中村生雄,「祭祀と供犠」, 法蔵館, 2001
6) 大貫恵美子,「日本文化とサル」, 平凡社 1995
7) 三戸幸久ほか,「人とサルの社会史」, 東海大学出版会, 1999
8) 原田信男,「歴史のなかの米と肉」, 平凡社, 1993
9) 伊藤記念財団編,「日本食肉文化史」, 財団法人伊藤記念財団,
10) 亀山章ほか,「日本人の動物に対する態度の類型化について」, 動物観研究 NO.2, 1991
11) 亀山章ほか,「日本人の動物に対する態度の特性について」, 動物観研究 NO.3, 1992
12) 石田戢ほか,「日本人の動物観―この10年間の推移」, 動物観研究 NO.8, 2004
13) 石田戢,「村上春樹における動物の使われ方」, 動物観研究 NO.9, 2004

など

第2節　鯨と日本人

秋道智彌

1. クジラと人間の関わり

　ロンドンの自然史博物館には，ブルー・ギャラリーという大きな展示場がある(写真 5.1)。ここには，クジラの実物大模型や骨格標本が展示されている。骨格標本の多くは天井からつるされているが，シロナガスクジラの標本は床面に置かれている(写真の中央下)。全長30mはあるだろうか。体長2mにも満たない人間は本当に小さく見える。ブルー・ギャラリーの「ブルー」とは，シロナガスクジラの英語名であるブルー・ホエールに由来する。この展示場のシンボル的な存在がシロナガスクジラであり，地球上で最大のクジラがいかに偉大な存在であるかを暗に訴えかけているように思える。

　ふつう，自然史系の博物館にはさまざまな生き物の標本が展示されている。野生の生きた生き物は自然界や動物園で見ることができるが，博物館でははく製や液浸標本，レプリカなどを観ることになる。ミュージアム・ショップをのぞくと，動物のぬいぐるみや置物，装飾品，写真，本などの他，子供も大人も興味を惹かれるキャラクター・グッズがズラリと並んでいる。

　クジラを例にとろう。ショップには，クジラの跳躍する写真やイルカのペンダント，ネクタイ・

写真5.1　ブルー・ギャラリー。多くのクジラ骨格標本が展示されている。
　　　　（自然史博物館，ロンドン）

ピン，栓抜き，コースターなどが売られている。リアルに表現されたものもあるが，ディズニー映画に登場する動物のように「擬人化」されたものも多い。

大英博物館のあるイギリスには，イルカやクジラを飼育する水族館・動物園はない。かつてはイルカが飼育されていたのだが，動物の福祉や動物の権利についての主張が高まり，反捕鯨運動の機運もあって，イルカは水槽から姿を消した。しかし，日本では違う。例えば，和歌山県の太地には「町立くじらの博物館」があり（写真 5.2），クジラの標本から捕鯨の歴史と文化を示すさまざまなモノや情報までが展示されている。博物館の横にはイルカの飼育施設がある。そこではイルカやゴンドウクジラが飼育されており，イルカに触れることや，春から夏には沖に出て，ホエール・ウォッチングを体験することもできる。

写真 5.2　太地町立くじらの博物館。（和歌山県太地町）

写真 5.3　クジラ・ショー。（太地町立くじらの博物館）

太地の町には多くの観光土産物屋があり，イルカ，クジラのキャラクター・グッズを店で目にする。さらに太地では，クジラ料理をいただくこともできる。太地がクジラの町と呼ばれるのは，網掛け突き取り式捕鯨の発祥の地であり，ながらく捕鯨の伝統を伝えてきたからに他ならないが，クジラ・イルカのショー（写真5.3），ホエール・ウォッチング，クジラの博物館，鯨肉料理（写真5.4）を提供する店まで，日本人とクジラとの多様な関わり合いを示すモノや施設，制度，文化が一堂にあり（写真5.5），それらが渾然一体となって息づいている。

　ここで確認しておきたいのは，クジラに限らないが動物とわれわれ人間との関わり合いを示す装置や介在物はじつにさまざまであり，何に触れ，何を見るかによって形成されるイメージも変わってくるという点である。クジラを海で見るのと，

写真5.4　クジラ料理。（山口県下関市内のクジラ料理屋）

写真5.5　セミクジラのデザインをほどこしたマンホール。（和歌山県太地町）

水族館で見るのとは違う。水族館のショーで演出され，つくり出されるシャチのイメージと，マグロ釣りの漁師が恐れるシャチのイメージは相当違う。北米の北西海岸に住むマカーの人々は捕鯨の名手に対してシャチの背びれをかたどった木製のトロフィーを与える。シャチがクジラを襲うことから，シャチと名ハンターのイメージをダブらせているのである。

　日本人の場合，取り立てて決まったクジラに対するイメージやクジラ観があるのだろうか。あるとすれば，日本以外の地域とどこがどのように違っているのだろうか。われわれは人間とクジラとの関わりを示すモノや行為，歌，踊りなどを通じて自分自身のクジラ観を育み，他者が抱くクジラ観との違いを実感する。それでは，日本人のクジラ観について，どのような材料から肉迫することが可能だろうか。

2. クジラ文化からのアプローチ

　クジラと日本人とのさまざまな関わり合いから生み出される道具，技術，経済，食文化，踊りや歌，神話や説話などの総体を「クジラ文化」と呼ぶことにしよう。クジラ文化は，クジラとの具体的な関わり，つまり捕鯨やクジラの利用を通じて育まれるものである。クジラを本や映像を通じてしか見たことのない国や地域の人々にはクジラ文化を知ったり考えたりすることができても，彼ら自身がクジラ文化を担っているわけではない。

　われわれ日本人は，国際捕鯨委員会のいう原住民生存捕鯨を行っているわけではない。商業捕鯨は鯨肉や鯨油を商品として生産するためのものであり，米国のペンシルヴェニアで石油が見つかった19世紀半ば以降，西洋諸国による鯨油生産は頭打ちとなった。しかし，日本では鯨油生産のためだけに捕鯨が行われてきたのではない。このあたりから，問題が妙に歪曲して捉えられてきた。クジラの肉を食べることは「大きくて頭が良く，人間よりも先に進化してきた」クジラを殺戮することであり，そのようなことは断固として許されないとする多くの西洋諸国の反感を呼ぶこととなった。

　商業捕鯨再開を願っている日本政府や支持の立場にある人でなくとも，クジラの肉に対して思い入れを持つ人が多い。環境保護の優先する現代，鯨食を語る

ことや捕鯨を支持することは時代遅れであると決め付ける人もいる。しかし，日本のクジラ文化は一朝一夕に形成されたものではない。ここではまず，クジラ文化を広く見据えて考えてみることにしよう。

世界には，クジラやイルカをタンパク源として大きく依存する人々がいる。アラスカのエスキモーやカナダのイヌイット，ロシアのコリヤークやチュクチにとり，クジラはオットセイ，アザラシなどの海獣とともに大変重要な資源であり，食料や生活用具として利用されてきた。

先に触れた北米・北西海岸のマカーの他，ヌートカ，トリンギットなどの先住民はクジラを食料とするだけでなく，信仰の対象としてきた。北海道のアイヌの人々も北西海岸の先住民と類似したクジラ文化を持つことが知られている。

太平洋の島々でも，クジラを利用する多様な文化が育まれてきた。ハワイでは，海岸に漂着するクジラは王や首長の所有物とされたし，マッコウクジラの歯は王や首長の権威を示すレイ・ニホ・パラオアと呼ばれる首飾りとなった(写真 5.6)。レイは「飾り」，ニホは「歯」，パラオアは「マッコウクジラ」のことである。ソロモン諸島では追い込み漁によって捕獲したイルカの肉は食用に，

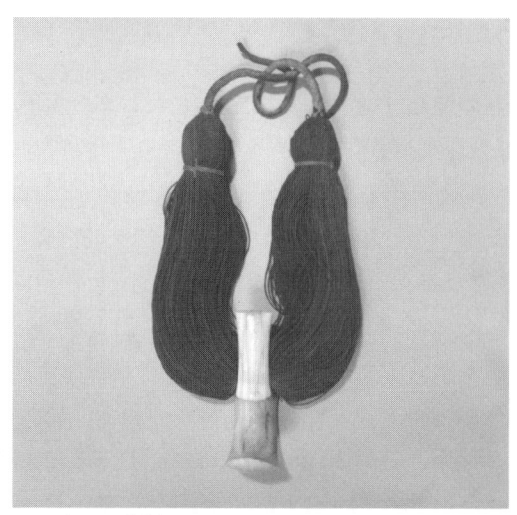

写真 5.6　マッコウクジラの歯製首飾り(レイ・ニホ・パラオア)鯨歯製の突き出た舌は，威厳をあらわす。(B.P. ビショップ博物館所蔵)

その歯は伝統的な通貨として日常の売買や結納金，交換財として利用されてきた。フィジーやミクロネシアのヤップ島では，マッコウクジラの歯は結納金，紛争調停用の交換財，首長へ献上する贈り物として使われている。

東南アジアのベトナム中部では，浜に漂着するクジラをカー・オン，すなわち「魚の主」としてその頭骨を祠に祀る。南シナ海一帯ではクジラは魚群を沿岸に追い込んでくれる存在であり，畏敬の念を持って捉えられてきた経緯がある。こうした観念は日本のエビス信仰と通じる面がある。インドネシアの小スンダ列島にあるレンバタ島では，この数百年，近海を回遊するマッコウクジラの手投げもり漁が営まれてきた。鯨肉と脂肪は食用されるとともに，農耕民との間で物々交換用の貴重な海の幸となっている。

南米ペルーのナスカの人々は，クジラをも殺すシャチに特別の観念を持ち，地上絵にシャチやクジラを表現した。ナスカの人々は土器にも人間の首をぶら下げたシャチの図柄を描いている。このように考えると，世界にはクジラとのさまざまな関わりを持つ文化がある。したがって，日本人のクジラ文化も，歴史による変化や地域ごとの多様性を踏まえるとして，当然，世界の中で位置付けられるべきものであろう。

3. 日本人のクジラ観

クジラと日本人との関わりを歴史的に考えてみよう。先史時代から古代は漂着したクジラ（＝寄り鯨）を利用した時代であったが，中世から近世初期までは，クジラの突き取り捕鯨が行われた。戦乱を通じて発達した武器・利器が捕鯨産業の発達に寄与したことを記憶しておいてよい。近世期以降から明治期までは，太地で開始された網掛け突き取り式捕鯨が全盛を極めた。明治期からはノルウェー式捕鯨が導入され，近代捕鯨が始まる。そして，第二次大戦後は南氷洋における母船式捕鯨時代へと移行した。そして1984年の捕鯨モラトリアム宣言以降，商業捕鯨が一時的全面禁止となり，現在なおこの状況は変わっていない。

翻ってみれば，クジラと日本人の歴史は長い。すでに先史時代の縄文遺跡からは，イルカやクジラの骨が多くの地域で発掘されている。石川県能登半島にある真脇遺跡（縄文前～晩期）からは数百個体分のカマイルカ，マイルカの骨が

出土した(特に縄文前期〜中期)。切断された脊椎骨が等間隔であったことから，イルカの肉が食料として集団で分配された可能性が指摘されている。北海道の渡島半島から噴火湾に至る沿岸部には多くの縄文遺跡があり，クジラの骨が大量に出土した。噴火湾はアイヌの人々による捕鯨でも知られ，現在は室蘭を中心にホエール・ウォッチングが盛んである。クジラと沿岸住民の関わりは連綿と続いてきたのだ。

　青森県の三内丸山遺跡からは，鯨骨製の刀剣が出土している。弥生時代，長崎県壱岐島のカラカミ遺跡から鯨骨製のアワビ起こしと思われる利器が出土しており，クジラの骨は肉とともに先史時代から利用されていたことは明らかである。しかし当時，クジラやイルカを獲るために沖合で捕鯨が行われた証拠はない。真脇遺跡から出土した大量のイルカは，群れを湾に追い込んで漁獲されたものなのか，イルカが迷走して浜に乗り上げたものなのかはよくわかっていない。だが，多くの場合は，漂着クジラが利用されたと思われる。

　古代日本では，クジラは「いさな」と呼ばれ，伊佐奈の字が使われたが，いさなの意味の解釈をめぐっていろいろな説がある。「な」は魚を表すとして，クジラが魚の一種とみなされていたことを主張する立場がある。海中の魚やクジラを同じ仲間とみなす考えは，日本以外でもよく知られている。太平洋の島々における諸文化では，魚，クジラ，タコ，イカなど海洋で遊泳する生き物を総称する言葉がある。ハワイ諸島のイア，インドネシアのイカンがそうである。ミクロネシアのカロリン諸島では，クジラは「大きな魚」，イルカは「小さな魚」と称される。

　いさなを勇魚，つまり勇ましい魚とみなす考えはクジラの大きさや勇壮な泳ぎから納得しやすいが，古代人がクジラを「勇ましい魚」とみなしたわけがよくわからない。むしろ，クジラは海岸に漂着するものとして映ったのではないか。クジラは外海の存在ではなく，もっと身近な磯の魚であったとする考えもある。そして，クジラが沿岸の人々に大量の食料をもたらすことから，恩恵の念を抱くことが多かったに違いない。もっとも，いさなが「磯魚」を意味するものとして文献に登場することはない。

　先述したように，漁民の中にはクジラの仲間であるシャチは一方で魚を追い

かけて散らしてしまう害獣とみなす場合もあるが，北西海岸のマカーの人々にとり，シャチは名捕鯨者と相通じる存在であった。また，シャチは北海道アイヌの人々にとり「カムイ・フンベ」，すなわち「神のクジラ」とみなされている。シャチがクジラを追う結果，クジラが沿岸に追い込まれるので捕鯨に利すると考えられているのである。また，クジラが魚群を伴って遊泳することが知られており，クジラ付きと呼ばれる。日本各地ではクジラが大漁をもたらすことから，「エビス」と呼ぶ民間信仰が発達した。

　近世に発達した網掛け突き取り式捕鯨では，大型のクジラが捕獲されると，大量の肉，油，骨などが村むらにもたらされた。「鯨一頭七浦にぎわう」と称されたように，クジラは海の幸とみなされてきた。しかし，クジラを殺すことは罪悪感を持って捕鯨者に捉えられていた面も見逃すことはできない。クジラは親子関係の強い絆を持ち，仔クジラを先に仕留め，親が我が児を救おうとして，現場から離れないことを利用して親クジラを獲る方法が経験的に知られていた。日本各地には，クジラを弔うさまざまな鯨供養の碑や鯨の墓が建立されている。山口県長門市青海島通浦（かよいうら）の向岸寺にある鯨墓は（写真 5.7），元禄5(1692)年，徳川綱吉の代に建立されたものであり，クジラの胎児が埋葬されている。寺には，クジラの戒名を示す鯨鯢（げいげい）過去帳が残されている。

　また，日本人はクジラに対する恐れも抱いていた。江戸末期，加賀国石川郡金石（かないわ）近海では，クジラを「沖の殿様」と呼んでいた。特に沿岸の人々はクジラの群れに対して恐怖心を抱いており，中には合掌してその害を免れたいと祈る人もいたようだ。

写真 5.7　鯨墓（元禄5年建立）クジラの胎児が70体ほど埋葬されている。
（山口県青海島通浦・向岸寺）

民間伝承の中で，クジラを殺すことの祟りを伝える話がある。親子の鯨や妊娠中のメス鯨が夢の中に現れ，命乞いをしたが，聞き入れられずに鯨を獲ったので，クジラが怒って船を転覆させ，多くの死傷者を出したという伝承も残っている。

　日本では，クジラ以外にも魚や虫，貝，ウミガメなどの動物以外にも，針供養，大根供養など，植物や無生物に対してもその恩恵に感謝し，あるいはその霊を慰める宗教的な営みがある。とりわけクジラに対する思いは大きかったことがわかる。エビス信仰とともに，クジラへの畏敬と恐れ，憐憫（れんびん）の情が交錯していたのである。

4. 多様な関わりの中でクジラを考える

　以上のように，クジラと日本人との関わりは地域によって異なるうえ，歴史的にも大きく変化してきた。クジラは日本人にとり食料であり，骨や皮，歯，ひげなども余すことなく利用されてきた。一方，19世紀の西洋諸国による捕鯨は，鯨油生産を大きな目的としており，当時の捕鯨船はクジラのブラバー（＝脂肪）から鯨油を船上で製造する「海の油工場」でもあった。石油発見後はクジラの価値が下落し，西洋世界ではクジラを重要な資源とはみなさなくなったが，日本では時代を越えてクジラを利用する文化が持続してきた。しかも，エスキモーやイヌイットの例のように，クジラを残すことなく利用する文化を持つ。クジラは祈りや癒しの対象でもあり，供養を通じて自然界の生き物を犠牲にしたことをつぐなう気持ちは今でも継承されている。

　捕鯨と反捕鯨をめぐる議論はいまだ平行線の状態にある。クジラを地球環境を守るシンボルとして，その保護と海の聖域化を主張する立場がある。しかし，クジラには80以上とされる種類があり，種ごとに抱える問題は違う。絶滅に瀕する種（カワイルカの仲間）から増えすぎた種（ミンククジラ）まで状況はさまざまである。クジラ観と言っても，イルカを思い浮かべる人やマッコウクジラ，シロナガスクジラ，シャチを念頭に置く人によっても差異が出てくるのではないだろうか。

　捕鯨・反捕鯨論を語る時，日本や世界中でクジラと関わってきた人々の歴史や文化が考慮されないならば，全く意味がないことになる。捕鯨をする人，

食べる権利を持つ当事者の意見が無視され，国家の代表があたかも彼らの代表であるような顔をして意見を述べることも許されまい。生存目的ならば先住民に限り捕鯨は許されるが，日本やノルウェー，デンマーク，アイスランドなどが行う捕鯨は商業的だから許されないとする議論も，考えてみれば人間の文化や暮らしを深く考察したものでは決してない。われわれが学ぶべきことは，クジラと人間との多様な関わり合いの歴史である。そして，日本人が育んできたクジラ文化を正当に評価することであろう。

第3節　日本人と動物園

成島悦雄

1. 動物コレクションの誕生

　私たちを魅了してやまない野生動物であるが，野生動物を捕らえて飼育するという行為は，いつ頃から始まったのであろうか。古代の人々は，日々の食料や安全を確保するために野生動物と付き合うようになったと考えられている。野生動物の家畜化の歴史を見るとヤギとヒツジは1万年前にアジアで，ブタは9千年前に中東や中国で家畜化されている。5千年前の古代エジプトの墓には首輪を付けたアダックスやオリックスなどアンテロープ類の絵が描かれている。野生動物の家畜化に飽きたらず，力を蓄えた一部の人は，自分の権力を誇示するために，あるいは自分の楽しみのために野生動物を飼育するようになった。紀元前645年頃，アッシリアで発掘された石版には，ニネベの王宮庭園で雄と雌のライオンがくつろいでいる姿が彫刻されている。同じく国王の狩りを描いた石版には獰猛そうな猟犬が描かれている。

　紀元前7世紀，古代ギリシャではアレクサンダー大王が遠征で捕らえた動物を収容した動物コレクションが存在していた。フランク王国のカール大帝(742-814)やイギリスのヘンリー1世(1068-1135)は立派な動物コレクションを持ち，外国の諸侯から贈られたライオンやゾウを飼育していた。16世紀にスペイン軍に滅ぼされた中南米のアステカ王国も現在のメキシコシティに巨大な動物コレクションを持っていた。

　市民に開かれた近代動物園は1752年ウィーンのシェンブルン宮殿につくられた動物園に始まる。この動物園はもともとフランツ1世が皇后マリア・テレジアのために7年の歳月をかけてつくった動物コレクションであるが，1765年に

一般に公開された。1826年創立されたロンドン動物学協会は「動物学と動物生理学の発展と動物界から新しい，そして不思議な動物を導入する」ことを目的の1つに掲げ，1828年にロンドンのリージェントパークに動物園を開園した。ウインザー城にあった王家の動物コレクションも追加されているが，王侯貴族のコレクションそのものに起源を持たない最初の動物園と言える。しかし，当初は一般市民のためのものではなく，「動物コレクションの価値がわかる」上流階級の紳士淑女のための施設として開設された。「卑しい」一般市民は，ロンドン塔にあった動物展示施設や移動動物園で，珍しい動物を見て楽しんでいた。ロンドン動物園が庶民に開放されるようになったのは，動物園を維持するために寄付金だけではまかないきれず，入園料という財政的基盤を必要としたからである。

2. 日本の動物見世物

日本で庶民が珍しい動物を娯楽として見ることができるようになるのは，都市に人口が集中し，経済的，時間的な余裕ができるようになる江戸時代初期の頃からである。17世紀前半に描かれた風俗画から，動物見世物の様子をうかがい知ることができる。四条河原遊楽図屏風には，檻の中のヤマアラシを男が棒でつついて怒らせ，興奮したヤマアラシが全身の針を立てて男に向かっている姿が描かれている。四条河原遊楽図では，羽を広げたクジャクが見世物になっている。江戸時代中期以降は南蛮船が運んできた珍しい動物が興行師に買い取られ，大坂の道頓堀，名古屋の大須，江戸の葺屋丁や堺丁などをめぐる興行に使われた。興行場所は，大都市の中でも，特に人の集まる盛り場である。江戸においては1860年(万延元年)トラが麹町福寿院境内，1863年(文久3年)ゾウとフタコブラクダが浅草奥山，1866年(慶応2年)ライオンが芝白金の清正公廟前で見世物にかかった。江戸時代の動物見世物は信仰や疫病避けといった現世の利益と結び付けられていたところに特徴がある。江戸時代後期にはこのような仮設展示による一過性の見世物だけでなく，常設展示も行われるようになる。摂津名所図絵巻二(1798年・寛政10年)の「孔雀茶屋」の図を見ると，鳥小屋の中に，羽を広げているクジャクの他，キンケイやオウムと思われる姿を確認できる。池を眺める親子や座ってお茶を飲む人たちが，孔雀茶屋でのんびりとくつろぐ雰囲気が感じとられる。

孔雀茶屋の規模を拡大した花鳥茶屋は，寛政年間(1789-1802)から文化年間(1804-1818)にかけて，浅草や両国，池之端などで繁盛したという。

3. 日本の動物園の歴史

1) 最初の動物園

　庶民の動物見物は，1882年(明治15年)に上野動物園が開園するまでは，盛り場にある仮設小屋でゾウやラクダといった一点豪華主義の珍しい動物を見るか，花鳥茶屋などの常設施設でお茶を飲みながら物見遊山的にクジャクやオウムといった数種類の動物を見るという状況にあった。欧米諸国から開国を迫られた江戸幕府は，開国引き延ばしのために1862年(文久2年)，ヨーロッパに使節団を送った。使節団はフランス，イギリス，オランダ，プロシア，ロシア，ポルトガルの6ヶ国をめぐったが，福沢諭吉は通訳として同行し，フランスなどで動物園を見学する機会を得た。1866年(慶応2年)にヨーロッパでの見聞をまとめて出版した「西洋事情」で，諭吉は動物を飼育し市民に展示する施設を，"動物園"と翻訳し，以下のように紹介している。
「動物園，植物園なるものあり。動物園には生きながら禽獣魚虫を養えり。獅子，犀，象，虎，豹，熊，羅，狐，狸，猿，兎，駝鳥，鷲，鷹，鶴，雁，燕，雀，大蛇，蝦蟇，すべて世界中の珍禽奇獣みなこの園内にあらざるものなし。これを養うに各々その性に従いて食物を与え，寒温湿燥の備えをなす。海魚も玻璃器に入れ，時々新鮮の海水を与えて生きながら貯えり。」
　この説明に，現在でも通用する動物園で野生動物を飼育するための基本がきちんと押さえられていることに感心する。当時すでにヨーロッパの動物園では，工夫をこらしてさまざまな動物を飼育していたことがわかる。見世物小屋で南蛮渡来の珍しい動物を眺めていた時代の日本人使節団員がヨーロッパで動物園を見学した驚きは，現代のわれわれが想像する以上のものであったに違いない。西洋事情は当時のベストセラーとなり，諭吉の命名した"動物園"は，日本語として定着した。"動物園"は日本だけで使われているわけではない。漢字文化圏である中国，香港，台湾，シンガポール，韓国においても，読み方は異なるものの漢字をあてはめると日本と同じ"動物園"が使われている。

日本で最初の動物園は前述のように 1882 年(明治 15 年)に開園した上野動物園である。その生い立ちをたどってみよう。1867 年(慶応 3 年)パリで開かれた万国博覧会に派遣された日本代表団は，パリの自然史博物館と同館付属植物園を見学している。植物園には動物園が併設されており，後に上野動物園開設に深く関わった田中芳男も代表団の一員として加わっていた。代表団は文明国家を目指す日本にも，このような施設が必要であることを痛感した。明治時代に入ると，ウィーンで開かれる万国博覧会に出品するため，日本政府は 1873 年(明治 6 年)にさまざまな物産を日本各地から集め，その収集品を内山下町(現在の千代田区内幸町)に博物館を開設して公開した。その中には生きた動物が飼育展示されていた。これが博物館とともに上野公園に移され，1882 年(明治 15 年)に動物園として開園した。現在の上野動物園の前身で，農商務省博物局博物館の付属施設として位置付けられていた。当時の敷地面積は現在の 1/10 の 1.4ha ほど，スイギュウ，クマ，サル，キツネ，タヌキ，ワシ，水鳥，小鳥などが飼育されていた。

2) その後の動物園の発展と第二次世界大戦

　19 世紀に開設された日本の動物園は上野動物園だけであるが，20 世紀に入ると，殖産興業を目的に各地で開催された内国勧業博覧会の跡地に動物園が開設されることになる。1895 年(明治 28 年)京都で開催された第 4 回内国勧業博覧会跡地に 1903 年(明治 36 年)京都市紀念動物園，1903 年(明治 36 年)大阪で開催された第 5 回内国勧業博覧会跡地に 1914 年(大正 3 年)大阪市天王寺動物園，1910 年(明治 43 年)に名古屋で開かれた第 10 回内国勧業博覧会では 1918 年(大正 7 年)名古屋市鶴舞公園付属動物園といったように，次々と動物園が開設されていった。1939 年(昭和 14 年)には全国 19 の動物園・水族館が集まり日本動物園水族館協会を組織するまでになったが，この 19 園には植民地にあった台北とソウルの動物園も含まれている。

　第二次世界大戦は動物園にとり厳しい時代であった。上野動物園では 1942 年(昭和 17 年)には 327 万人を超えていた年間入園者が，戦況悪化とともに 1943 年(昭和 18 年)に 208 万人，1944 年(昭和 19 年)に 58 万人と急激に減少し，戦争が終わった 1945 年(昭和 20 年)には 29 万人と，開園間もない明治 23 年の水準まで

下がった。召集による職員の減少や動物の餌不足も動物園の維持管理に大きな問題となった。当時の動物園では戦意高揚のため，軍用動物として通信手段に用いたウマ，イヌ，ハトなどの展覧会や実演，動物慰霊祭がたびたび行われた。本土空襲も始まり敗戦の色が濃くなると東京都等行政の指令による猛獣処分も行われた。帝都防衛強化を理由に1943年(昭和18)7月，東京市は東京府に併合され東京都が発足した。8月16日，上野動物園にトラ，ライオン，ヒョウ，クマ，ゾウなど27頭の猛獣処分命令が，大達茂雄都長官により出された。「かわいそうなゾウ」の物語で有名な3頭のアジアゾウ，トンキー，ワンリー，ジョンは薬殺できず餓死することになる。同年9月4日には殺処分された動物が「時局捨身動物」として法要が行われ，関係者や近隣の学生ら500名が参列し，悲運に倒れた動物の霊を慰めたという。戦後，上野動物園の古賀忠道園長は平和でなければ動物園は存続できないとの思いから，"zoo is the peace"と言って平和の大切さを訴えた。アフガニスタンやイラクの紛争で現地の動物園や野生動物が大きな被害を受けたことは記憶に新しい。動物園が繁栄している平和な日本に住んでいることを心から感謝したい。

　ところで，日本の多くの動物園には動物慰霊碑を備えているところが多い。秋のお彼岸には，来園者の参加を得て動物園で亡くなった動物たちの霊を慰める動物慰霊祭が開催される。動物園の外でも，鯨塚，フグ塚，鳥塚，虫塚など動物の慰霊碑をたくさん挙げることができる。動物にも私たちと同じ命を見る動物観は，日本人に特有なもののようだ。欧米の動物園人に動物慰霊碑のこと尋ねると，神様が人間のために動物を創造したというキリスト教の影響か，ヘェー，そんなものがあるのかという顔をされる。

3) 平和を取り戻した動物園

　戦後の動物園は，平和を取り戻した庶民のレクリエーションの場として大きな人気を得た。ゾウを見たいと言う日本の子供たちの要望にインドのネール首相が応え，1949年(昭和24年)9月25日上野動物園にインドゾウが贈られた。このゾウの名前はネール首相のお嬢さんで，後に同じくインドの首相となったインディラ・ガンジーさんの名前に因んでインディラと付けられていた。日本の子供たちに贈られたゾウを日本各地の子供たちにも見てもらおうと，朝日新聞と

国鉄の後援を得て1950年(昭和25年)4月28日から9月30日にかけて,静岡,甲府,松本,長野,新潟,山形,青森,札幌,旭川,函館,秋田,盛岡などを巡回する移動動物園が実施された。移動動物園が訪れた都市には,その後,続々と動物園が開設され,動物園ブームのきっかけとなった。

　上野動物園では古賀園長のもと,動物園の建て直しが計られることになった。古賀園長は戦後のすさんだ世相を憂い,子供たちにおとなしい動物と接することで,動物,ひいては人間へ思いやりを育てることを目的として,1948年(昭和23年)4月,日本で最初の子供動物園を上野動物園の一角に誕生させた。子牛,ロバ,ウサギ,サル,リス,ヤギ,ヒツジ,ブタ,カンガルー,ニワトリやアヒルの雛,オウム,小鳥,金魚などが1,650m^{2}の敷地で飼育されていた。ケージの中にいる動物を見るのではなく,子供がいるところに動物を出して遊ばせ,触ることができるという新しいアイディアが取り入れられた。

　同年9月には子供動物園にお猿電車が開通した。お猿電車は一周35mの環状線で,カニクイザルが運転手となって子供9人を乗せた車両3台を実際に運転するものであった。運転中のサルは観客が差し出すお菓子を見つけるとお菓子を取ろうとしてハンドルから手を放すので,電車が止まってしまう。注意すると足でハンドルを押さえ運転を続けたが,それが子供たちに大人気となった。1974年(昭和49年)に「動物の保護および管理に関する法律」が施行され,サルを1時間以上も鎖につないで運転台に置くのは苦痛であるという理由からお猿電車は同年6月に廃止された。乗客累計は1,590万人,お猿電車はたくさんの子供たちの夢を乗せて走ったのである。時勢に押されて廃止されたお猿電車であるが,現在の視点から見ると,電車を操作できるというサルの能力を引き出して展示する環境エンリッチメントの試みであると,肯定的にみなすこともできる。

　1950年代後期になると,郊外に広い敷地を確保してゆったりと動物を展示する動物園が建設されるようになる。1958年(昭和33年)東京の郊外に建設された多摩動物公園は,都市型動物園である上野動物園を補完する動物園として,動物の飼育繁殖と群れ飼育を建設の基本方針とした。同園は1964年(昭和39年)に1haの敷地にライオンを放し飼いにし,その中にバスを走らせる観覧形式を実現させた。これは世界初の試みで,1966年(昭和41年)以降ヨーロッパに建設

されることになるサファリパークに大きな影響を与えた。1970年代には日本に逆輸入され，放し飼いされた動物の中を自家用車で観覧するサファリパークが日本各地につくられるようになった。

4．動物園の現在

1）動物園の外部評価

　戦後，動物園は健全な娯楽施設としての地位を確立し，批判の対象に晒されることはなかった。しかし，動物愛護運動の高まりとともに動物園に対する批判の声も大きくなっていく。欧米では動物園反対論者のとる行動に過激なものもあり，夜中に動物園に忍び込み，ケージの金網を破って動物を逃がす事件も発生した。日本では欧米で見られたような違法な動物園反対運動は見られていない。特筆すべきは1996年（平成8年）夏に，欧米で始まったズーチェック運動が日本に飛び火したことである。太平の平和をむさぼってきた日本の動物園に，ズーチェックという黒船がやってきたのである。上野動物園や天王寺動物園などの公立動物園と日本モンキーセンターなど私立動物園や動物商の動物保管施設など10ヶ所がチェックの対象とされた。動物園の評価基準に国際標準はない。英国の基準を日本にそのままあてはめることが適切かどうかの議論はあるが，前記3園は条件付きで英国の基準に合格していると評価されたものの，残り7施設のうち3施設は閉鎖勧告を受けた。もちろん，日本の動物園も旧態依然のままでよしとしていたわけではない。動物園にとりズーチェックを始めとした外部評価が刺激となり，飼育環境を改善し来園者と飼育動物の双方に快適な環境をつくり出す努力が続けられている。旭山動物園の大ブレークも，旭山関係者の創意工夫と努力によるところ大であるが，近年の飼育環境改善の流れの延長線上にあると位置付けられる。

　2005年（平成17年）には流行情報月刊誌「日経トレンディ」が，利用者の視点から動物園をランキングして特集を組んだ。同誌は2007（平成19年）年に新鮮な驚きを与えてくれる動物園という視点から，再度，動物園のランキングを行った。多様な切り口で外部から動物園を評価することは，動物園の活動を側面から活性化させる促進剤になると思われる。

2) 環境エンリッチメント

「生態を公衆に見せ，かたわら保護を加えるためと称し，捕らえてきた多くの鳥獣・魚虫などに対し，狭い空間での生活を余儀無くし，飼い殺しにする，人間中心の施設」，新明解国語辞典第4版（三省堂）は動物園をこのように定義している。公平を旨とする国語辞典としては独善的とも思える説明であるが，動物園にこのような負の側面がないわけではない。もともと動物園は人のための施設で，動物のためにつくられたわけではない。しかし，できる限り動物に快適な環境を提供したいという思いは動物園人に共通している。

野生動物は餌を見つけるために長時間かけている。しかし，動物園では自分で餌を探す必要はない。与えられた餌も短時間で食べ終えてしまうため，残った時間を持て余してしまう。その結果，ケージの中を行ったり来たりするなどの常同行動や，毛をむしるといった異常行動を発現しやすい。そこで，餌を隠して探させる，少量を回数多く与える，肉食動物には生きた餌を与えて獲物を捕らえる喜びを味あわせる，運動場にボールなどの遊び道具を置くといった工夫が積極的に行われるようになった。野生に比べて単調な飼育環境に手を加えて複雑多様なものにするという意味合いから，このような取り組みを環境エンリッチメントと呼んでいる。1990年代初めに米国で始められたが，日本の動物園が組織的に環境エンリッチメントに取り組むのは，1990年代後半になってからである。

3) 人と動物の共通感染症と動物園

近年，高病原性鳥インフルエンザが東南アジアを中心に猛威をふるっている。下火になったが新型肺炎SARSの流行も忘れることはできない。人と動物が共通して感染する病気が流行すると，必ず，物言わぬ動物が悪者となるのが世の常である。鳥インフルエンザの流行では，多くの動物園で触れ合い活動に使われていたニワトリが観客の目に触れない場所に引っ込められた。ニワトリは学校飼育動物の代表だが，父兄の中にはニワトリを飼育している危険な学校に子供を登校させたくないという方もいらしたようだ。公園は一時的にニワトリの捨て場と化した。情操教育に動物との触れ合いが不可欠だと主張していた人が，一旦事あれば手のひらを返したように動物の危険性を強調する。冷静な対応が必要である。動物との共通感染症についてやみくもに怖がる必要はない。

しかし，私たち人と異なる生理条件で生きている動物に，それを無視して無条件に接触することは，誤った愛情表現と言えよう。人と動物がより良い関係をつくり共生していくためには，動物についての理解と節度ある接触が不可欠である。人と動物の共通感染症が地球規模で流行が見られる現在，動物園は動物の代弁者として，野生動物を正しく理解してもらう教育活動を通して，野生動物との共存を訴えていくことが，新たな使命となっている。

4）野生動物の保全と動物園

国際動物園水族館協会（WAZA）が2005年（平成17年）に発表した世界動物園保全戦略によると，世界に1,300を超える動物園水族館があり，少なく見積もって年間6億人以上がそこを訪れている。世界人口の1/10近くである。1億2千万人が暮らす日本には日本動物園水族館協会に加盟している施設だけで153園館があり，年間7千万人近くが訪れている。これほど多数の人々が集まる動物園水族館は，環境教育の場所としてうってつけである。地球の気候変動により，北極の氷が溶けてホッキョクグマがおぼれたり，温暖化で寒冷地に適応したカエルが低い気温を求めてより高地に生息地を変更しているなどの影響が報告されている。エネルギーを大量消費するわれわれのライフスタイルの変更が求められているわけだが，そのことをアピールする場として動物園が果たす役割は大きい。

長年，動物園が蓄積してきた野生動物の飼育技術と繁殖技術をもとに，希少動物の飼育繁殖に力を注ぎ，野生復帰に手を貸していくことは動物園の大切な仕事である。野生動物を保全する場合，生息地での保全を優先させることはもちろんだが，動物園は緊急避難先として個体の保護や飼育繁殖に取り組むことになる。飼育個体群を維持するばかりでなく，精子や卵子を冷凍保存して将来の繁殖に役立てる冷凍動物園に取り組む動物園も増えている。非公開の施設で飼育繁殖を行うほうが効果的である場合も少なくない。公開する展示施設に加えて，繁殖に専念する非公開施設の充実も求められている。

5. 日本の動物園のこれから

人事や飼育管理形態を欧州の動物園と比較すると，日本の動物園の特徴が見えてくる。人事面では，日本の動物園の専門職は，動物を直接飼育する職員と，

動物の健康管理を担当する獣医師とで占められている。その結果，動物を飼育管理することに力が集中し，近年，改善されつつあるとはいえ，教育や研究といった部門は手薄な状態にある。動物学を専門とする職員や教育専門の職員は，はなはだ少数にとどまっている。また，大学や博物館といった研究施設との連携もいくつかの例外を除いて，発展途上にある。動物園で新しい発見があっても，社会にフィードバックするチャンネルが明確になっていない。反対に動物学の進歩を動物園に速やかに取り込むチャンネルも，個人的には存在しても，組織的には用意されていない。動物園活動をより豊かなものとするため，今後は動物学や教育の専門家を交えた動物園の運営が求められる。

　動物園は社会が存在価値を認めて初めて存続できる施設である。社会が動物園に期待する存在理由は時代により異なる。近年は，自然から隔絶された都市に生活する人々に，展示動物を通して自然に親しむ窓口として，また，希少動物を繁殖させて保存する生きた遺伝子保全の場所としての役割がクローズアップされている。西欧の合理主義が生んだ科学文明のおかげでわれわれは快適な生活を手に入れたが，その引き替えに地球規模での環境破壊に直面している。欧米の動物園は，自然を合理的に管理することで，今日の危機的な状況を救うことが可能であるとの考えのもと，保全活動を行っている。このような考えで本当に問題が解決できるのであろうか。科学の力で自然をコントロールするのではなくエネルギーを大量に消費する生活を見直し，自然とうまく共生する智恵を働かせて地球環境の危機に対処すべきではないだろうか。動物慰霊碑に見られるように，自然の中に生きとし生ける命を見出す自然観をもとに，自然との共生を人々に訴えていくことも，動物園のこれからの活動の大きな柱になると思われる。

＜参考文献＞
1) ヘディガー，H (1942)：今泉吉春，今泉みね子訳 (1983) 文明に囚われた動物たち，動物園のエソロジー，思索社，東京．
2) ジョン・クリッパー (1996)：日本の動物園調査レポート―日本の10の動物園・水族館・動物保管所の調査―，地球生物会議 (ALIVE)．

3) 川端裕人(1999)：動物園にできること，文藝春秋，東京.
4) Kleiman, D. G., Allen, M. E. Thompson, K. V. *et. al.* (ed)(1996)：Wild Mammals in Captivity, principles and techniques, the Univ. of Chicago press. Chicago and London.
5) 国際動物園水族館協会(2005)：日本動物園水族館協会訳(2005)野生生物のための未来構築/世界動物園水族館保全戦略，日本動物園水族館協会，東京
6) 小森厚(2000)：動物園の現状と課題－21世紀の動物園を求めて－,1999年度明治大学学芸員養成過程紀要,31-40.
7) 小菅正夫(2001)：野生動物をどう見せるか，どうぶつと動物園53(10)，10-13.
8) 成島悦雄(2011)：動物園の過去，現在，未来 ／ 成島悦雄編集　大人のための動物園ガイド，養賢堂，東京
9) 松沢哲郎(1999)：動物福祉と環境エンリッチメント，どうぶつと動物園51(3)，4-7.
10) 成島悦雄編(2006)：特集動物園－動物園の主役とその舞台裏－，畜産の研究60(1)，1-198.
11) 正田陽一(1997)：近代都市動物園の効用．博物館雑誌23(1),1-10.
12) 和生謙二(1996)：日米における動物園の発展過程に関する研究．東京大学審査学位論文

第4節　競走馬と日本人

青木　玲

1. 消費される"競馬のロマン"

1) 競走馬の存在理由

　日本の競馬は，軍馬の改良増殖という目的のもとに制度化された歴史がある。戦前の獣医学も力点は馬，すなわち軍馬にあった。しかし，戦後の昭和23年に制定された「競馬法」では競馬の目的は特に規定されず，収益の使途が定められるのみである[注1]。軍馬，使役馬の改良増殖の必要を失った今日，競馬の実質は国と地方公共団体の財源確保のために特別に許可された「官製賭博」であり，競走馬はそのための資源，コマである。

[注1]「競馬法」第23条の9。「日本中央競馬会法」第1条にも「競馬の健全な発展を図って馬の改良増殖その他畜産の振興に寄与するため，競馬法により競馬を行う団体として設立される日本中央競馬会」とあるように競馬は自己目的化している。同法第36条は国庫納付金の使途として畜産振興事業などと民間社会福祉事業の振興の2つを挙げている。

　日本の馬の飼養頭数は農林水産省統計によると2010年の総数が8万1,376頭，うち53%を軽種馬（競走馬）が占めている（図5.1）。1999年のサラブレッド生産数の国際比較でもアメリカ，オーストラリア，アルゼンチン，アイルランドにつぐ第4位。競走馬が馬の総頭数の中でこれほど高率かつ多頭数に及ぶ国は，馬産が重要産業であるアイルランドを除き例がない[注2]。

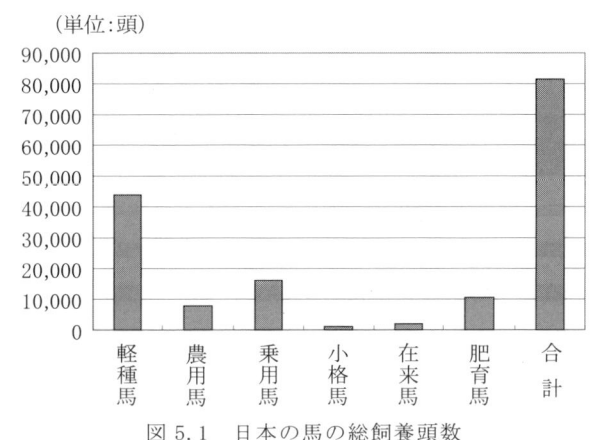

図 5.1　日本の馬の総飼養頭数
典拠：農林水産省「馬関係資料」（平成 24 年 3 月）

注2) 昭和 22 年に中央馬事会が作成した「馬事推進 5 ヶ年計画」では，競走馬の飼養頭数の標準を 1 万頭とした（馬全体の増殖目標が 150 万頭なので，競走馬の比率は 150 分の 1）。その後，畜産政策の根幹を定める法の 1 つ，「家畜改良増殖法」が昭和 25 年に公布され，「家畜改良増殖目標」を定めることとなった。第 1 次は農用馬のみ，第 2 次に軽種馬が追加され，競走馬は昭和 50 年に設定・公表された第 3 次から追加されたが，数値目標は現在に至るまで設定されていない。

　馬が担っていた作業が機械化された後，先進諸国では娯楽用の馬（プレジャーホース）の飼育が普及していった。しかし，日本においてはその数，比率ともに大きくは伸びておらず，今日に至るまで競走馬の比率が高い。そのため，昭和 30 年代以降に生まれた世代の大半にとって，競走馬は唯一なじみのある馬として，"スクリーンの向こうのプレジャーホース"としての機能も果たしてきたのである。

　戦後の競馬には，シンザン，ハイセイコーなどの有名馬の人気を契機に何度かの飛躍期がある。昭和 50 年代後半からは，日本中央競馬会が呼称を JRA と改め，若者・女性を対象に"競馬のロマン"を浸透させるイメージ戦略に着手，ファン層の拡大を図った。バブル経済を背景に，場外馬券売り場の増設や電話

投票制度，オグリキャップや武豊騎手というスターの出現などの相乗効果で，1990年代始めに売上げ，入場人員，軽種馬生産頭数ともに最大のピークを迎え，国際的にも日本は，売上げ，賞金とも世界一の競馬大国となった。こうした競馬ブームのもとで，日本人と競走馬は独特の関係を築いてきたのである。

2)　"競馬のロマン"を消費するファン

　競馬とは，訓練した馬を観客の前で走らせ，着順を賭けの対象とする興行である。競馬ファンは競馬という娯楽の消費者であり，そのツールである競走馬の搾取者でもある。競馬という興行の中で競走馬との関係を楽しむということは，子供がテレビゲームのキャラクターに熱中するのに似て，あらかじめ用意された舞台で役割を演じる馬から得られる快楽を消費することである。

　競馬の快楽は，無数の空想から成り立っており，現実から意識を乖離させる。筆者が以前『地球と環境教育』の一章[注3)]で指摘したように，1980年代以降の競馬ブームは，馬をあるがままに理解するのとは逆に，空想世界（ファンタジー）の主人公として擬人化し，感情移入の対象とした。生物としての馬の快苦や，競争から脱落した馬の多くが食肉や動物用飼料として処分される事実は，快楽消費の対象とならない"無粋なリアリズム"として意識の下に追いやられていた。

[注3)]「飼育動物たちの現状」（1993年・東海大学出版会『地球と環境教育』）

　＜競馬ファンや一部のジャーナリズムが作り出す物語の中では，馬たちはレースを理解し，ファンの声援に応えて勝負根性を燃やしたり，「父親の無念を晴らす」ためにダービーに出場したりしている。まだ発育途上にある馬たちが，ムチ打たれ，生理的限界を超えたスピードで走る結果，多数が脚を骨折する事実や[注4)]，引退競走馬の大半が肥育場を経てと畜場で生涯を終えることを，ファンもマスコミも正視しない。-中略-こうした見方は「競馬場がきれいになって，ウマも幸せそう」という何年か前の冗談のようなコマーシャルの文句に端的に示されているといえよう。＞（前掲書より）

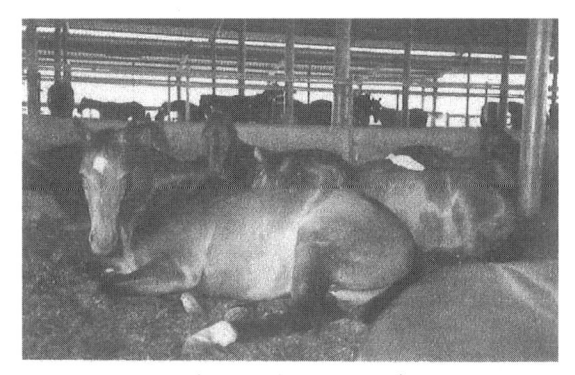

写真5.8 軽種馬の肥育

注4) 特に発症率が高いのは強い負荷のかかる前肢の腕節から蹄までの下脚部。近年，骨折発症率は低下傾向にあるとはいえ，逆に腱炎が多発しており，まだ改善の余地は残っている。

　同じ頃，競走馬を育成するシミュレーションゲームが登場。競走馬は漫画のキャラクターやぬいぐるみにもなり，一般家庭に浸透してゆく。(財)東京都市科学振興会発行が1988年に実施した「東京都民のギャンブル意識に関する調査」では，競馬はスポーツ・ゲームというよりギャンブルという意識を持つ人が圧倒的に高く，実際，馬券の売上げは，単純に賭事を楽しむこの層が支えている。これに対し，"競馬のロマン"のイメージに引かれ新たに競馬ファンとなった若者や女性の多くは，育成ゲームや馬を擬人化したファンタジー世界から得られる快楽の消費に傾斜していった。（10代の頃の筆者もその1人だった）

2. ファンタジーの諸相

1) ブームの終焉とファンタジーの変容

　そんな日本の競馬も，1991年のピークを境に縮退期に入っている。当時全国に24団体あった地方競馬主催者のうち，2012年春までに9団体が赤字を理由に廃止された。堅調だった中央競馬も1997年の4兆7億円をピークに売上げ低下が続き，2011年には約2兆3千億円と半減している（図5.2）。

　退潮の原因は長引く不況とレジャーの多様化と分析されているが，"ノミ行為"

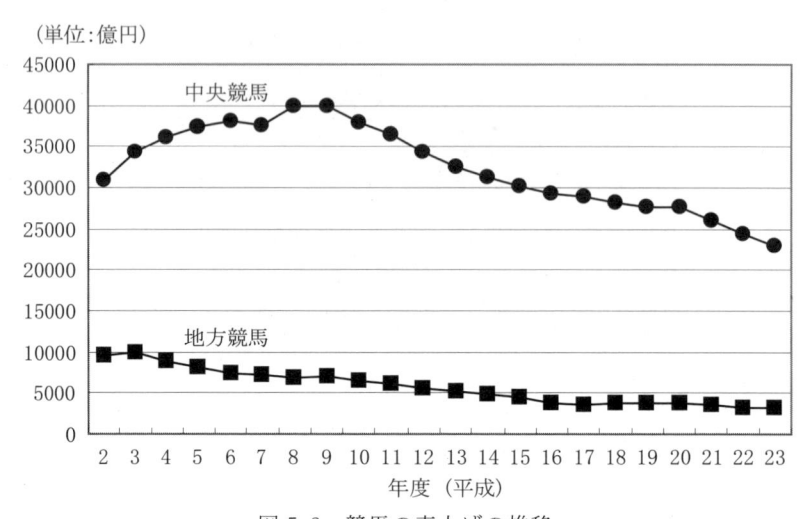

図 5.2　競馬の売上げの推移
典拠：農林水産省資料

と言われる違法賭博の影響も以前から指摘されていた。いずれにしても，売上低下とともに経営方針や収益配分をめぐる論争が活発化し，競馬を監督する農林水産省は，2001年から「地方競馬のあり方に係る研究会」「我が国の競馬のあり方に係わる有識者懇談会」を連続して開催，2004年，地方競馬の整理統合，業務の一部民間委託化などを可能にした競馬法改正に踏みきった。

　こうした変化の中で，販路が縮小し過剰生産に陥った馬産地では，中小牧場の負債が膨らみ，倒産・廃業する牧場が増え，年間千頭とも言われる売れ残りの馬が処分される一方，比較的資本力のある少数の大牧場の寡占傾向が強まっていった。このような状況になると，右肩上がりの時代には，華やかな競馬の世界に心地良く浸っていられたファンやメディアも，競馬産業の疲弊という現実に向き合わざるを得なくなってくる。

　競馬ブームの退潮期はインターネット普及率が上昇した時期と重なっていた。総務省の「平成15年通信利用動向調査」によると，世帯普及率で1997年末の6.4%から2003年末には88.1%まで上昇している。競馬関連のサイトや掲示板も急増し，競馬産業の実情に関する情報が大量に流通，競走馬の死や処分にまつわる話も語られるようになってきた。ある競馬情報サイトは，子馬が売れ残る馬産地の

窮状や地方競馬の閉鎖を伝える記事のかたわらに，競走馬育成ゲームのコーナーを設け，「かわいい馬のキュートな動きで，楽しく毎日のお世話」「大切に育てた馬は，お友達が育てた馬や，結婚相談所で見つけた馬と結婚させることができます」と宣伝していたが，このような環境の中では異様な印象を与えていた。

2）ファンによる馬の救命運動について

競馬ブームのさなかに，まさにこうした世界に魅了されて牧場に嫁いだ女性のノンフィクションが，2002年に刊行され，競馬関係者の注目を集めた[注5]。著者は，家族のように慈しんで育てた馬が，各地を転々とさせられたあげく，劣悪な環境の中で苦痛の死を迎えることを恐れたあまり，生産馬が競馬を引退すると1頭ずつ引き取って，しばらく牧場生活を送らせてから安楽死処分をしていたのである。その一部始終を語った後で，次のように訴えた。

[注5]『馬の瞳をみつめて』（渡辺はるみ著・2002年・桜桃書房）

＜どうせ肉になるのだからと，劣悪な環境で，馬を養うのはやめてほしい。例え，死後は肉になろうと，死ぬ直前の生きている間が心地良い環境であり，死ぬ時も恐怖と苦痛を感じない工夫が，努力がされるのなら，私の心は，もっともっと楽になれる。私の下（もと）を旅立った馬たちが，どこへ行こうとも，その場面場面で，人々が愛を持って接してくれるのなら，私はこんなに不安を抱かなくてもよかった。＞

馬を処分するにしても，苦痛をなくす配慮が必要ではないか，というごくオーソドックスで控えめな動物福祉の主張であり，それがかなう社会なら，自分のような者が馬を引き取り安楽死処分する必要もない，と明解に自分の行動を説明している。しかし，著者の行動に対する賛否両論の反応を見る限り，この主張は「誤読」されてしまったらしい。

反応は大きく2つに分かれ，その1つは，生産の現場で馬を殺処分することに対する牧場関係者の強い違和感であった。もう1つは，著者に同情した競馬ファンによるもので，自分たちの負担で安楽死候補の馬を救おうという運動で

ある。両者は，一見すると正反対の態度のようである。しかしどちらも，馬の殺処分という現実を遠ざけ，"命を育む場"としての牧場世界の維持を図ろうとする点は共通していた。その世界には，競走馬の法的な所有者である馬主，管理者である厩舎関係者という，現実の責任主体の姿がなく，馬の苦痛の排除という，著者が訴えた現実の社会規範への要求も生まれなかった。

競馬ブーム以来，想像上の馬主気分を味わう「ペーパー馬主ゲーム」も大流行しているし，何かのきっかけで特定の馬に強い愛着を抱いてしまうファンは少なくない。そうしたファンにとって，その特別な馬が引退後，殺処分されるのは心情的に耐え難いことであるため，自らの負担で馬の救命に乗り出す人も現れる。競馬ブーム以降，こうしたファンが，家畜の中で最も飼育経費がかかり管理の難度も高いサラブレッドを引き取り，施設に預け，生涯経費にして数百万円から数千万円を負担するケースが増加している。グループで引き取るケースも含めると，そうした馬は100頭ではきかないであろう。仮に1頭の生涯経費を1千万円とすれば，ファンはじつに，10億円以上をこれらの馬の養育費として支払っていることになる。このような経費負担は，家計を圧迫することにもなる。

馬の救命行為は，美談としてメディアに取り上げられることが多いが，このような行為を安易に称賛することは，本来なら馬主や厩舎関係者など，現実の責任主体が解決すべき問題をファンの行動に置換してしまうことにならないだろうか。

3）サバイバルゲームと癒し

ファンを魅了する"競馬のロマン"は，重層的な構造を持っている。まず，馬の選抜育種を生存競争にみたてたサバイバルゲームがある。過去現在の娯楽を思い浮かべるまでもなく，人間はサバイバルゲームが好きである。しかし同時に，人間は動物を擬人化，神格化，象徴化し，自我を投影することも大好きである。ある人は馬を友人や家族のように扱い，ある人は富や権威の象徴，自我の補完物とする。馬を神に捧げたり，神の使者として崇める風習も世界各地に伝えられている。馬を特別な存在として殺生を強く戒めた地域や時代もある。日本においても馬が地位の高い動物であったことは疑いがない[注6]。にもかかわらず，競馬というゲームは，馬の中でも高貴なイメージを備えたサラブレッドを，単なるコマとして消尽してしまう。使用済みの馬の処分実態を知れば知るほど，

いかに競馬をゲーム，娯楽，ビジネスと割り切ろうとしても，居心地の悪さや罪責感を払拭することが難しくなっていく。

注 6) かつては養蚕業従事者の間にカイコを「おカイコさん」と呼ぶ習慣があったが，現在，日常会話で接頭語に「お」が付いても違和感のない家畜は馬だけである。

馬をゲームのコマとすることが苦痛となった時，ファンはそれを忘却させてくれる"癒し"を求める。不特定多数の馬を対象とした馬の救命運動には，そうした癒しを与えてくれる行為としての意味もあると思われる。しかし現代社会では，そうした心の救済，一種の「贖罪行為」すら，ビジネスに取り込もうとする力が働くのである。

4) ハルウララ：ファンタジーの誕生から崩壊まで

2003年から2004年にかけ，高知競馬の牝馬ハルウララの話題が全国のマスコミに取り上げられた。次に赤字を出せば廃止と決まった経営難の競馬場で113連敗記録をつくり，一時は国民的なアイドルと言われるほど有名な馬となった。キャラクターグッズも売れ，人気騎手の武豊騎手を乗せたレースの日は，1日で8億6,900万円という同競馬場史上初の記録的売上げに貢献した。臆病で人見知りする小さな牝馬が，稼げない馬は処分される競馬というサバイバルゲームの中で，情愛深い厩舎人に守られ，ひたむきに走り続けている……。この物語が人々の心を癒したのだという言説が広まった。ところが，それがメディアを通すと爆発的な消費行動を呼び起こすことがわかると，同馬はいろいろな思惑に翻弄されていった。

中でも際立っていたのは，余生の面倒を見る約束で現役中の同馬の所有権を譲り受けた会社経営者が，競馬場からハルウララを連れ出し，休養させた後に独自にトレーニングをして引退戦で勝たせる，と主張した事件である。これをきっかけに，経営者と，あくまで地元で走り続けてほしいとするファンが対立，ハルウララ返還を求める署名運動が起こり，マスコミを巻き込んだ前代未聞の現役競走馬争奪戦に発展した。

この珍事の背後にどのような利害が隠されていたのかは別として，興味深いのは，両者とも同馬の人気と派生する収益に期待した点は同じでありながら，

表面上は,「ウララを真に愛しているのは誰か」「ウララは誰といるのが幸せか」「ウララはどうすれば多くの馬を救えるか」といった動物愛護的な主張をぶつけ合ったことである注7)。しかしやがて,報道を通じ対立の背後にある収益配分の問題が明らかにされると,"癒し系アイドル"に一時は殺到したメディアの熱も醒めていった。大衆に浸透させることで巨額の利益を生み出すある種の"物語"が,メディアの力で極限まで肥大させられた後に,現実との乖離をきたして崩壊してゆく過程を,短期間に凝縮してみせたケースであった。

注7) 馬の「幸せ」を優先するなら引退させるのが最善であり,馬の屠殺処分を減らしたいのなら,生産頭数を抑制し,馬主責任を明確にする社会規範やインセンティヴが必要なはずだからである。

競馬のファンタジーは,人の精神の根源に潜む傾向が,象徴性の強い馬という動物を通して具現化されたものである以上,競馬が続く限り消えることはなさそうである。しかし,「人と動物の関係」という視点から見ると競馬ブーム以降の,日本においては,競走馬以外の馬が身の回りに少なく,実物の馬に触れる機会が乏しすぎた結果,馬に対する関心や報道が"つくられたスター"である競走馬に一極集中し,ファンタジーが濃密になりすぎた。その結果,現実へのフィードバックが効かなくなり,人と馬の関係について冷静に議論できる土壌が生まれなかったのは残念なことであった。

3. 競走馬に対する倫理

1) 私的な愛着から社会規範へ

このような状態で,競馬の現状を適切に評価したり,この項の主題である競走馬と人間の関係についての倫理を構築するのは無理である。

日本人と競走馬の関係における倫理を考えるにあたり,まず必要なのは,個人的な愛着に根ざした特定の競走馬の"救済"と,社会規範とを混同しないことである。

詳細は他に譲るが,歴史上,人と動物との関係は常に社会規範の一部をなして

きた。原始宗教から仏教，ユダヤ・キリスト教，イスラム教などの多くの宗教やさまざまな文化集団，職能集団が，動物との関係について規範を定め，時に厳しい戒律を設けてきた。思想史においても，功利主義，正義論から進化論，生命・環境倫理学に至るさまざまな立場から，動物との関係における倫理が論じられている[注8]。

[注8] 本稿は，特定の動物の殺生を禁止する宗教や政治的あるいは思想的立場，とりわけ，功利主義生命倫理の論客で，動物擁護論の旗手とされるピーター・シンガーや，大型類人猿計画（GAP）が提唱している知能の発達を尺度とした権利擁護論には依拠していないことをお断りしておきたい。

競走馬との関係も，個々の感情や特定の生命観に委ねるのではなく，歴史的な経緯と，現在の社会・経済状況のもとで，競走馬が果たしている機能，今後起こり得る変容を勘案し，普遍的かつ実行可能な規範をつくり上げる必要があるだろう。その観点からすると，西欧で先行的に議論されてきた動物福祉論を踏まえ，「5つの自由」と「3Rs」[注9]の理念に準拠し，さらに近年の動向を踏まえ，環境との親和性を加味することが，妥当と思われる。

[注9] 5つの自由（Five Freedoms）は，1960年代以後，家畜福祉の領域で考案され，微修正されながら飼育動物全般に拡大された動物福祉の原則。餓え・渇き・栄養不良からの自由，不快からの自由，痛み・病気・怪我からの自由，正常な行動をとる自由，恐怖と苦悶からの自由。3Rsは1950年代に提唱された実験動物福祉の原則で，Replacement（代替），Reduction（削減），Refinement（洗練）。

理由はこれらが，東西文化圏に共通する，無益な殺生と苦痛を減らし，かつなるべく自然に逆らわない（人為的な環境改変がもたらす減少は除く）という素朴な道徳律に，飼育現場の経験を加え，科学的論証の余地も残しているからである。相当程度に普遍性を持ちながら，社会・経済・文化に応じたバリエーションも効くという点で，特定の宗教・思想に依拠した，いわば"原理主義的"な動物愛護よりすぐれていると思われる。しかも，日本に古くからある人と馬の関係を

めぐる社会規範とも大きく矛盾しない。輸入概念と見られがちな"動物福祉"は，日本人の精神史にもその起源を見出すことができるのである注10)。

注10) 日本古来のこうした規範のうち，最も重視されたのが殺生禁止であったこと，人のために命を落とした生物に感謝し，霊を祀る風習が，馬魂碑などの形で今も伝えられている点は，注意を要する。この2つの概念セットは，動物の苦痛への配慮を欠いた場合には，死をタブー視する一方で，命を一方的に奪っても供養さえすれば赦されるという，ご都合主義的側面も併せ持つことになるからである。(『戦没軍馬鎮魂録』(1992年・偕行社)，『犬の現代史』(今川勲・1996年・現代書館)，『生類をめぐる政治』(塚本学著・1993年・平凡社)などを参照。

2) 倫理規範をつくる手続き

　現代社会で，人間が競走馬と結ぶ関係は一様ではない。ある個人にとって馬が果たす機能に応じ，馬の地位も，それに応じた倫理的配慮の目標水準も違ってくる。例えば，馬を経済動物と見る農家は，家畜として相応の扱いをすることが配慮の上限だろうし，競馬産業やその収益分配の恩恵を受けている人々にとっては，馬を消耗品として短期間で更新していくことが利益につながる。また，馬は賭けの対象と割り切る人は，予想を狂わせるような不慮の事故さえ起こらなければよしと考えるかもしれない。(自らの不運を馬のせいにし，逆恨みする人もいないわけではない。)逆に，馬をパートナーやコンパニオンとみなす人は，ペットと同等かそれ以上の倫理的取扱いを自らに課すだろうし，特定の馬の熱狂的支持者は，人間以上の地位にその馬を置くことを要求することすらある。

　このような濃淡があることをいったん認めた上で，社会の構成員すべてに例外なく求められる規範として，競走馬への倫理を考えてゆくことが必要になる。それにはまず，競馬産業全体の共通目標を設定し，そのもとに，職域，集団ごとの行動規範をつくってゆくことが現実的であろう注11)。さらに，これらを絶えず社会や現場の実情と照らし合わせ，評価，フィードバックすることも不可欠である。

注11) 直接，馬を扱う立場にない競馬ファンは，その対象集団には含まれない。

以上を整理すると，次のような手順が必要になると思われる：

1) 5つの自由，3R，環境親和性を，基本理念とする。
2) 競馬産業全体に共通の目標を設定する。
3) 職域，集団ごとに，行動規範を設ける。
4) 社会や現場の実情と照らし合わせ，評価とフィードバックを行う。

なお，既存の国際指針には，国際競馬獣医師専門家組織というグループが1998年に発表した「競馬のための福祉の指針」[注12]がある。また，これは乗馬を対象としたものだが，国際馬術連盟も馬の福祉規程を設けており，日本の馬術界では「馬スポーツ憲章」としてその普及が図られ，日本馬術連盟のサイトに掲載されている。国内の法規では「動物の愛護及び管理に関する法律」のもとで「産業動物の飼養及び保管に関する基準」が設けられており，競走馬や食用馬もその対象であるが，この基準は内容が古すぎるため遠からず見直される見込みである。これとは別に2011年，牧場で飼養されるすべての馬を対象とした「アニマルウェルフェアの考え方に対応した馬の飼養管理指針」が定められた。この内容は日本馬事協会のサイトからダウンロードできる。引退競走馬の福祉については，過剰生産の防止，乗馬・コンパニオンへの責任ある転用（劣悪な条件下で苦痛を与えるようなことは避けるべきである）の奨励によって，処分される頭数を減らすとともに[注13, 14]，食用などに向けられる廃馬の取り扱いを向上させる[15]，という3つの面からの対策が考えられる。

[注12] 各国の競馬統括団体が推薦する獣医師で構成された国際競馬獣医師専門家組織（International Group of Specialist Racing Veterinarians：IGSRV）が，1998年にまとめたもの。国際競馬会議（パリ会議）やアジア競馬会議で発表され，承認を得た。馬の福祉が関係者の利害に優先することを主原則に，調教からレースまでの健康管理，事故防止その他の福祉対策，引退後の馬の人道的取扱いに対する馬主責任，引退馬の継続的モニターの必要性などについて述べている。地球生物会議発行「馬の福祉に関する国際指針と主な法令・基準」に拙訳が収録されている。

注 13) 乗馬転用を支援する各種制度と競走馬の生産頭数減少により，引退競走馬の乗馬・コンパニオン転用率は近年上昇傾向にあると推測される。

注 14) 競馬関連団体の 1 つ，(財)軽種馬育成・調教センターが実施している「引退名馬のけい養展示事業助成」により，2012 年春の時点で 227 頭が飼養助成金(月額 3 万円)を受けている。

注 15) 競走馬としてのキャリアを終え，現役登録を抹消された馬は，繁殖用に供される以外は乗馬などへ転用または食肉や飼料の加工業者などに転売される。繁殖用馬や乗馬も，利用価値がなくなると同様に転売されることが多い。したがって，これらのいわゆる"廃馬"についても，議論をタブー視することなく，食用家畜への国際的な倫理原則と関係法令に従い肥育，輸送，屠殺の過程における苦痛を軽減する努力を促すことが重要である。

第5節　日本人の動物観と保護法制
― 日本における動物愛護・福祉論 ―

野上ふさ子

1. 動物はモノではない

　近代法では，この地球上のすべての存在は人かモノかに分けられ，人にはモノを所有する権利が認められている。土地やそこに生息する動植物はモノに属し，開発，利用，売買，処分をすることが許されている。しかし，人の所有権を無制限に認めると，環境破壊や種の絶滅，動物虐待などがとめどもなく進行する可能性がある。そこで，現代では，公益的見地からこれらに歯止めをかける法律が制定されるようになってきた。例えば，種の絶滅や環境破壊は，人間自身の生存の基盤である生物多様性や生態的安定を脅かすという理由から各種環境法が制定されるようになった。また，動物虐待は人間性を損ない社会不安をもたらすという理由で処罰される。これらの法規制は，あくまで人間を守るために動物や環境を保護するという人間中心的に構成された法概念であり，建前上広く行き渡っている。

　この近代法を普及させてきた欧米諸国には，自然それ自体に固有の価値があり，人間の権利を超えて維持されるべきであるとする自然の権利の概念がある。また，人権の概念の延長上に動物権を置き，苦痛の感覚は人と動物がともに持つ能力であるがゆえに，人と同様に動物も苦痛から守られるべき権利があるとする思想が定着している。ドイツでは憲法改正により，自然の保護と動物の保護が同等に国民の義務として定められた。

　一方，日本では，近代法上のモノとしての動物観と，実際の生活上の動物観との間に差異があり，そのギャップがさまざまな場面で出現し，時には社会問題ともなる。歴史的に形成されてきた動物観と近代的動物観との違いを正しく捉え，それぞれの側から社会的合意形成を図っていく必要があると考えられる。

2. 日本人の動物観

　古代の日本社会では、世界の先住民文化に広く見られるように動物に人の力を超える神的な「霊力」を認めていたことが、神話や民話によって知ることができる。アメリカ先住民の神話には、動物は人間よりも先に生まれたきょうだいであり、動物から自然界に生きる叡智を学ぶ必要があると考えられていた。アイヌ文化においては、動物はカムイと呼ばれ、人と同じような魂を持ち、人と言葉を交し合うことのできる存在とみなされていた。アイヌやアメリカ先住民の神話には、人が霊力の高いクマやオオカミなどの動物と婚姻することによってさまざまな力をさずかるという神話が数多く見られる。

　一方、近代以前の稲作農耕社会の日本（沖縄、北海道を除く）では、農耕地は人間の領土であるが、それ以外の山野は野生動物の領土であった。野生動物は時には農作物を侵犯するものではあるが、収穫物のない時期や農耕地以外の地域ではいくら野生動物がいようが、お互いに過剰に干渉することなく平和共存を保ってきた。また牧畜・酪農を必要とせず、牛馬は農耕や運搬などの使役目的で飼育され、家畜としてのブタやニワトリは、ほとんど飼育されていなかった。

　文化的観点から見ると、仏教の伝来により生類への慈悲と不殺生の教えが普及した。7世紀から8世紀には、歴代天皇が繰り返し殺生禁断の布令を出し、使役する牛馬の屠殺を禁止した。平安時代は日本の歴史上唯一、死刑がない時代だったとされ、「天下殺生の禁止、魚網の放棄、放鳥」（崇徳天皇、1127年）、「狩猟禁止」（同、1130年）や、「諸国殺生禁断」（後鳥羽天皇、1188年）などが出されている。これは日本の為政者や権力者が特に慈悲深かったというわけではなく、租税を米で徴収するために農民を土地に縛り付け耕作に専念させる意図があったという説もある。

　江戸時代になると、徳川綱吉による「生類憐みの令」が名高いが、これは「人は慈悲の心を本といたし、あわれみが肝要」として、イヌ、鳥、魚などの保護や捨て子の禁止などまでも含む一連の法令の総称であった。18世紀には吉宗が「鳥類保護令」（藩主の鷹狩のため）を出し、また、地方の各藩主も類似の法令を定めている。鎖国時代の日本は総じて、鳥獣に親和的であった。幕末から

明治にかけて来日した外国人の多くが，日本は鳥獣の楽園であると書き残している。

かつての農村社会では人の食糧を奪う野生動物に対しては，容赦なく追い払うか駆除してきた。しかし，そのような侵害行為がなければ，動物を異界の隣人として，むしろ時として人間社会に幸せをもたらす存在とみなしてきた。猿地蔵や鼠浄土などの民話がそれを物語っている。またイノシシやシカなどの狩猟獣以外の野生動物については没交渉的で，その生存や生態に関してはあまり関心が向けられることがなかった。一方，牛馬などの使役動物については名前を付けて同居するなど家族同様に扱うという一面もあった。近代に至るまで，地域差はあるにせよ，日本では水田耕作の生産力が高く農業に牧畜を伴ってこなかったことからも，動物飼育の経験が体系化，共有化されることに乏しく，また動物を自らの手で殺すことに対する忌避の念が見られた。

3. 動物観における葛藤と矛盾

欧米諸国の動物に対する歴史と比べれば，日本人は動物に対して虐待的であったとは考えられず，むしろ親和的，同情的な態度で接してきた。民間において動物はアニミスティックに擬人化されて認識されてきた。このことは逆に，動物をあるがままに見つめ，その習性，生態を客観的に認識するという科学的な接し方を欠くものであったことも否めない。

その1つに動物慰霊祭の例が挙げられる。動物を供養するという考えは，生き物に霊魂があり（時には道具にも魂が宿り），死後（使用済後）においても，その霊魂が人間の世界に何らかの影響を及ぼすという考えに基づいている。原野の開墾地に草木供養塔を建てたり，有害駆除の罪滅ぼしに鳥獣供養塔を建てるという風習は各地に見られ，また，針供養や眼鏡供養といった道具に対する感謝祭は，今なお行われている。

現代ではとりわけ，日々大量に動物を殺さなければならない屠畜と，動物に多大な痛苦をもたらす動物実験という行為に，動物の犠牲に対する罪の意識，または感謝の念が生じる。そのため，屠畜場や実験動物施設には，動物の鎮魂碑や慰霊碑が建てられる。苦痛を受けた動物が人間に祟りを及ぼすのではないか

という恐れがあり，動物を供養することにより，その恐れが除去されることを望むのである。

　残念ながらこのような考え方には，動物が生きている時に，その習性，生態を理解して，苦痛のない飼育方法を重視するという方向性がない。むしろ，死後の鎮魂を求めるのみで，現に生きている動物を適正に飼育するという動物福祉の考えを普及する妨げとなってきた側面もある。

　日本人の動物観はこのような歴史の上に成り立っており，それは現代に至るまで社会の底流で受け継がれている。それはある場面では，野生動物に対して根絶に至るまでの過剰な捕獲圧として現れ，その一方では愛護の情から発する野生動物への餌付けとなるなど，動物観の対立となって現れる。いずれにおいても，動物の生態や習性に対する無理解は，鳥獣害対策では駆除一辺倒と傾き，ペットについては不適正・無責任飼育となってしまう。また，おびただしい数の畜産動物や実験動物の犠牲は，供養することで事なかれと済ませてしまう。

　また近年は，ペット動物の遺棄がもたらす生態系への悪影響が広がっている。捕獲動物を野に放つことは，動物を人の束縛から解き放ち自由にしてやる「放生」という慈悲の行為であり，近代化以前の社会では道徳的にも正しい行いであった。しかし，ペットが大量繁殖され，海外からも多種多様な野生動物が輸入されてくる現代にあっては，飼育動物を野に放つ行為は，在来の生態系への脅威となり，動物の保護や環境保全の観点から誤った行為となる。小笠原や沖縄などの島にネコやヤギを持ち込んだ場合，放し飼いのネコは島の野鳥や昆虫など小動物を捕食し時には絶滅させてしまう。ヤギは植物を根こそぎ食べ尽くし土壌を流出させてしまう。これは急変する外部環境に，従来の自然観や動物観では適切に対処できないという問題でもある。

　野生動物に対する餌付けについても，是非が問われている。絶滅の恐れのある種については餌付けが奨励され，実際にタンチョウやハクチョウへの給餌は美談となっている。一方，同じく絶滅の恐れのあった野生ニホンザルへの給餌は観光化し，最盛期には全国30ヶ所以上に設けられた。しかし，栄養価の高い餌付けによって個体数が増加し，農作物の味を覚えたサルが農作物被害を起こすようになると，一転，大量駆除が行われるようになった。ツキノワグマに

ついても，人工林化や山の実りが少ない年には人里に現れ駆除されることが多いため，クマの食料としてドングリを撒こうとする意見が出たり，これに対し，保護管理の観点での反対意見が出されている。

いずれの問題においても，現状を正しく把握し，対話を積み重ねながら社会的合意形成を図っていくべき課題となっている。

4. 種の絶滅と動物虐待

明治期以降の近代化の中で，狩猟が自由化され，また銃の性能が向上したため，駆除に加えて商業利用目的で，オオカミ，カワウソ，ラッコ，アザラシ，アホウドリなど多くの鳥獣が乱獲され絶滅，もしくは絶滅寸前となった。野生動物の大量捕獲と種の絶滅により，政府は遅ればせながら狩猟法(1895)を制定し，1918年には狩猟鳥獣以外の鳥獣は原則狩猟禁止とした。一方，野生動物の減少と反比例して，使役・食用動物の繁殖と大量消費の時代が到来した。軍備拡大の一環としての軍馬の増強が図られ，また，狂犬病など動物由来感染症が蔓延したため，1896年に「獣疫予防法」を定め(これより各県で畜犬取締規則を制定)，イヌの飼育管理の強化が課せられるようになった。

明治以降，人による動物の支配が急速に増大してきたが，動物を保護する目的で定められた法律は制定されてこなかった。ちなみに，英国では1828年，明治維新より前にすでに動物保護法を制定し，使役動物を酷使や虐待から保護すること，動物実験を免許制にして規制することなどを定めている。日本は欧米をモデルにして近代的法制度を取り入れてきたが，動物保護法は戦後にいたるまで制定されることはなかった。このことは，人間の行為による環境破壊や種の絶滅のスピードの速さに比して，対応する日本人の自然観・動物観の変化が追いついていないこと，さらに，直接的な利害関係に結び付かない問題は，その対処が常に後回しにされるという習慣によると考えられる。

戦後になってようやく種の絶滅の防止，飼育動物の保護といった法制度が設けられるようになったが，これも国民の内発的な運動による成果というよりも，外圧によるところが大きい。1980年に絶滅の恐れのある野生動植物の商取引を規制するワシントン条約を批准したことにより，国内法を制定せざるを得なく

なり，条約批准後 13 年を経て「絶滅のおそれのある野生動植物の種の保存に関する法律」(種の保存法)が制定された。

　飼育動物の保護に関しては，1973 年に動物の保護及び管理に関する法律が初めて制定された。これも国内の動物実験施設や行政の施設におけるイヌの取り扱いが虐待であるとして海外で報道され，「日本も文明国の一員である」ことを証明する必要性が，法制定の動機となった。このように，日本では野生動物についても飼育動物についても，保護法制は外圧によって制定されており，当事者の内発的な要請でつくり上げられてきたとは言い難い。そのため，条文も具体性に乏しく，実効性のない「ザル法」であった。

5. 動物の愛護及び管理に関する法律

　ようやく 1990 年代になって，内発的な力で法制度を変えようとする動きが市民運動として展開されるようになった。情報公開法，NPO 法などが市民活動のイニシアティヴで提起され制定されたことの意味は大きい。1999 年の「動物の保護及び管理に関する法律」の改正も，このような社会変化の中で捉えることができる。この法律の改正は，動物愛護・保護に関わるさまざまな団体・グループの運動によって，社会の内発的な要請によって実現した。

　ただ，それゆえに，まず身近なペットを守るという観点が改正の力点になっていたことも否めない。その 1 つとして，名称が「動物保護法」から「動物愛護法」に改称されたことを挙げたい。「保護」から「愛護」と改称されたことは，動物認識にどのような意味を持つだろうか。愛護とは，愛し守るという意味である。自分が愛するものを守ろうとすること，また虐げられている人や生き物を「かわいそう」に思うことは人としての自然な心情である。イヌやネコなどのペットは家族の一員として，多くの場合は「子供」とみなされている。それゆえ不当な虐待や遺棄から守られなければならない最弱者としても認識されてもいる。動物愛護はどちらかと言えばペットが対象となる概念であり，1999 年の法改正は近年の犬猫の飼育数の増加や多種多様な動物のペット化に伴う問題への対処を反映したものとなっている。

しかし，人が飼育する動物はペットの他にも畜産動物，実験動物，動物園動物などがある。動物保護の概念は，人が飼育するすべての動物を範囲とするものである。それゆえに動物愛護法では，法の対象動物を人が占有するすべての哺乳類，鳥類，爬虫類としており，これを「愛護動物」と定義している。当然のことながら実験に使用される動物も食用にされる動物も愛護動物として定義されている。したがって，実験動物，畜産動物に対しても，これを愛し守ることが飼い主の責務として義務付けられている。

　これを正直に捉えれば，これらの愛護動物を故意に傷付けたり毒物を飲ませたりする研究者や，経済効率至上主義に基づき動物の生理や習性を犠牲にして飼育している畜産農家にとっては，時には心理的葛藤を引き起こすものとなるだろう。動物愛護法と改称したことにより，現実に動物をモノとして徹底的に利用している分野と，動物を家族の一員として愛育している分野の間に，亀裂と葛藤が広がろうとしている。

　他方，動物の側に立ってみれば，例えば同じ個体がペットとして愛育されていても，実験に使われていても，あるいは食用に供されるとしても，受ける痛みや苦しみに差異があるわけではない。人間に飼育される目的が何であれ，動物が受ける虐待や苦痛は同じものであるので，同じ扱いをするべきだということになる。むしろ，この観点の方が科学的，合理的根拠に基づくと言うことができる。そこで，人間が動物を飼育するという前提に立って動物の生理，習性，生態に適う飼育方法をとることで，飼育に伴う苦痛を軽減させ，あるいは生存の質を高めるという「動物福祉（Animal Welfare）」の概念が採用されるようになってきた。

　日本よりはるかに動物利用の歴史が長いヨーロッパでは，EU条約（議定書）に全体的な動物保護を定め，それに基づき個別に畜産動物法，実験動物法，動物園法，ペット動物法をそれぞれ定め，動物福祉の概念を政策として実現しようとしている。日本では，すべての飼育動物をカバーする法律はこの動物愛護法しか存在しない。この動物の保護と動物の利用という対立に妥協点を見出し，社会的合意形成を行っていくためには，法の中に動物福祉の概念を導入することで，社会的意識の亀裂や葛藤を修復していく必要があるだろう。

6. 動物飼育者の社会的責任

　動物愛護法は1999年改正の後，省庁再編によって法律の所管が総理府から環境省に移管された。このことにより，動物の飼育と環境問題の接点が問われることとなった。2000年当時，日本にペットなどの目的で輸入された哺乳類・鳥類・爬虫類は400万匹に達しており，それらの野生動物が野外に遺棄されて農作物被害を引き起こしたり，在来種を捕食するなど生態系に対する悪影響を及ぼしている問題に対処しなければならない事態となった。

　2004年に，特定外来生物による生態系などに関わる被害の防止に関する法律（外来生物法）が制定され，アライグマ，カミツキガメなどはペットとして輸入販売，飼育することが禁止された。それとあいまって，動物を輸入，繁殖，販売などするペット業者を規制する必要が生じ，2005年に動物愛護法の再改正が行われた。これにより，動物取扱業者は，都道府県への登録が義務付けられ，未登録業者には罰則，法律に違反し，あるいは基準を遵守しない業者は登録の取り消しが行われることなった。

　従来の動物取扱業は施設を持つ業者に限定されていたが，法改正により，施設を持たない仲介業，代理業も登録制となった。これにより，インターネットによる通信販売業者にも画面上での登録の標識の掲示や，販売個体ごとの説明責任が課せられることになった。

　また，ライオン，ゾウなどの飼育そのものが危険な動物については，全国一律で飼育が許可制となり，個体識別措置が義務付けられるようになった。国際的な物流の拡大により，SARS，サルモネラ汚染，鳥インフルエンザなど，人と動物の間の感染症が社会問題となってきたことから，動物の飼い主には感染症の予防に注意すべきことも定められた。このように，動物の飼育には，虐待の禁止に加えて，動物保護の観点からの適正飼養，および他者に迷惑をかけない，社会に悪影響を及ぼさないという公的な責任が課せられるようになった。

　ペット保護の法律から，動物飼育者の社会的責任を問う方向への発展は，従来ほとんど顧みられることのなかった実験動物や畜産動物の福祉についての取り組みを促すこととなった。2005年改正法で，初めて動物実験における

3R (Refinement：苦痛の軽減, Reduction：使用数の削減, Replacement：置き換え）の概念が明記された。ただし，従来通り苦痛の軽減は義務事項だが，新たに追加された使用数の削減と代替法は配慮事項にすぎないものとされている。

7. 新たな法概念の展開へ

　動物福祉は，一般的に人間が動物を所有・使用することを認めた上で，単に虐待を防ぐ，苦痛を与えないというレベルからさらに進んで，動物の生態，習性，生理的な根拠に基づく，より良い飼育条件や環境の提供を図るものである。何が動物にとってより良い飼育環境かを知るためには，動物の本来の生理や習性，生態への理解が必要であり，野生状態の観察調査や動物行動学，獣医学などに基づく応用科学的な研究が必須となっている。福祉の対象もペットに限らず，展示動物，実験動物，畜産動物などに関わる幅広い分野に及んでいる。特に，飼育におけるストレスの軽減や除去，飼育環境の快適さの促進は，実験動物や畜産動物の分野では重要なテーマとなっている。動物を殺す場合は，可能な限り心身の苦痛のない方法をとることも，動物福祉の大きな課題の1つである。

　もちろん，不当な虐待や不適切な飼育は，研究データを損ねたり，経済的損失を招く可能性が高く，動物の福祉は経済的・合理的根拠に基づいているということも可能である。2004年5月にパリで開催された第72回OIE（World Organisation for Animal Health ：世界動物保健機関）で採択された動物福祉政策のための指針原則は，動物の健康と福祉の間には重大な関連性があること，および農用動物の福祉の向上は生産性と食の安全の向上につながり，よって経済的利益をもたらす可能性があることを指摘している。

　また，動物福祉の手引として国際的に認知されている「5つの自由」（飢え・渇きからの自由，恐怖と苦悶からの自由，身体的・温熱的不快感からの自由，痛み，傷害，疾病からの自由，正常な行動を示す自由），および科学研究における「3つのR」（動物の使用数の削減，実験方法の洗練，動物を利用しない方法への代替）を挙げている。

　このように動物福祉は，動物を利用する側と動物の保護を図りたいとする相対立する立場が双方歩み寄り，妥協と合意を重ねながら取り組んでいくもの

ということができる。

　前述したように，日本の歴史的，文化的風土においては，動物をその生態，習性を正しく理解してこれに接するという態度に乏しい。一方では野生動物に餌を与えるのが愛護だと考えたり，その片方でウシや豚鶏がどれほど過密飼育であえいでいようと無関心であったりする。人によって捉え方に落差がある愛護という用語は，法律や基準など国民が遵守すべき規範の用語としてはあまりなじまない。動物保護の基準は，愛する・愛さない，好き・嫌いに関係なく，正当な根拠に基づいた客観的で公正なものでなければならないからである。法律がすべての国民に強制力を持つものである以上，特に「愛」という感情を法律で定義することの困難さが浮き彫りになる。次回の法改正においては，動物福祉法と名称を変え，科学的にも倫理的にも容認できる法律として再改正されることが望まれる。

8. 動物愛護法の再改正の課題

　動物愛護管理法の第3回改正に向けて，2010年に環境省は中央環境審議会の中に動物の愛護管理のあり方検討小委員会を設け，法改正の課題を取りまとめた。法改正の課題ついて，私も委員となり，多くの意見および資料を提出した。2012年より議員立法による改正手続きに入り，与野党のヒアリングでも意見を述べた。私たちは，この改正の課題として以下を挙げている。

1) **動物虐待の定義を明確に**

　動物を酷使し，不衛生状態や疾病状態のまま放置し，衰弱させるケースが跡を絶たない。行政や警察が対処できるように，虐待の定義を明らかにし，法律の適用のはばを広げること。

2) **対象動物の範囲の拡大**

　現行法では，法の対象動物は哺乳類，鳥類，爬虫類までとされている。しかし，ペット用の魚類，両生類の感染症などが流通ルートを通じて拡散した場合，産業にも大きなダメージを与える。また，使い捨てのペット化が生態系をかく乱している。対象動物を両生類，魚類(鑑賞用魚類)まではばを広げること。

3) 動物実験の福祉と実験施設の実態把握

動物福祉の国際原則である 3R（苦痛の軽減，数の削減，代替）を義務化するとともに，実効性を担保するために実験動物販売業者を含む，すべての動物実験施設を登録制にし，基本情報を公開する。また，動物実験の透明性を確保するために，欧米諸国で広く採用されている第 3 者を含む動物実験委員会の設置を明記すること。

4) 産業動物の福祉の向上

大量生産と経済効率至上主義による家畜の多頭・過密飼育は動物の心身を不健康にし，周辺環境を悪化させ，感染症の温床となっている。動物福祉の国際原則である「5 つの自由」をもとに，動物の生理，習性，生態に基づいた適正飼養の基準を定め，普及啓発を進めること。

5) 動物取扱業の規制強化

悪質業者の営業停止を容易にするとともに，密猟・密輸・密売などの違法行為により利益を得ている業者に対しては，本法および他の関連法で有罪となった場合，その営業を停止させる措置を導入すること。

6) 犬猫などの保護の強化

生後 8 週齢未満の犬猫を母親からは引き離さないこと，現物を確認した上での売買，飼養保管施設の規準の設定，行政による犬猫の無条件の引き取りの廃止，などを導入すること。

7) 特定動物（危険動物）の飼育許可制の強化

ワニ，ニシキヘビ，クマなど，人や他の動物に危険な動物の飼育の許可条件を強化し，飼育者には専門知識や経験などの適格性を求めること。

8) 災害時の動物救護対策を明記

災害時に飼育動物の救護体制について明記すること。

9) 人材育成

動物取扱業の研修の充実，動物専門学校，動物愛護団体などの登録制による人材の育成を推進すること。

10) 罰則の強化

罰金などの引き上げ，動物取扱業に対する行政処分の強化，など。

11) その他，過剰繁殖・多頭飼育の制限など

　イヌやネコなどの飼育者が繁殖制限を行わず，頭数を増やして飼育困難となることにより，動物たちの健康状態が悪化したり，周辺環境に悪影響を及ぼす事件が相次いでいることから，一定数以上のイヌやネコなどを飼育する場合には，自治体への届出制として，飼育崩壊の対策を講じること。

　動物の法律といえども，その制定，改正には，利害関係団体や業界が自らの利益や既得権を守るために，さまざまな形で介入する。これらの勢力の方が目に見える力が強いので，動物保護の要望はしばしば無視されたり踏みにじられたりする。しかし，日本人の多くは動物に思いやりや憐みの心情を有しており，それが社会の良心や倫理，道徳を代弁していることが多い。客観的で公平かつ社会的正義に基づいて，声のない動物たちを保護する法改正がなされることが望まれる。

＜動物関連法令＞

◎野生動物保護法制

1963年「鳥獣保護及ビ狩猟ニ関スル法律」改定
1972年「特殊鳥類の譲渡等の規制に関する法律」
1972年「自然環境保全法」公布
1974年「日米渡り鳥等保護条約」批准
1980年「絶滅のおそれのある野生動植物の種の国際取引に関する条約」批准
1980年「特に水鳥の生息地として国際的に重要な湿地に関する条約」批准
1987年「絶滅のおそれのある野生動植物の譲渡の規制等に関する法律」
1993年「絶滅のおそれのある種の保存に関する法律」制定
1999年「鳥獣保護及狩猟ニ関スル法律」改正(特定鳥獣保護管理計画，地方分権対応)
2002年「鳥獣の保護及び狩猟の適正化に関する法律」(条文および用語等の現代化)
2002年「新・生物多様性国家戦略」策定
2004年「特定外来生物による生態系等の被害に係る防止に関する法律」制定
2006年「鳥獣の保護及び狩猟の適正化に関する法律」改正
2007年「第3次生物多様性国家戦略・行動計画」
2008年「鳥獣被害防止特別措置法」制定(農水省)
2008年「生物多様性基本法」制定
2010年「生物多様性国家戦略2010」策定

◎飼育動物保護法制

1973年「動物の保護及び管理に関する法律」制定
1975年「犬及びねこの飼養及び保管に関する基準」(総理府告示)
1976年「展示動物の飼養及び保管に関する基準」(告示)
1980年「実験動物の飼養及び保管等に関する基準」(告示)
1987年「産業動物の飼養及び保管に関する基準」(告示)
1995年「動物の処分方法に関する指針」(告示)
1999年「動物の愛護及び管理に関する法律」に改正(2001年より環境省所轄)
2000年「動物取扱業者に係る飼養施設の構造及び動物の管理の方法等に関する基準」
2002年「家庭動物の飼養及び保管に関する基準」(告示改正)
2004年「展示動物の飼養及び保管に関する基準」(告示改正)
2005年「動物の愛護及び管理に関する法律」改正
2005年「動物取扱業者が遵守すべき動物の管理の方法等の細目」(告示改正)
2006年「犬及び猫の引取り並びに負傷動物等の収容に関する措置」(告示改正)
2006年「実験動物の飼養及び保管に関する基準」(告示改正)
2008年「愛がん動物用飼料の安全性確保に関する法律」制定
2012年「動物の愛護及び管理に関する法律」改正(予定)

＜OIEの動物福祉指針原則＞

OIE(World Organisation for Animal Health ：世界動物保健機構)動物福祉政策のための指針原則［2004年6月，パリで開催された第72回OIE総会で採択］
1)動物の健康と福祉の間には重大な関連性がある。
2)国際的に認知されている「5つの自由」(飢え・渇き・栄養不良からの自由，恐怖と苦悶からの自由，身体的・温熱的不快感からの自由，痛み，傷害，疾病からの自由，正常な行動を示す自由)は動物福祉における有益な手引きである。
3)国際的に認知されている「3つのR」(動物の使用数の削減，実験方法の洗練，動物を利用しない技術への代替)は科学における動物利用の有益な手引である。
4)動物福祉の科学的評価にはともに考慮すべき多様な要素が含まれ，これらの要素の選択と重み付けにはしばしば価値観に基づく仮定が伴うが，これは可能な限り明確にするべきである。
5)農業，科学，コンパニオンシップやレクリエーション・娯楽を目的とする動物利用は，人々の幸福に多大な貢献をなしている。
6)動物の利用には，これらの動物の福祉を実行可能な範囲で最大限保証する倫理責任が伴う。
7)農用動物の福祉の向上は，しばしば生産性と食の安全の向上につながることがあり，よって経済的利益をもたらす可能性もある。

8) 福祉の基準や指針は，同一システム(設計基準)より同等結果(性能基準)に基づいて比較されるべきである。

＜指針の科学的根拠＞
1. 福祉とは，上記の「5つの自由」で言及されているものを始め，動物の生活の質に寄与する多くの要素を含む幅広い用語である。
2. 動物福祉の科学的評価は近年急速に進歩し，これらの指針の基礎を形成している。
3. 動物福祉の評価尺度には，まず傷害，疾病，栄養不良に伴う機能低下の程度がある。また動物の要求や飢え，痛み，苦しみといった情動の状態に関する情報も，しばしば動物の選好，動機，回避の強さを測定することによって得られる。その他，さまざまな困難への反応として動物に現れる生理的，行動的，免疫的な変化ないし影響も評価される。
4. これらの尺度をもとに，各種の動物管理方式が動物福祉に及ぼす影響を評価するのに有用な基準と指標を定めることができる。
※農業と動物福祉の研究会ホームページより

＜参考文献＞
1) 「NPOの政策過程」2002年　国家学会雑誌115巻9-10号
2) 「ドイツ連邦共和国基本法の改正――動物保護に関する規定の導入」2002年　外国の立法214　国立国会図書館
3) 「EU・英国の動物園法」2003年　地球生物会議ALIVE発行
4) 「畜産動物の福祉に関する欧州協定と主なEU法」2004年　同上
5) 「実験動物の福祉に関する欧州協定と主なEU法」2005年　同上
6) 「馬の福祉に関する国際指針と主な法令・基準」2005年　同上
7) 「動物保護法の策定と運用のために」2005年　同上
8) 「EU動物福祉5カ年行動計画」2006年　同上
9) 「英国・動物福祉法2006」2007年　同上
10) 「アメリカ動物福祉法」2007年　同上
11) 「EU新実験動物福祉法(2010年改正)実験動物指令前文」2011年　地球生物会議ALIVEホームページ
12) 「韓国動物保護法」2011年　同上
13) 「欧州のペット動物保護の取組みと保護法制」2011年1月　国立国会図書館レファレンス
14) 「諸外国における動物取扱業をめぐる法制」2012年3月　国立国会図書館レファレンス
15) 環境省「動物の愛護管理のあり方検討小委員会」議事録(全25回分) 2010年8月～2011年12月　http://www.env.go.jp/council/14animal/yoshi14-03.html

執筆者一覧

松木洋一（まつきよういち）（日本獣医生命科学大学　食料自然共生経済学名誉教授）

植田富貴子（うえだふきこ）（日本獣医生命科学大学　獣医学部　獣医学科　獣医公衆衛生学教授）

望月(小林)眞理子（もちづき(こばやし)まりこ）（日本獣医生命科学大学　獣医学部　獣医保健看護学科
　　　　　　　　　獣医看護応用部門准教授）

羽山伸一（はやましんいち）（日本獣医生命科学大学　獣医学部　獣医学科　野生動物学教授）

加藤卓也（かとうたくや）（日本獣医生命科学大学　獣医学部　獣医学科　野生動物学助教）

木村信熙（きむらのぶひろ）（日本獣医生命科学大学　動物栄養学名誉教授）

河上栄一（かわかみえいいち）（日本獣医生命科学大学　獣医学部　獣医学科　獣医臨床繁殖学教授）

永松美希（ながまつみき）（日本獣医生命科学大学　応用生命科学部　動物科学科
　　　　　　　　　食料自然共生経済学教授）

筒井敏彦（つついとしひこ）（日本獣医生命科学大学　獣医臨床繁殖学名誉教授）

柿沼美紀（かきぬまみき）（日本獣医生命科学大学　獣医学部　獣医学科　比較発達心理学教授）

加隈良枝（かくままよしえ）（帝京科学大学　生命環境学部　アニマルサイエンス学科
　　　　　　　　　伴侶動物行動学研究室講師）

鷲巣月美（わしずつきみ）（日本獣医生命科学大学　獣医学部　獣医学科　獣医臨床病理学教授）

時田昇臣（ときたのりお）（日本獣医生命科学大学　応用生命科学部　動物科学科
　　　　　　　　　動物栄養学准教授）

田中　実（たなかみのる）（日本獣医生命科学大学　応用生命科学部　動物科学科
　　　　　　　　　動物生理制御学教授）

井本史夫（いもとふみお）（井本動物病院院長）

横山章光（よこやまあきみつ）（帝京科学大学　生命環境学部　アニマルサイエンス学科
　　　　　　　　　人間動物関係学研究室准教授）

太田恵美子（おおたえみこ）（Equine facilitated project プロジェクトマネージャー）

水越美奈（みずこしみな）（日本獣医生命科学大学　獣医学部　獣医保健看護学科
　　　　　　　　　獣医保健看護学臨床部門講師）

今井壯一(いまいそういち)　（日本獣医生命科学大学　獣医学部　獣医学科　獣医寄生虫学教授）
和田新平(わだしんぺい)　（日本獣医生命科学大学　獣医学部　獣医学科　水族医学教授）
東(あずま)さちこ　（地球生物会議（ALIVE）/さよなら，じっけんしつ）
石田　戢(いしだ おさむ)　（帝京科学大学　生命環境学部　アニマルサイエンス学科
　　　　　　　　動物観・動物園学研究室教授）
秋道智彌(あきみちともや)　（総合地球環境学研究所　生態人類学名誉教授）
成島悦雄(なるしまえつお)　（東京都井の頭自然文化園園長）
青木　玲(あおき はるみ)　（翻訳家）
野上(のがみ)ふさ子(こ)　（地球生物会議（ALIVE）代表）

|JCOPY| ＜（社）出版者著作権管理機構 委託出版物＞

2012 　　　　2012 年 11 月 10 日　第 1 版発行

人間動物関係論

著者との申
し合せによ
り検印省略　　　　著作代表者　松　木　洋　一
　　　　　　　　　　　　　　　　　　　　（まつ）（き）（よう）（いち）

ⓒ著作権所有　　　　発 行 者　　株式会社　養 賢 堂
　　　　　　　　　　　　　　　　代 表 者　　及 川　清

定価（本体2800＋税）　　印　刷　　新日本印刷株式会社
　　　　　　　　　　　　　　　　責 任 者　　渡 部 明 浩

　　　　　　　〒113-0033 東京都文京区本郷5丁目30番15号
発 行 所　　株式会社 養賢堂　TEL 東京(03) 3814-0911　振替00120
　　　　　　　　　　　　　　　FAX 東京(03) 3812-2615　7-25700
　　　　　　　　　　URL http://www.yokendo.co.jp/

ISBN978-4-8425-0507-7　C3061

PRINTED IN JAPAN　　　製本所　新日本印刷株式会社

本書の無断複写は著作権法上での例外を除き禁じられています。
複写される場合は、そのつど事前に、(社)出版者著作権管理機構
（電話 03-3513-6969、FAX 03-3513-6979、e-mail:info@jcopy.or.jp）
の許諾を得てください。